KB188688

수컷 북미숲남생이.

윗줄 왼쪽부터 너태샤, 맷, 알렉시아, 아랫줄 왼쪽부터 사이와 미카엘라.

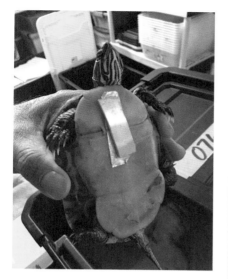

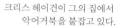
크리스 헤이건이 그의 집에서
악어거북을 붙잡고 있다.

거북구조연맹에서 수리한 붉은귀거북의 배딱지.

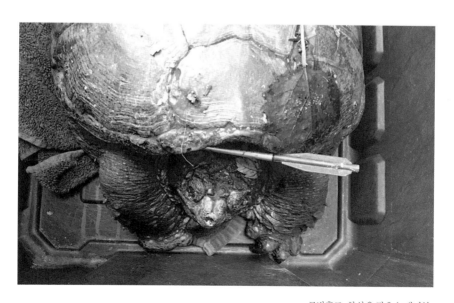

로빈후드, 화살을 맞은 늑대거북.

거북생존연합에서
붉은귀거북을 들고 있는
클린턴 도크.

맷이 운전대 잡기 방식으로
파이어치프를 들어올렸다.

왼쪽부터 맷, 에밀리, 에린, 하이디가
산란지에서 거북의 알을 찾고 있다.

왼쪽부터 맷, 너태샤, 알렉시아가
거북구조연맹의 수술대 위에서
거북 환자를 치료 중이다.

터틀코브의 카약에서 맷과 사이.

산란지 뒤 강에서 나온 북미숲남생이.

산란지의 둥지 보호 장비.
알을 노리는 포식자들을 막아낸다.

거북구조연맹의 부화기에서
부화한 아기 비단거북.

사이가 팀스터스 노동조합
주차장 가장자리에서 땅속의
악어거북 알을 파내는 중이다.

토르질라라고도 불리는 청기침이
낚싯바늘 부상과 감염에서 회복한 후
살던 연못으로 방류되기 직전이다.

스콧이 팀스터스 노동조합의 습지에
새끼 악어거북을 방류하기 직전
신기해하는 모습.

아기 점박이거북.

물리치료 세션 중 휴식 시간에
터틀가든에서 파이어치프가
신사답게 사이의 포옹을
받아주었다.

케이프코드해변 바다거북
구조 작전에 투입된 사이와 맷.
썰매는 곧 멸종 위기의 켐프각시
바다거북 다섯 마리와, 보온을 위해
거북의 몸에 덮은 해조류로
가득 찰 것이다.

파이어치프가 친구 사이를 맞이하기 위해 문 앞의 원목 울타리를 넘어가려 하고 있다.

어느 겨울 오후, 알렉시아와 너태샤가 거실에서 스프로키츠, 피자맨, 애프리컷과 함께 햇살을 즐기며 휴식 중이다.

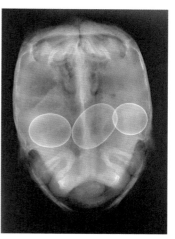

엑스선 촬영 결과 루시의 몸에서
빠져나오지 못한 알이 확인되었다.

에린은 사교적인 술카타육지거북 에디를
패터슨 가족의 새로운 식구로 선택했다.

루시가 다시 먹기 시작해
기쁨을 감추지 못하는 사이.

파이어치프가 맷과 사이의 포옹을 즐기고 있다.

치료를 받은 뒤 루시는 다시 건강하고 활력 넘치는 상태로 회복했다.

아이들과 부모들이 부화한
거북을 방류하기 위해
연못으로 행진하는 모습.

너태샤와 알렉시아가 거북구조연맹의
첫 거북 환자였던 니블스를 방류한 직후.

산란지 뒤에 있는 강에 새끼 블랜딩스거북을 방류했다.

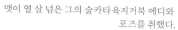
맷이 열 살 넘은 그의 술카타육지거북 에디와
포즈를 취했다.

맷이 거북생존연합의 거북생존센터에서 거대한
아시아강거북의 무게를 재기 위해 붙잡고 있다.

맷과 사이가 거북생존연합의 거북생존센터에서 거북들에 둘러싸여 즐겁게 함성을 지르고 있다.

맷이 새집
뒷마당에서 거북
연못을 파는 중이다.

맷과 에린의 집에 마련된
새로운 거북 연못.

파이어치프와의 수영.

산란 중인 비단거북.

이 책에 대한 찬사

일단 이 책을 펼치면 아주 많이 사랑하지 않고는 못 배길 것이다. 책 안에는 멋진 거북과 멋진 사람, 멋진 대화, 별처럼 빛나는 순수한 시간들이 가득하다. 우리는 느리고 차분한 거북의 시간에서 배울 것이 많다. 거북의 사전에 자연사는 없고 포기도 없다. 거북이 포기하지 않으니 우리도 포기하지 않을 수 있다. 거북을 구하는 희망과 함께 다른 많은 희망도 가슴속에서 뜨겁게 솟구칠 것이다.

__정혜윤 | 『삶의 발명』 저자

한 종의 삶을 자세히 들여다보는 것은 지구와 인간의 삶을 다른 각도에서 볼 수 있는, 마치 한 편의 영화처럼 낯설게 마주할 수 있는 가장 효과적인 방법이다. 이 책은 거북의 시간으로 이 지구와 인간의 삶을 그렇게 보여준다.

공룡 시대에도 살아남았던 거북이, 머리가 잘려도 5일 동안 심장이 뛰고, 몇 달 동안 호흡하지 않아도 살 수 있는 거북이 차에 밟혀 등딱지가 으스러지고 쓰레기에 목이 감겨 죽는다. 거북의 절멸은 마치 건물의 붕괴나 스스로 목을 맨 죽음 같다. 겪어본 적 없는 죽음 앞에 거북의 시간이 속수무책으로 잘려 나가고, 그 시간을 어떻게든 이어보려는 찰나의 인간들이 있다. 서로 다른 시간선에서 어떻게든 닿으려는 애틋함이 눈부시게 아름답다.

거북이는 인간을 연민한다. 인간이 만든 슬픔의 고통을 어쩔 수 없이 함께 견디고 있다. 이 책을 읽으며 그 연민의 시간이 길지 않기를, 더욱이 거북의 시간에 인간이 찰나가 아니길 바라본다.

__천선란 | 『모우어』 저자

우리는 파충류, 특히 느린 종에 대해 끊임없이 과소평가하는 경향이 있다. 그러나 사이 몽고메리가 분명히 보여주듯, 동물이 매력적이기 위해 반드시 빠를 필요는 없다. __프란스 드 발 | 『동물의 생각에 관한 생각』 저자

이 책은 인간과 거북 모두에게 기적이 될 책이다. 우리가 이 지구를 거북과, 또 사이 몽고메리와 함께할 수 있다는 것은 참으로 행운이다.

__사브리나 임블러 | 『빛이 닿는 곳까지How Far the Light Reaches』 저자

사이 몽고메리가 정점을 찍은 듯한 필력으로 써 내려간 이 책은 우리가 가장 예상하지 못한 동물들조차 인간과 얼마나 깊이 연결되어 있는지를 경이롭고도 본질적인 방식으로 보여준다. __에이미 네주쿠마타틸 | 『나는 아직 여기 있어』 저자

정확성에 기반해 사실과 감정을 밝혀내는 매혹적인 이야기꾼인 몽고메리는 예상치 못한 경이로운 동물들과의 극적이면서도 따뜻한 교감을 생생하게 들려준다. __《북리스트》

매혹적이다. 동물의 경이로움을 길들이지 않고 있는 그대로 포착하는 데 있어 몽고메리보다 뛰어난 작가는 없다. 몽고메리의 모든 작품이 그렇듯, 이 책 역시 더 나은 인간, 나아가 더 나은 동물이 되고 싶게 한다. __《워싱턴 포스트》

거북은 나이 듦, 손상, 그리고 우리가 선택한 가족에 대한 깊은 성찰을 이끄는 완벽한 존재다. 몽고메리가 동료들과 나눈 가슴을 울리는 대화와 80대 거북 파이어치프를 향한 그녀의 헌신을 보면 그 사실이 더욱 분명해진다.

__《사이언티픽 아메리칸》

위대한 종種에 대한 찬사. 사이는 거북의 놀라운 생명력과 회복력을 전하는 동시에, 거북구조연맹의 보살핌을 받는 개체들의 뚜렷한 개성을 생생하게 그려낸다. 흥미롭고 유익하며 다채로운 거북의 세계로의 여정. ㅡ《커커스 리뷰》

이 감동적인 탐사에서 사이는 그들이 거둔 성공의 기쁨과 상실의 슬픔을 섬세하게 포착한다. 맷 패터슨이 그린 자연 서식지 속 점박이거북과 비단거북의 모습은 보는 즐거움을 더한다. 헌신적인 보전가들의 매일매일의 분투를 담아낸 흥미로운 기록. ㅡ《퍼블리셔스 위클리》

이 책은 사이의 경이로운 저서 『문어의 영혼』과 궤를 같이한다. 다른 종의 소리에 귀 기울이고, 그에게 배운 것을 실천하는 일이 단순히 그 생명체를 위한 것만이 아니라 우리 모두에게도 유익하다는 점을 강조한다. 이 아름다운 책을 천천히 음미하기를 권한다. ㅡ《미네소타주 스타 트리뷴》

거북 구조 현장을 생생하게 전하는 한편, 연구 논문, 뉴스 기사, 소설, 시 등을 인용하며 거북과 시간의 흐름에 대한 사색을 이어간다. 하지만 결국 저자가 죽음과 나이 듦이라는 현실과 화해하는 데 도움을 준 것은 "고대부터 존재해 온, 서둘지 않고 장수하는 존재"인 거북 그 자체였다. ㅡ《스미소니언》

of Time and Turtles

거북의 시간

of Time and Turtles

거북의 시간

망가진 세상을 복원하는
느림과 영원에 관하여

사이 몽고메리

맷 패터슨 그림   조은영 옮김

달고래

A. B. 밀모스 박사에게 영원한 사랑을 담아
이 책을 바칩니다.

자연은 서두르는 법이 없지만
모든 일을 완수한다.
– 동양의 격언

차례

일러두기

- 이 책에 나오는 인명과 지명의 일부는 거북 산란지를 보호하기 위해 수정했다.

- 원서에서 이탤릭으로 강조한 부분은 볼드체로, 대문자로 강조한 부분은 따옴표로 표시했다.

- 본문의 각주는 모두 독자의 이해를 돕기 위해 옮긴이가 덧붙인 것이다.

- 본문에 등장하는 동물의 이름은 한국 외래생물 정보시스템을 참고해 표기했다. 다만 일부는 관례를 존중해 표기했고, 관례가 없을 때는 가급적 우리말로 번역해 실었다. 학명과 속명은 이탤릭체로 표기했다.

- 본문에서 단위 체계는 한국에서 쓰이는 것으로 변환하여 옮겼다.

1장

깨진 등딱지가 모이는 곳

피자맨, 레드풋 육지거북.

도심 외곽의 한적한 주택가. 도로를 따라 늘어선 흰색, 베이지색, 회색, 담청색, 담황색 집들 중에서 2층짜리 솔트박스 하우스● 가 단연 눈에 들어온다. 형광초록색 외벽이 뒤편의 보라색 창고와 더불어 눈이 시릴 정도로 야단스럽다. 집 앞에 이런 경고문이 붙어 있다. "거북 애호가 전용 주차 구역. 어길 시 등딱지 안에서 나오지 않는 게 신상에 좋을 것임."

진입로에 구급차처럼 지붕에 경광등을 얹은 흰색 스마트와 검은색 사이언 차량이 주차되어 있다. 차량에는 거북구조연맹이

●   saltbox house. 미국 식민지 시대의 건축 양식. 집의 앞면이 2층, 뒷면이 1층이라 지붕이 길고 낮게 내려오는 집이다.

라는 로고가 크게 새겨져 있고, 다른 운전자가 볼 수 있게 "거북이 보이면 멈춰주세요. 그들이 길을 건너게 도와주세요."라는 스티커가 붙어 있다. 이 집의 30평짜리 지하실에서 운영되는 거북 전용병원으로 환자를 실어 나르는 긴급 출동 차량들이다.

오늘 나는 이곳에 친구이자 서른여덟의 젊은 나이에 자연 예술가로 명성을 떨친 야생동물 화가 맷 패터슨과 동행했다. 우리는 차에서 나와 집 앞의 CCTV를 지났고 계단을 올라 현관문을 두드렸다.(CCTV는 이곳에 설치된 여러 보안 장치 중 하나다. 아픈 거북이든 다친 거북이든 거북은 모두 암시장에서 잘나가는 거래 품목이라 이곳에 입원한 거북들은 납치 대상이 될 수 있다.) 거북구조연맹의 회장 알렉시아 벨이 우리를 맞아주었다. 알렉시아는 키가 크고 호리호리한 마흔여섯 살 여성이다. 오늘은 파티 약속이 있는 사람처럼 어깨가 드러난 검은색 나일론 긴소매 셔츠에 슬림한 하늘색 벨벳 청바지를 입었다. 맷과 나는 무릎까지 올라오는 원목 울타리를 조심스럽게 넘어서 거실로 들어갔다.

울타리를 쳐놓은 이유는 금방 알 수 있었다. 검정과 노랑의 우둘투둘한 등딱지가 일품인 5.4킬로그램의 레드풋육지거북red-footed tortoise 피자맨이 슬로모션으로 움직이는 미사일처럼 우리 쪽으로 다가왔다. 스무 살인 이 육지거북은 연노랑 배딱지를 번쩍 들어올린 채 기둥 같은 발을 높이 쳐들고 발톱으로 원목 마룻바닥을 톡톡 치면서 거실을 가로질러 왔다. 그러더니 내 발 5센티미터 앞에서 걸음을 멈췄다. 주름진 머리를 오른쪽으로 휙 돌리고 1초쯤 가만히 있는가 싶더니 다시 왼쪽으로 돌렸다가 가운데로 돌린 뒤 고개를 들고 내 얼굴을 빤히 쳐다보았다.

거북의 이런 적극적인 반응을 보면 누구라도 의아할 것이다. 거북은 사람들에게 사랑받는 동물이긴 하지만 생물학자들도 거북의 지능은 반려돌보다 조금 더 나은 수준이라고 무시하는 형편이니까. 몸집이 커도(웨일스해변에 떠밀려 온 한 장수거북leatherback sea turtle은 몸길이 2.7미터, 몸무게 1톤을 기록한 바 있다.) 뇌가 굉장히 작아서 거북은 지능이 아주 낮다고 알려졌다. "거북이 머리 쓸 일이 **뭐 있겠습니까**. 그러니 괜한 에너지를 뇌에 낭비하지도 않았겠지요." 야외생물학자 알렉스 네더턴이 한 온라인 포럼에서 한 말이다. 알다시피 거북은 워낙 동작이 굼뜨고 바위처럼 꿈적하지 않는 시간이 대부분이라 생각하고 느끼고 깊이 이해하는 것은 고사하고 무언가를 한다는 인상을 주기 어렵다.

그러나 확실히 피자맨은 신호를 보내고 있었다. 나를 환영한다고.

"관심받는 걸 좋아해요." 알렉시아가 말했다. 나는 허리를 숙여 거북의 길게 뻗은 목과 머리를 쓰다듬으며 뺨과 코, 풍부한 감정을 담은 검은 눈 주변의 붉은 얼룩에 감탄했다. 내 인사를 접수한 피자맨은 몸을 돌려 맷에게 갔다. 어쩐지 점점 더 몰입하는 눈치다. 뉴잉글랜드●는 아직 추운 2월이지만 맷은 언제나처럼 샌들을 신었다.(시그니처인 거북 머리띠는 기본 장착 아이템이다.) 맷이 인사를 건네자 피자맨은 그의 따뜻한 발등 위로 올라갔다.

● 매사추세츠주, 코네티컷주, 로드아일랜드주, 버몬트주, 메인주, 뉴햄프셔주의 여섯 개 주로 이루어진 미국 동북부 지역.

피자맨의 열렬한 환대는 좋은 징조였다. 내가 맷과 함께 뉴햄프셔주에서 두 시간을 달려 이곳 매사추세츠주 사우스브리지까지 온 것은 부탁이 있어서였다. 작년 여름, 뉴잉글랜드의 거북 5종의 산란지를 지키는 친구들을 돕기 시작하면서, 맷과 나는 인기에 비해 잘 알려지지 않은 이 파충류의 세계에 점점 더 빠져들게 되었다. 마침 그 무렵 이곳 거북구조연맹에서 거북 재활치료사들을 위해 개최한 거북서밋에 참가했는데, 프랑스의 유명한 기적의 마을 루르드에 방문한 것이나 진배없는 감동을 받았다.

이 심포지엄에서 알렉시아는 환자였던 한 암컷 늑대거북 snapping turtle의 사진을 슬라이드에 띄웠다. 차에 치이면서 등딱지의 3분의 1이 으스러지고, 다리 세 개가 뭉그러지고, 눈 하나는 사라진 채 아스팔트 도로 한쪽에 누워 장시간 햇볕에 구워진 상태였다. 그러나 2년 뒤 이 암거북은 완쾌해서 야생으로 돌아갔다. "다른 동물에게는 치명상처럼 보이는 외상에도 거북은 살아납니다." 알렉시아가 그곳에 모인 사람들에게 말했다. "내장이 빠져나와 길바닥에 뭉개진 것만 아니라면 살려낼 수 있어요. 거북 앞에서 포기란 없습니다."

오늘 우리가 거북구조연맹을 다시 찾은 이유가 바로 이것이다. 나는 거북의 기적에 참여하고 싶었다. 조만간 분주한 봄철이 오면, 연맹의 거북병원에서 봉사하며 이 망가진 거북들이 다시 온전해지도록 돕는 일에 동참하고 싶다고 부탁하러 온 것이다.

알렉시아가 피자맨을 들어올리더니 머리에 입을 맞췄다. "전 거북한테서는 병이 옮지 않아요." 알렉시아의 말이다. 건강한 거

거북의 시간

북에게도 살모넬라균이 있고 그래서 새끼 거북의 판매가 금지되기도 했지만, 알렉시아는 오히려 아이와 뽀뽀해서 감염될 확률이 더 크다고 했다. "제 몸은 37.8도이고 피자맨은 파충류이니까요." 피자맨은 알렉시아의 입맞춤이 익숙한 것 같았다. 자기보다 여섯 배나 덩치가 큰 포유동물의 손에 번쩍 들어올려지면서도 몸을 움츠리기는커녕 알렉시아가 입을 맞출 수 있게 머리를 바짝 내밀고 있으니 말이다.

"피자맨은 어디든 항상 저와 함께 있고 싶어 해요." 알렉시아가 말했다. 현재 이곳에는 질병과 부상에서 회복 중인 거북, 주인에게 버려진 후 입양을 기다리는 거북, 너무 늦게 또는 작게 태어나 바로 야생으로 가지 못하고 봄까지 대기 중인 새끼 거북, 기형으로 태어났거나 불구가 되어 남은 평생 이곳에서 살아야 하는 거북까지 총 150여 마리가 머물고 있다. 그중에서도 마약 밀매범의 지하실에서 구조된 후 이곳으로 오게 된 피자맨은 알렉시아가 반려동물로 생각하는 몇 안 되는 동물 중 하나다. 보통은 적당한 시기에 야생으로 돌려보내고, 자생종이 아니라서 방생할 수 없는 경우는 가정집에 입양을 보내므로 애초에 정을 주지 말자고 다짐하지만 피자맨은 예외였다.

예외는 또 있다. 무게가 14킬로그램이나 나가는 아시아숲땅거북Burmese mountain tortoise 스프로키츠다. 백 살까지 족히 살 수 있는 이 수거북은 올해 열두 살로, 아직은 성체 크기의 3분의 1도 되지 않았다. 사각형의 짙은 머리와 튀어나온 부리, 몬터레이소나무 솔방울처럼 비늘 덮인 다리가 인상적인 스프로키츠가 1층 욕실에서 터벅터벅 걸어 나왔다. 때마침 거북구조연맹의 공동설립자 너태샤 노윅이 2층 사무실에서 내려오고 있었다. 마흔네 살인 너태샤는 거북구조연맹 로고가 새겨진 초록색 폴로 셔츠를 입었고, 턱까지 오는 짙은 머리에는 셔츠와 어울리는 초록색 브리지를 넣었다.

너태샤가 등장한 순간 스프로키츠가 나타난 게 우연의 일치는 아니다. 피자맨과 알렉시아가 한 쌍인 것처럼 스프로키츠는 너태샤의 껌딱지다. 원래 아시아숲땅거북은 미얀마, 말레이시아, 태국, 수마트라섬에서 자생하는 종이지만 스프로키츠는 5년 전 9월, 키우던 주인에게 버려져 우스터폴리테크닉대학교 옆 공원을 배회하고 있었다. 그 학교 공대생들이 그를 발견했는데 마침 그중 하나가 너태샤의 남동생이었다. 그는 너태샤와 알렉시아에게 연락해 거북을 데려가 달라고 부탁했다. "겁을 잔뜩 먹었더라고요." 너태샤가 당시를 회상하며 말했다. "구석에 숨어서 숨을 쉴 때마다 몸을 떨었어요." 하지만 거북구조연맹에 정착한 후로 스프로키츠는 너태샤의 무릎에서 편안하게 잠든다. "처음 왔을 때 고개를 까딱거리면서 우리한테 자신의 인생 역정을 들려주었어요. 한 번에 20분씩 떠들곤 했죠."

사람들은 보통 거북이 조용할 거라고 생각하지만 천만의 말씀이다. 어떤 거북은 아주 수다스럽고, 여러 종이 각각, 꺽꺽, 끽끽, 깍깍, 낑낑, 휘휘 등 다양한 소리를 낸다. (영화 「쥐라기 공원」에서 벨로키랍토르가 울부짖는 소리는 사실 교미 중인 거북의 소리를 빌린 것이다.) 오스트레일리아와 남아메리카에 사는 몇몇 강거북 새끼는 알 속에서부터 자기들끼리 그리고 어미와 음성으로 소통한다고 알려졌다.

너태샤는 스프로키츠의 목소리를 "풍선에서 바람 빠지는 소리와 끙끙대는 신음이 조합된 소리"라고 묘사했다. 요새는 예전만큼 많이 말하지 않는다고 한다. "처음엔 자기가 좋아하는 얘기를 쉬지 않고 재잘대는 유치원생 같더라고요." 너태샤의 말이다. "이제는 좀 커서 그런가 말수가 많이 줄었어요." 하지만 신이 나는 일이 있으면 여전히 고개를 까딱거린단다. 지금 그렇게 고개를 흔드는 걸 보니 우리의 방문이 스프로키츠에게 나름 큰 사건인 것 같다. "두 분을 만나서 아주 기분이 좋은가 봐요."

알렉시아와 너태샤에 따르면 거북은 저마다 성격이 다르고 감정을 강하게 느낀다. 그러나 포유류와 달리 기분이 표정으로 드러나지 않아 짐작하기가 쉽지 않다. 인간과 거북의 조상은 식물이 꽃을 피우기 전, 산호와 산호초가 진화하기 전, 그리고 우리의 물고기 조상이 물에서 나와 뭍으로 올라온 직후인 3억 1000만 년 전에 갈라졌다. 따라서 소통 방식이 서로 다른 게 당연하다. 하지만 주의 깊게 관찰하고 본능과 공감 능력을 발휘해 열심히 연습하면 거북이 보내는 미묘한 신호를 읽어낼 수 있다.

"우리는 이곳에 온 모든 거북들을 하나씩 차근차근 알아가요. 그렇게 각자의 개성이 빛나기 시작하죠. 말은 통하지 않지만 우리는 거북들과 진정으로 교감합니다." 알렉시아의 설명이다.

이것이야말로 지금까지 이들이 수천 마리의 거북을 구하고 야생으로 돌려보낼 수 있었던 결정적인 이유다. 상처가 심해 야생동물 재활 전문 수의사들도 안락사를 권한 거북을 포함해 수많은 거북들이 이들이 아니었다면 모두 죽었을 목숨이다.

너태샤와 알렉시아가 여기까지 오는 데 10년이 넘게 걸렸다. 두 사람은 21년 전, 너태샤가 매니저로 근무하던 패션매장에 알렉시아가 메이크업 담당자로 지원하면서 처음 만났다. 알렉시아는 보스턴 댄스 클럽에서 새벽까지 파티를 즐기는 누가 봐도 외향형 인간이고, 너태샤는 혼자 비디오 게임을 하거나 자료를 찾고 분석하는 일을 좋아하는 부드러운 내향형 인간이다. 두 사람은 서로 반대되는 면이 더 많지만, 동물을 사랑한다는 공통점이 있다. 알렉시아가 추억하는 가장 오래된 어린 시절의 장면은 아버지가 길을 건너는 늑대거북을 도와주던 모습이었다. 한편 너태샤가 어렸을 적 그녀의 가족은 미국너구리, 마멋, 갈매기를 비롯해 어미를 잃거나 다친 야생동물을 집으로 데려와서 키웠다.

어느 봄날, 가까운 등산로에서 하이킹 데이트를 즐기던 두 사람은 도로에서 차에 치인 한 거북을 발견했다. 겨우 숨은 붙어 있었지만 온몸이 만신창이가 되어 몹시 괴로워 보였다. 하지만 두 사람은 살아날 가망이 없는 이 거북을 당장 도와주거나 안락사 시켜 줄 수의사를 알지 못했다. 속수무책이었던 알렉시아는 고민 끝에 거북의 머리를 자동차 바퀴 밑에 두고 액셀을 밟아 더 이상 고통받지 않도록 저세상으로 보내주었다. 실제로 이런 식의 '물리적 안락사'는 회복 가능성이 없는 거북을 위해 인간 세계에서 시도하는 방법 중 하나다. 그러나 두 사람에게는 "참담한 순간"이었고, 아직까지도 그 당시의 고통이 남아 있다.

다음 날 두 사람은 두 고속도로가 만나는 클로버형 교차로 위에 위험하게 방치된 또 다른 거북을 보았다. 다친 곳은 없었다. 그들은 거북을 데려다 연못에 놓아주었다. "그때부터 가는 곳마다 거북이 눈에 띄었어요." 알렉시아가 당시를 떠올리며 말했다. "그래서 결심했죠. 하이킹은 집어치우고 길을 건너려는 거북을 찾아서 도와주자!"

알렉시아와 너태샤는 거북을 도울 방법을 적은 포스터와 전단을 만들어 배포했다. 그러나 차에 치이고, 제초기나 건초수확기에 깔리고, 개에게 물리고, 애완동물매장에서 구입하거나 야생에서 데려다 키우다가 아무렇게나 방치하고 제대로 관리하지 못해 병에 걸린 거북은 여전히 많았다.

"다친 거북을 찾아도 어디로 데려가야 할지 모르겠더라고요. 그렇다고 발견하는 족족 야생동물병원으로 데려가면 너무 큰 부담을 줄 것 같았어요. 게다가 2008년에는 스마트폰이 없었고, 인터넷에 검색해도 마땅한 수가 나오지 않았지요. 해결책이 절실했지만 찾지 못했어요. 어떻게 하면 거북을 위해 세상을 바꿀 수 있을까, 우리 스스로 치열하게 고민했습니다." 너태샤가 말했다. "그때만 해도 우리는 가장 기본적인 등딱지 치료도 할 줄 몰랐어요." 알렉시아의 말이다. "하지만 곧 배웠죠."

알렉시아와 너태샤는 터프츠 야생동물병원 수의사를 찾아가 거북을 치료하는 방법을 배웠다. 또한 케이프코드의 야생동물 보호단체이자 멸종 위기의 바다거북 구조활동에 앞장서는 매사추세츠 오듀본 웰플리트 야생동물 보호구역의 소장에게서도 치료법을 배웠다. 또 뉴잉글랜드 아쿠아리움의 수석 수의사에게도 가르침을 받았다. 하지만 두 사람에게 가장 큰 영향을 준 멘토는 뉴저지에서 열린 거북 집중 세미나에서 만난 야생동물 재활치료사 캐시 미셸이다. 미셸은 뉴욕 거북재활센터에서 수천 마리의 거북을 치료하던 중 암과 다발경화증에 걸려 투병했지만 굳건히 이겨냈다. 그러나 이후에 암이 재발하여 결국 6개월의 시한부 판정을 받았다. 하지만 생존 예후는 1년이 되고, 2년이 되고, 다시 5년으로 늘어났다. "캐시한테서 불굴의 의지를 배웠어요. 포기하지 않는 법을 가르쳐 주었죠." 너태샤의 말이다.

알렉시아와 너태샤가 구조해 맨 처음 집에 데려온 거북은 두 사람이 '니블스'라고 이름 붙인 어린 늑대거북으로, 발견 당시 영양실조가 심해 꼴이 말이 아니었다. 알렉시아가 업무상 고객의 집에 방문했다가 더러운 물이 담긴 플라스틱 신발 상자에 갇혀 있던 니블스를 발견했고, 주인을 설득한 끝에 집으로 데려왔다. 알렉시아와 너태샤는 그길로 동네 반려동물 용품점에 가서 거북을 먹이고 키우는 데 필요한 물품 200달러어치를 사 왔다. 그렇게 시간이 지나 정신을 차려보니, 매사추세츠주 웹스터의 방두 개 딸린 24평짜리 아파트에 114리터짜리 대형 고무 대야 여섯 개를 들여놓고 75마리의 거북과 함께 살고 있더란다. 필터와 온열등, 풀스펙트럼 조명을 여러 개 사용하다 보니 전기용량이 초과하여 추가로 전기선을 끌어와야 할 정도였다. 다행히 (현재 가전제품 수리점을 운영하는) 알렉시아가 직접 해결할 수 있었다. 집에 놀러 온 친구들이 "그럼 너희들은 **어디서 살아?**"라고 묻곤 했다.

두 사람은 밧줄로 매달아 둔 카약 밑 침대에서 잤다.(카약은 거북 수상 구조에 쓰이는 필수 장비다.)

알렉시아와 너태샤, 맷과 나는 탁자에 둘러앉았고 스프로키츠와 피자맨은 우리 발밑을 돌아다녔다. "이런 집을 갖게 될 줄은 꿈에도 몰랐죠." 알렉시아가 말했다. (두 사람은 7년 전에 이 집을 샀다. 너태샤 왈, 당시 이 집은 "오래 방치된 듯한 색"이었다.) "거북 보호소, 자동차 두 대, 이사회, 그리고 미카엘라까지……."

이때 미카엘라 콘더가 대화에 합류했다. 열여덟 살의 작고 귀여운 금발 아가씨 미카엘라는 내성적이고 말수가 많지 않지만 푸른 눈과 환한 미소에서 열정과 에너지가 뿜어져 나왔다. 미카엘라는 거북구조연맹에서 유일하게 급여를 받는 직원으로 연락과 소통을 담당하고 거북 보호소와 병원의 일상적인 업무를 책임진다. 캔자스주가 고향인 그녀는 2년 전 이모를 만나러 이 지역에 왔다가 연맹과 연을 맺게 되었다. 이곳에서 일하려고 일부러 로드아일랜드주의 할머니 집으로 이사한 뒤 매일 한 시간 반을 운전해서 출근한다. "거북의 눈을 보고 있으면 온 우주를 마주하는 기분이 들어요. 거북은 이해심이 깊고 지식이 아주 풍부해요." 미카엘라가 말했다. 그녀는 카페에서 아르바이트를 병행하면서 거북구조연맹에서 유급으로 일하는 시간 외에도 몇 시간씩 더 봉사를 한다.

미카엘라는 인생의 젊은 시절에 의미 있는 일을 하고 싶다고 생각해 왔으나 그게 무엇인지 알아내지 못해 결국 대학교 진학까지 미루었다. 그러나 지금은 그 답을 찾았다. "거북이 저에게 준 또 다른 선물은 목표 의식이에요. 거북은 저에게 매일 아침 잠자리에서 일어나야 하는 이유가 되어주었어요."

얘기를 듣다 보니 이들에게 거북을 보살피는 일은 단순한 직업이나 봉사활동 이상이라는 것이 분명해졌다. 이들에게 이 일은 신성한 헌신이었다. "수술대에서 거북을 치료하다 보면 제 몸이 그들과 다른 게 천만다행이다 싶어요." 알렉시아가 고백했다. "그렇지 않았다면 몇 달도 안 되어 제 살과 피를 다 내어주고 말았을 테니까요."

———————

왜 하필 거북일까? 너태샤와 알렉시아는 지금까지 청설모와 도롱뇽을 비롯해 수많은 동물을 구조했다.(다친 거북을 데려오던 중에 발견한 스컹크가 집에 돌아오는 작은 차 안에서 방귀를 뀌었다는 에피소드를 들려주기도 했다.) 그런데 왜 유독 거북은 그토록 특별할까?

나는 한동안 이 질문에 대해 생각했다. 거북은 팬덤이 큰 동물이다. 뉴잉글랜드 아쿠아리움에 살고 있는 수만 마리의 동물 중에 단연 가장 인기 있는 동물은 몸무게 250킬로그램의 푸른바다거북 '머틀'이다. 1970년부터 아쿠아리움에 살아온 90세 노익장 머틀은 전용 페이스북이 운영 중이고 팔로워도 7000명이 넘는다. 2600년 전에 쓰인 이솝 우화 「토끼와 거북」부터 「닌자 거북」 시리즈, 만화영화 「니모를 찾아서」의 현명한 아버지 크러쉬와 귀여운 아들 스쿼트에 이르기까지, 수많은 이야기와 만화와 영화에서 거북은 주인공으로 등장했다. 또한 예술 작품과 수집품, 장난감의 인기 있는 소재다. '터틀 스플래시Turtle Splash'라는 시리얼은 바다거북 새끼를 (온라인상에서) 무료로 입양할 수 있는 키트 제품까지 출시했다.

많은 사람들이 살면서 한번은 거북을 보았고, 특히 내 나이대 사람들 대부분은 집에서 거북을 키운 적이 있다. 1950년대에서 1970년대 중반까지 미국 전역의 10센트숍에서는 작은 원형 테라리엄과 함께 2.5센티미터짜리 새끼 붉은귀거북red-eared slider을 팔았다. 하지만 인조 야자수 장식과 나선형 경사로가 있는 테라리엄은, 수 제곱킬로미터를 누비며 50년 넘게 살아가는 거북에게 완전히 부적절한 환경이었다. 먹이도 문제였다. 당시 사람들은 개미알●을 사료로 주었지만, 사실 새끼 붉은귀거북은 곤충과 무척추동물, 채소 및 다양한 식물을 먹고 자란다.

이처럼 불운한 새끼 거북이 애완동물로서 그토록 큰 인기를 누린 게 이상한 일은 아니다. 일단 새끼 거북은 아이들의 고사리손에 쏙 들어간다. (또한 아이들의 입에도 쏙 들어간다. 당시 거북을 입에 넣었다가 살모넬라균이 옮는 아이들이 늘어나면서, 결국 1975년부터는 아이들의 벌린 입 크기인 10센티미터보다 너비가 작은 거북은 판매가 금지되었다.) 다른 파충류와 달리 거북은 사람에게 겁을 주지 않는다. 거북은 악어처럼 사람을 물지 않고 뱀처럼 스르륵 기어다니지도 않으며 도마뱀처럼 움직임이 빠르지도 않다. 그저 제 집을 등에

● 개미 번데기나 고치를 말려서 만든 사료의 일종.

지고 엉금엉금 기어다니는 게 전부라 그 매력적인 모습을 마음 편히 지켜볼 수 있다. 내가 어렸을 때 버지니아주, 뉴욕주, 뉴저지주에서는 동네의 모든 아이가 한 마리씩, 아니 대부분의 거북이 빨리 죽었기 때문에 사실상 여러 마리를 연달아 키웠다. (우리 부모님은 거북이 죽은 걸 내가 알지 못하게 서둘러 다른 거북으로 바꿔놓곤 했다.) 내가 키웠던 모든 거북의 이름은 미즈엘로아이즈였다.

나처럼 맷도 어려서부터 거북을 좋아했다. "저는 평생 거북 덕후로 살았습니다." 그는 누구에게나 자랑스럽게 말한다. 맷의 가장 오래된 추억은 그가 세 살 무렵 당시 생물 교사였던 아버지와 작은 배를 타고 나가 거북을 잡아 온 것이다. 그는 아버지와 함께 뒤뜰에 울타리를 세우고 거북을 키웠다. "그때는 그게 잘못된 행동인 줄 몰랐어요." 맷이 말했다. 물론 지금은 야생에서 서식하는 자생동물을 함부로 집에 데려오는 것이 불법임을 잘 알고 있다. "그때는 그저 거북이 좋아서 옆에 두고 보고 싶은 마음뿐이었죠."

지금까지도 맷은 허클베리 핀처럼 소년 같은 면모와 모험심을 간직하고 있다. 날 때부터 워낙 자유분방한 사람이라 집이든 사무실이든 오래 있지 못했다. 미대를 졸업한 후 2년 반 정도 이런저런 회사를 전전하며 제품 디자인 일러스트레이터로 일했지만 "늘 어딘가 다른 곳에 있는 꿈을 꾸며 창밖을 바라보곤" 했다. 강변 근처 직장에서 일하던 시절에는 차에 카약을 싣고 다니며 점심시간이면 강에서 낚시를 하거나 거북을 찾아다녔다. 맷은 스스로 때가 되었다고 생각한 순간 미련 없이 직장을 그만두고 야생동물 예술활동에 전념했다. 그가 그린 이미지들은 너무 생생해서, 한번은 그가 손에 들고 있던 거북 그림을 보고 손이 그림이고 거북이 실제인 줄 알았다.

맷은 항상 샌들을 신고 다녀서 언제든지 강이나 개울, 습지로 뛰어들 수 있다. 거북에게 좋은 장소면 그게 어디든 그에게도 좋고, 거북을 지켜보고 또 도울 수 있다면 어떤 일이든 하는 사람이 바로 맷 패터슨이다.

그는 대학교 때 배운 레슬링 기술을 적용해 연못에서 초대형 늑대거북을 카약 위로 끌어올려 관찰한다. 한번은 생물보전단체인 거북생존연합 사람들과 함께 마다가스카르의 스피니사막까지 찾아가 절멸위급종인 방사거북radiated tortoise을 보고 온 적도 있다. 맷은 주제가 거북인 파충류 학회나 박람회가 열리면 어디든 모습을 드러내는데, 그런 곳에서 낯선 사람들이 만나 서로에게 제일 먼저 묻는 질문은 "얼마나 많은 파충류herps 와 함께 살아요?"이다. 그때마다 맷의 아내 에린은 "병에 걸렸냐고 묻는 것 같아서 소름끼쳐요!"●라며 질색한다.

맷이 반려동물인 세발가락상자거북three-toed box turtle 폴리와 함께한 세월은 아내를 알고 지낸 시간보다 더 길다. 그가 언어치료사 에린과 결혼한 것은 10년 전이지만 폴리와는 24년째 같이 살고 있다. 맷의 반려 거북 네 마리 중 가장 큰 놈은 술카타육지거북African spur-thigh tortoise인 에디이다. 수놈인 줄 알고 에디라는

● 파충류를 뜻하는 영어 단어와 바이러스성 질환인 헤르페스herpes의 발음이 비슷해서 착각한 것이다.

이름을 붙였으나 알고 보니 암놈이었다. 지금은 고작 11킬로그램이지만 45킬로그램까지 자랄 수 있고 최대 수명은 150년이다. (맷은 에디에게 전용 헛간을 지어줄 생각이고 유언장에도 그녀의 이름을 올렸다.)

이처럼 사람들로 하여금 충성을 바치게 하는 거북의 매력은 무엇일까? 한번은 맷이 작심하고 자신의 엄마에게 이메일을 쓴 적이 있다. 맷의 어머니는 탈출한 뱀부터 애완용 악어, 한때 14종이나 되었던 거북 컬렉션까지 맷이 데려온 각종 동물이 넘쳐나는 집에서 우아하게 잘 버텨왔지만, 끝내 거북의 진가를 인정하지 못해 평소 맷이 안타까워했다.

맷은 기독교 사도의 열정으로 이렇게 써 내려갔다. "엄마, 역사상 처음으로 달의 궤도에 진입한 동물이 육지거북라는 거 알고 있어요?"(1968년 9월, 이름 없는 한 쌍의 호스필드거북steppe tortoise이 소련의 우주선 존드 5호에 탑승했다.) "엄마, 어떤 거북 종은 200년도 넘게 사는 거 알아요?"

그는 계속해서 썼다. "거북은 최초의 공룡만큼 오래전에, 그리고 최초의 악어보다도 먼저 이 세상에 나타났어요. 이 지구에 2억 5000만 년 전부터 살았다고요! 우리 인간이랑 다르게 거북은 지구의 생물다양성을 유지하는 데 아주 중요해요. 늑대거북 같은 종은 육지의 독수리처럼 연못이나 호수, 강에서 청소동물 역할을 해요. 죽은 동물이나 썩은 동식물을 먹어 치워서 물을 깨끗하게 만들죠. 또 고퍼거북Gopher tortoise 같은 종은 핵심종●이라고요!" 그는 이어서 고퍼거북과 그들이 파놓은 굴에 360종의 다른 생물의 생계가 달려 있다고 강조했다. 이외의 다른 거북들도 생태계에 필수적이다. 매부리바다거북hawksbill sea turtle은 해면동물을 먹어 산호초를 보호하고, 다른 바다거북들도 해파리가 지나치게 개체 수를 불리지 못하게 조절한다.

맷은 줄 간격도 촘촘하게 한 페이지를 빼곡히 채우며 이렇게 마무리했다. "그래서 제가 거북을 사랑합니다. 거북을 지키고 보호하는 일에 헌신하는 이유이기도 하고요."

같은 이유로 알렉시아와 너태샤, 그리고 나도 거북을 사랑한다. 거북의 친숙함은 곧 그들의 낯섦을 이해하는 관문이 되어준다. 의외로 거북은 놀라운 면이 많은 동물이다. 약 350종의 거북이 전 세계 모든 대륙에 퍼져 경이로운 능력을 선보인다. 그중 으뜸은 뭐니 뭐니 해도 거북의 수명이다. 최근 288세로 세상을 떠난 한 거북은 미국의 초대 대통령 조지 워싱턴이 태어난 순간에도, 양초로 집 안의 불을 밝히던 시절에도, 관장과 방혈이 의사의 주요 치료법이던 시기에도, 정신질환 환자에게 말코손바닥사슴의 굽을 갈아서 먹이던 때에도 살아 있었다. 어떤 거북은 140세에 새끼를 낳는다. 1.6킬로미터 떨어진 호수나 연못을 감지하는 거북도 있고, 수십 년 전 자신이 태어났던 해변을 찾아가기 위해 대양을 가로지르는 거북도 있다. 어떤 거북은 엉덩이로 숨을 쉬고, 어떤 거북은 입으로 소변을 본다. 어떤 거북은 수면이 얼어버린 물 밑에서도 활발하게 돌아다니고, 어떤 거북은 울타리

●　　한 생태계의 종 다양성에 결정적 역할을 하는 종.

와 나무 높이 기어오른다. 어떤 거북은 빨간색이고 어떤 거북은 노란색이며 어떤 거북은 1년에 한 번 파격적으로 몸 색깔을 바꾼다. 등딱지가 부드러운 거북이 있는가 하면, 목이 몸보다 긴 거북도 있다. 머리가 너무 커서 등딱지 안에 들어가지 못하는 거북이 있고, 어둠 속에서 등딱지가 밝게 빛나는 거북도 있다. 심지어 어떤 거북은 인간의 암 치료에 일조한다. 폐암과 고환암 치료에 쓰이는 에토포시드는 매자나무과의 메이애플에서 추출하는 성분인데, 아시아 메이애플이 멸종에 이를 정도로 과도하게 채취되자 미국산 메이애플종이 그 대체재로 쓰였다. 그런데 이 종자는 상자거북의 소화관을 통해 배설되지 않으면 발아할 수 없다.

알렉시아는 거북과 거북의 힘을 깊이 존중한다. 그러나 가끔은 거북을 보면서 실소한다. "정말 바보 같아 보일 때가 있어요." 알렉시아가 말했다. "만약 선생님이 지구에서 3억 년을 살아갈 동물을 설계한다고 생각해 보세요. 그렇다면 최소한 저렇게 예쁜 등딱지가 있는 거북을 만들지는 않을 거예요. 그보다는 턱이 튼튼하고 뇌가 큰 동물을 생각해 내겠죠. 뒤집어지면 혼자서 잘 일어나지도 못하는 아둔한 동물 말고요."

너태샤가 동의했다. "우리가 이렇게나 많은 시간과 돈과 에너지를 거북에게 쏟는 것을 이해하지 못하는 사람들도 많아요." 사람들은 대체로 거북을 좋아하고 또 많은 이들이 거북을 애지중지하며 키운다. "하지만 행사장 부스에 서 있으면서 '거북은 어떤 쓸모가 있나요?'라는 질문을 얼마나 많이 들었는지 몰라요."

알렉시아는 거북이 인간을 위해 어떤 일을 하느냐는 질문을 들을 때마다 답답하고 참을 수 없이 화가 난다고 했다. 그녀가 성질을 내며 말했다. "거북은 우리를 위해 아무것도 할 필요가 없다고요! 그럼 인간은 **거북을 위해서** 뭘 하는데요?"

"왜 하필 거북이냐니요? 왜 하필 예술이냐니요?" 너태샤가 응수했다. "그렇다면 왜 아이를 낳나요? 대체 왜, 왜, 왜요?"

"이 땅에 먼저 온 쪽은 거북이라고요!" 알렉시아가 말했다. "거북은 생명 그 자체, 생명이 하는 일 그 자체예요. 구할 가치가 차고도 넘친다는 말입니다."

너태샤는 말했다. "거북은 공룡과도 함께 걸어 다녔던 동물이에요. 그때 이후로 지구가 더워지고 추워지고 또 더워지고 다시 추워졌지만 거북은 아직까지 살아남았어요. 그런데 인간이 이들의 삶을 망가뜨리고 있죠. 그래서 우리라도 나서서 거북에게 옳은 일을 하겠다는데 그게 잘못인가요?"

알렉시아에게도 답은 간단하다. "거북은 현재 다른 어떤 야생동물보다도 도움이 절실해요." 그녀의 말이 옳다. 거북은 지구의 주요 동물 집단 중에서 가장 많은 위협을 받는 동물이다. 거북 개체군도 다른 야생동물들처럼 주택, 도로, 상업용 건물 등이 보금자리를 빼앗아 가면서 그 수가 줄고 있다. 거북은 오염, 기후 변화, 침입종 때문에 고통받는다. 자동차가 거리낌 없이 치고 가고 개, 미국너구리, 스컹크, 수달에게 잡아먹힌다. 무엇보다 잔인하고 극악무도한 암시장에서 거북의 고기, 알, 등딱지가 거래되고 애완동물로 팔려나간다. "어떤 동물이든 동물을 돕는다는 것은 좋은 일입니다." 알렉시아가 작년 거북서밋에 모인 사람들에게 말했다. "다람쥐를 돕는 것도 물론 중요해요. 하지만 거북을 구하다면, 특히 암거북을 구하면 앞으로 100년을 살면서 계속 알을 낳을 겁니다. 거북 한 마리를 구하는 것은 결국 여러 세대를 구하는 일이지요."

알렉시아가 나와 맷에게 말했다. "여기가 바로 우리가 활동하는 곳이에요. 우리가 세상을 더 낫게 만드는 곳에 늘 거북이 있어요."

"그 '우리'에 저희도 낄 수 있을까요?" 내가 조심스레 물었다.

"물론입니다." 알렉시아의 대답이었다. 너태샤도 고개를 끄덕였다. "자, 그럼 이쪽으로 오세요. 지하실을 보여드릴게요."

2장

느림과 회복

퍼시, 백 살 된 세발가락상자거북.

지하실 문을 열고 계단에 발을 내딛기도 전에, 우리는 섭씨 25도를 웃도는 열기에 순식간에 휩싸이며 다른 세계로 순간이동했다. 수백 마리 거북이 뿜어내는 향내와 수만 리터의 물에서 올라오는 비린내가 여름철 한적한 연못의 후끈하고 퀴퀴한 냄새를 연상시켰다.

계단을 내려가자 처음 눈에 들어온 것은 수술실이었다. 얼룩 하나 없이 깨끗한 알루미늄 진찰대와 수술대, 고휘도 조명과 확대경, 심장과 혈류를 확인하는 도플러 초음파 기계, 각종 수술 장비, 반창고, 동물용 붕대, 주사기 등을 보관하는 수납장, 크고 작은 거북의 몸무게를 재기 위한 저울들, 환자별로 처방한 약과 처치를 적어둔 칠판, 사료 및 의약품 보관용 냉장고와 냉동고, 세탁기와 건조기, 깨끗한 수건을 개어놓은 바구니, 두 칸짜리 깊은 싱크대가 눈에 들어왔다.

하지만 무엇보다 우리가 만나고 싶은 것은 당연히, 거북이다.

모퉁이를 돌며 알렉시아가 펌프와 필터 돌아가는 소음 위로 목소리를 높였다. "이 친구는 포키츠 경사예요." 190리터짜리 풀장으로 이어지는 경사로 옆 온열등 아래에서 주름진 목을 길게 늘인 채 일광욕 중인 포키츠 경사는 색이 유난히 어두웠고, 특이하게도 이 종에게 붉은귀거북이라는 일반명을 선사한 붉은 얼룩이 보이지 않았다. 게다가 나는 이렇게 몸집이 큰 붉은귀거북을 본 적이 없었다. 까만색에 가까운 등딱지는 길이가 약 25센티미터로 수컷치고는 굉장히 큰 편이었다.(보통 암컷의 몸집이 더 크다.) "쉰 살이 넘었어요." 너태샤의 말이다. 포키츠 경사는 대형 거북의 고기를 파운드당 3.47달러에 파는 식품점을 폐쇄하는 데 앞장선 어느 경찰관의 이름이다. "처음엔 정말 몸이 안 좋았어요. 폐렴과 대사성 골질환에 시달렸고 뒷다리를 쓰지 못했죠. 이 거북은 토종거북이 아니에요." 알렉시아가 설명했다. 붉은귀거북은 미국 남중부의 자생종으로 원래 뉴잉글랜드에 서식하는 종은 아니다. "포키츠는 짜증도 잘 내요. 방생할 수 없어서 죽을 때까지 우리와 함께 살 거예요."

포키츠 경사 옆, 위, 아래 선반에는 상자거북을 위한 작은 숲과 다섯 마리의 또 다른 큰 붉은귀거북이 사는 수조가 있었다. 너태샤가 각각의 이름을 소개했다. 라즈, 월넛, 에이콘, 스피디, 체리, 새미, 윌로, 코튼우드……. "그들을 맡아줄 적절한 가정이 나타나면 입양을 보낼 거예요. 아니면 우리와 계속 살고요."

포키즈 경사 맞은편 선반에는 퍼시가 산다. 남달리 매끄러운 돔형 등딱지와 날카로운 붉은 눈이 인상적이다. 퍼시는 토탄흙이 깔린 바닥, 인조 식물(살아 있는 식물은 빨리 시들거나 썩기 때문이다.), 숨을 곳과 몸을 푹 담글 욕조가 있는 널찍한 공간에서 지낸다. 그는 최소 백 살은 된 세발가락상자거북이다. 거북 구조활동으로 존경받는 수의사 바버라 보너가 매사추세츠주 애완동물매장에서 발견하여 데려왔다. 퍼시는 사방이 물인 콘크리트 판 위에서 생활하며 심하게 병들었다. 숲에 살던 거북에게 이는 대단히 부적절한 환경이다. 알렉시아가 퍼시를 들어서 콘크리트 바닥 위에 내려놓았더니 세상에, 마치 태엽 장난감처럼 곧장 미카엘라를 향해 **달려갔다.** 이 노익장의 걸음은 뒷걸음질로 달리는 미카엘라를 따라잡을 만큼 **빨랐다.**

"역시, 바로 미카엘라한테 달려가네요." 너태샤가 말했다. "퍼시는 백 살이 넘은 나이가 아주 많은 거북이에요. 하지만 이곳에서 우두머리로 잘 살고 있어요. 아직 전성기랍니다!"

미국 자연사박물관 파충류관 부큐레이터 크리스토퍼 랙스워디라면 백전노장이 아직 한창 때라는 말에 동의할 것이다. "거북은 나이가 들었다고 자연사하는 동물이 아닙니다." 그가 한 인터뷰에서 말했다. 랙스워디에 따르면 백 살 된 거북의 주요 내장 기관은 10대와 구분할 수 없을 정도로 젊다. 거북은 사실상 시간을 멈출 수 있다. 거북의 심장은 장시간 뛰지 않고도 멀쩡하다. 동면(파충류의 동면을 전문용어로는 휴면^{brumation}이라고 한다.)을 하는 종이라면 몇 달 동안 진흙 속에 파묻혀 숨을 쉬지 않고도 살 수 있다. 랙스워디의 말이 맞다면 감염이나 부상이 없는 한, 거북은 영원히 산다.

그러나 인간과 인간이 만든 기계가 지배하는 환경에서 거북이 불의의 사고를 피할 방책은 한마디로 말해서, 없다. 우리가 거북병원에서 다음으로 만난 스노볼이 이 사실을 증명한다. 스노볼은 4.5킬로그램쯤 나가는 암컷 늑대거북으로, 등딱지 앞쪽 3분의 1 지점에 눈물 모양의 커다란 흉터가 있고 머리가 오른쪽으로 눈에 띄게 기울었다. 작고 낮은 수조 안에서 미동도 없이 앉아 있는 모습을 보면 영락없이 죽은 거북이었다. 스노볼은 3년 전 여름에 이곳에 왔다. "차에 받힌 채로 끌려갔어요. 다른 구조단체가 발견했는데 어떻게 해야 할지 몰라 우리에게 보냈지요." 알렉시아의 설명이다. 뒷발이 심하게 짓이겨져서 대부분의 수의사들은 통째로 잘라내자고 했을 것이다. 알렉시아는 발가락 세 개만 제거한 뒤 상처를 닦아내고 체액을 보충하고 등딱지를 보수했다. 감염을 치료하기 위해 항생제 주사를 놓고, 목구멍에 관을 삽입해 먹이를 주었다.

하지만 다친 머리를 치유할 방법은 시간뿐이었다. "신경에 문제가 있었어요. 가끔 이유 없이 몸을 뒤집곤 했지요." 치료를 받기 시작한 지 6개월쯤 된 어느 밤, 스노볼은 물속에서 뒤집어지는 바람에 말 그대로 익사하고 말았다. "도플러 초음파로 심장박동을 확인했는데 맥이 전혀 뛰지 않았어요." 알렉시아가 그때를 떠올리며 말했다. "죽어버린 거예요. 그렇다면 더 나빠질 게 뭐가 있겠어요? 스노볼의 허파에 관을 삽입한 다음 계속해서 숨을 불어넣었어요. 그랬더니 어느 순간 도플러에서 삐삐 소리가 들리더군요. 심장을 다시 뛰게 만든 거죠. '어디 누가 이기나 두고 보자' 하는 심정이었던 것 같아요."

사고 몇 시간 뒤 스노볼은 눈을 떴다. 그날 저녁에는 발가락을 아주 조금씩 움직였다.

"물에 빠지기 전 상태로 돌아오는 데 3개월이 걸렸어요." 알렉시아가 말했다. "뇌는 한 40퍼센트쯤 회복한 것 같아요."

"점점 나아지고 있어요." 너태샤가 말했다.

"매달 0.5퍼센트씩?" 알렉시아가 덧붙였다. "높은 언덕을 아주 천천히 올라가는 열차 같다고나 할까요?"

스노볼 옆 수조에는 처트니가 있다. 몸집은 더 작지만 스노볼 못지않게 인상적인 수컷 늑대거북으로 2년 전 봄에 비슷한 문제로 이곳에 들어왔다. 자동차 사고로 등딱지와 턱뼈가 부서지고 뇌진탕을 겪었다. 별명이 굴림대였던 처트니는 자기 병실 상자 안에서 계속해서 몸을 굴려 뒤집었고, 그때마다 알렉시아가 그의 부러진 뼈를 다시 맞춰주었다.(늑대거북은 머리와 목을 땅에 대고 밀면서 몸을 바로 세운다.) "다른 병원 같았으면 진작 안락사시켰을 거예요." 알렉시아가 말했다. 처트니 같은 사례는 회복할 가망이 없다고들 했다.

처음에 두 사람은 그가 몸을 뒤집지 않게끔 벽에 테이프로 붙여놨는데 잘 고정되지 않았다. 등딱지에 무거운 것을 올려볼까도 했지만 상처에 압박을 줄까 염려되었다. 다른 방법을 모색하다 기발한 해결책을 생각해 냈다. 입구가 등딱지 너비에 꼭 맞는 플라스틱 물병에 거북을 집어넣은 것이다. "물병 손잡이가 받침다리 역할을 해서 구르지 않을 수 있었어요." 너태샤가 설명했다. 게다가 투명한 물병이라 처트니가 주위를 보는 데도 문제없었다. 그도 밖을 보며 세상이 회전을 멈췄다는 걸 알 수 있었으리라. 두 사람은 이 발명품을 "처트니 관"이라고 불렀다. 처트니 관이 넉 달간 그를 올바른 자세로 유지시켰고, 마침내 이 장치가 필요 없어졌다. 올해 봄에 처트니는 자연의 품으로 돌아갈 예정이다.

너태사야 말했다. "뇌 손상은 회복할 수 있어요. 다만 시간이 오래 걸릴 따름이죠."

거북에게는 만사가 오래 걸린다.

거북은 느리게 살아간다. 거북은 느리게 호흡한다.(차가운 물 속에서 올리브바다거북olive ridley sea turtle은 일곱 시간 동안 숨을 참는다.) 거북의 심장은 느리게 뛴다.(붉은귀거북의 심장은 1분에 한 번만 뛸 때도 있다.) 거북서밋에서 우리는 거북 환자가 약물에 반응하는 속도를 듣고 깜짝 놀랐다. 거북에게는 진통제가 소용없는 경우가 많다. 포유류에게는 몇 초에서 몇 분이면 작용하는 진통제가 거북에게는 몇 시간, 심지어 며칠이 지나야 효과가 나타나기 때문이다.

거북은 죽을 때도 느리다. 거북을 돌보는 방법을 알려주는 웹사이트 '거북 허브The Turtle Hub'에 "당신의 거북이 죽었는지 확인하는 법"이라는 제목의 영상이 게시되었을 정도다. 거북의 몸은 우리와 너무 달라서 포유류의 기준으로 생사를 판단하면 안 된다. 1957년에 한 신문 기사에는 플로리다주 마리아나에서 한 대학생이 잡은 악어거북alligator snapping turtle이 머리가 잘린 후에도 5일 동안이나 심장이 뛰었다는 이야기가 실렸다. 산소가 완전히 차단된 실험 환경에서도 붉은귀거북의 뇌는 며칠이나 기능했다. 이런 이유들로 거북구조연맹에서 알렉시아와 너태샤는 사후경직이 시작되거나 썩은 내가 나기 전에는 거북에게 섣불리 사망 선고를 내리지 않는다. 거북의 놀라운 치유력 때문에 마지막 순간까지 희망을 버릴 수 없다. "거북 앞에서 포기란 없습니다." 알렉시아가 다시 한번 강조했다.

거북의 치유 능력은 놀랍지만 대신 낫는 속도가 느리다. "시간이 많이 걸려요. 하지만 그건 전혀 문제가 되지 않아요." 너태샤의 말이다. "거북이 가진 게 바로 시간이니까요."

시간은 내가 거북에게 끌리는 또 다른 이유다. 시간은 '의식'의 문제처럼 수많은 철학자를 괴롭히는 난제이자 위대한 인물들이 수 세기에 걸쳐 분투해 온, 그리고 언제나 나를 빠져들게 하는 미스터리다. 나는 오랫동안 시간을 적으로 생각해 왔다. 젊어서 하루에 다섯 판씩 발행하는 신문사에서 기자로 근무했을 때는 여러 번의 마감이 주는 압박 속에서 매일 14시간씩 일했다. 그 후 동물 이야기를 쓰는 프리랜서 작가로 살았던 35년 동안은 야생을 여행하며 창조적인 자유를 만끽하고 살았다. 매, 우리 집 돼지, 문어와 함께하는 동안에는 평범한 시간에서 탈출한 것처럼 느껴지는 순간들이 있었다. 맷도 비슷한 경험을 이야기했다. "저는 그림 그리기를 좋아하는데, 예술활동은 명상에 가까워요. 그 영역에 들어가는 순간 시간이 느려지지요. 자연에 있을 때도 마찬가지예요. 시간이 천천히 움직이고 다른 것들은 생각나지 않아요."

그러나 시간과 달력으로부터의 도피는 언제나 감질나게 짧았다. 나는 평소 일 때문에 이동이 잦은 편이었고, 작품을 위한 자료 조사, 신간 홍보 투어 또는 강연 일정이 있을 때는 침대에서 뛰쳐나와 목욕 가운을 입은 채로 비행기를 잡아타야 할 것 같은 조급함에 자주 시달렸다. 또 책이나 기사를 쓸 때는 항상 마감에 쫓겨 내 머리 위에서 누군가 다모클레스의 검을 휘두르는 기분이었다. 성인이 되어 남들이 부러워할 만한 운 좋은 삶을 살면서도 내가 원한 것은 하나뿐이었다. 시간이여, 좀 천천히 가주소서.

하지만 현실은 내 바람과는 반대로 흘러갔다. "어려서는 시간이 기어가다시피 했죠." 나의 가장 친한 친구이자 작가인 엘리자베스 마셜 토머스의 말이다. 나도 그랬다. 어릴 적에는 크리스마스도, 생일도, 여름도 모두 너무 멀리 있어서 영영 오지 않을 것 같았다. 아홉 살의 나는 결코 열 살이 되지 못할 것 같았고, 열네 살의 내게 열여섯의 나이는 손이 닿지 못할 곳에 있었다. 10대일 때는 어른이 되기까지의 세월이 고통스러울 만큼 길게 느껴졌다. "하지만 나이가 들면서 시간은 날아가 버린다." 엘리자베스가 여든아홉에 쓴 말이다. 그녀는 저서 『품위 있게 나이 든다는 것』

에서 그 이유를 다음과 같이 설명한다. 태어나서 첫 20년간 우리는 걷고, 말하고, 읽고, 공부하고, 수영하고, 자전거 타고, 운전하는 법 등을 배운다. 초등학교, 중학교, 고등학교를 졸업하고 누군가는 대학교에 간다. 많은 사람이 결혼해서 아기를 낳는다. 그 20년 동안 우리는 몸무게가 12배 늘어난다. 무력한 필요덩어리에서 스스로의 힘으로 살아가는 자율적인 어른이 되는 것이다.

엘리자베스는 인생의 첫 20년 동안 "나와 내가 하는 일을 바꿔놓은 중요한 경험을 수십 번 어쩌면 수백 번 넘게 했다."라고 썼다. 이에 비해 이후의 시간은 전혀 다르다. 스무 살이 넘으면 대부분의 사람이 경력을 쌓고 돈을 벌어 가족을 부양하는, 근본적으로 비슷한 일을 하며 산다. 그녀는 지난 20년 동안 자신의 삶을 바꾼 몇 안 되는 사건의 하나로 쉼표의 사용법을 새로이 알게 된 것을 꼽았다.

나는 60세가 되던 해에 아주 큰 변화를 느꼈다. 인생의 새로운 단계에 들어설 준비가 되었다고나 할까. 엘리자베스의 동년배 자연작가이자 여행작가 에드워드 호글랜드는 다음과 같이 말했다. "나이 듦은 새로운 페르소나를 만드는 과정이다. 사춘기 때 그랬던 것처럼." 환갑이 되면서 비로소 나는 노년기에 들어섰다. 성인이 된 이후 이때까지와의 삶과는 다르게 지혜로운 삶이라는, 어쩌면 도덕적으로 더 설득력 있는 목표를 추구할 나이가 된 것이다. 그렇다면 내게 지혜의 길을 보여주고 시간과 사이좋게 지낼 방법을 알려줄 스승으로 삼기에, 서둘지 않고 장수하며 고요와 끈기의 상징으로 존경받는 이 태곳적 동물보다 나은 선택이 있을까?

한쪽 모퉁이에 늑대거북 파이어치프의 450리터짜리 대형 수조가 있다. "제가 좋아하는 거북들 중 하나예요." 알렉시아가 수조를 덮은 철망을 들어올리더니 바나나 하나를 껍질째 떨어뜨리며 말했다. 굵기와 길이 모두 내 허벅지만 한 머리가 쑤욱 물 밖으로 나오더니 마치 악어처럼 넙죽 받아 꿀꺽 삼켰다. 이 거대한 늑대거북의 나이는 60~80세쯤으로 추정된다. 2년 전 10월 8일, 이곳에 처음 도착했을 때의 무게가 약 19킬로그램이었다.

　　파이어치프는 매년 소방서 옆 연못에서 여름을 보냈기 때문에 모든 소방관이 그를 알았다. 다른 거북들처럼 파이어치프도 여름을 나는 연못과 겨울에 동면하는 연못이 달랐다. 소방관들은 매년 봄과 가을이면 그가 두 연못 사이를 오가는 것을 지켜보았다. 그러나 그 사이를 큰 도로가 가르고 있었고, 그 도로를 가로질러 월동지로 이동하던 어느 날 파이어치프는 그만 트럭에 치이고 말았다.

　　"신고를 한 행인은 그 옆에 계속 있을 상황이 못 되었어요." 알렉시아가 설명했다. 그녀는 너태샤와 함께 서둘러 카약과 그물을 들고 출동했다. "소방서 직원 전체가 나와서 저희를 맞이했어요. 다들 걱정이 태산이었지요." 그 무렵 거북은 다친 몸을 이끌고 소방서 쪽 연못에 들어가 버렸다. 카약에 올라탄 알렉시아는 수심 90센티미터의 진흙탕에서 거북을 발견했다. 하지만 파이어치프는 그녀를 보고 물속 깊이 들어가 버렸다. 결국 알렉시

아는 19도의 차가운 연못에 직접 들어가 마침내 이 커다란 늑대
거북을 안고 나왔다.

트럭에 받히면서 파이어치프의 등딱지에 흉물스러운 상처
가 생겼지만 사실 그건 문제가 아니었다. 진짜 문제는 척추 부상
이다. 척추가 부러지면서 뒷다리가 마비되었다. 하지만 거북의 경
이로운 능력을 보시라. 거북의 신경조직은 재생된다. 실제로 척
수가 두 동강 나는 경우에도 이 능력이 발휘될 때가 있다. "3개월
만에 나을 수도 있어요. 5년이 걸릴지도 모르고요. 하지만 결국
에는 치유될 겁니다." 알렉시아가 말했다. 현재 파이어치프는 뒷
다리의 기능을 일부 회복했다.

야생이었다면 이런 사고에서 살아남지 못했을 것이다. 더군
다나 지금의 회복 상태로는 더더욱 불가능하다. 그러나 알렉시
아와 너태샤는 더 심한 상태에서도 완전히 회복된 거북을 본 적
이 있다. 같은 해에 북쪽의 노스앤도버에서 구조된 늑대거북이
거북구조연맹으로 보내졌다. 이 거북은 교통량이 많은 도로와
아파트 단지로 둘러싸인 저수지에서 여름을 보냈다. 월동을 마치
고 여름 저수지로 돌아오던 길이었을까? 어쩌면 암컷을 찾아다
니던 중이었는지도 모르겠다. 거북은 그만 옹벽에서 굴러떨어져
딱딱한 포장도로에 그대로 내리꽂히고 말았다. 등딱지에 금이
가고 견갑대가 부러진 채로 오래 방치되어 파리가 입에 낳은 알
이 부화하기까지 했다. 발견 당시 거북의 몸에는 구더기가 득시글
거렸다.

알렉시아와 너태샤가 이 거북을 구조해서 주둥이를 고치고

등딱지를 접착제로 붙이고 견갑대를 치료했다. 이 거북은 그해 가을, 자기가 살던 곳으로 돌아갔다.

다음으로 우리는 '질'이라는 이름의 거북을 만났다. 이 늑대 거북이 살던 매사추세츠주 마을의 명칭을 딴 이름이다. 알렉시아와 너태샤는 컴벌랜드 팜스 편의점에서 신고자들을 만났다. 그들은 도로 옆에서 발견한 이 대형 늑대거북을 트럭에 싣고 왔다. 처음 알렉시아는 거북을 얼핏 보고 18~23킬로그램쯤 될 거라고 생각했다. "돌덩어리처럼 무거울 줄 알았는데 막상 들어보니 스티로폼처럼 가벼웠어요. 무게를 재보니까 6킬로그램도 안 나가더라고요. 등딱지로 감싼 해골 같았어요." 등딱지의 상처는 이미 아물었지만 피부 곳곳이 뜯어져 있었고 죽은 거북에게 풍기는 냄새가 났다. 뒷다리와 꼬리는 움직이지 않았다.

알렉시아와 너태샤가 손을 쓸 수 없는 처참한 몰골이었다. 두 사람은 거북을 터프츠대학교 수의학과에서 운영하는 터프츠 야생동물병원으로 데려갔다. 그곳 수의사들도 안락사를 권했지만 둘은 질에게 기회를 주고 싶었다.

이 늑대거북에게 무슨 문제가 있었던 걸까? 왜 피부가 벗겨졌을까? 알렉시아는 껍데기의 흉터를 통해 그의 과거를 추정해보았다. "한 1년 전쯤 차에 치였던 것 같아요. 거북은 사고 후에 도로를 건너 풀밭으로 기어가 그대로 1년을 앉아 있었던 거죠. 먹을 것도, 물도, 아무것도 없어요. 아마 겨울을 나면서 죽기 일보 직전까지 갔을 거예요. 거북이 굶을 때는 몸에서 세포를 교체하지 않아요. 모든 것을 그대로 보존하죠. 그러다가 마침내 먹이를 찾아 먹기 시작하면 그때 세포도 다시 교체되기 시작해요." 그래서 피부가 벗겨진 것이다. "하지만 장내 미생물의 상태가 너무 엉망이라 영양분을 많이 흡수하지 못했을 거예요. 우리는 연맹으로 데려와 보살피며 자연식품 위주로 먹었어요. 이를테면 물고기를 통째로 주었죠."

시간이 지나 질이 뒷다리를 움직이기 시작했다. 몸에도 살이 붙었다. 더 이상 피부가 벗겨지지 않았고 좋은 냄새가 나기 시작했다. 2년 뒤 알렉시아는 터프츠 동물병원의 동료에게 전화했다. "거의 반송장이었던 거북 기억나죠? 오늘 그 거북을 방생하러 갑니다."

그래서 파이어치프에게도 희망이 있다. 작년에 온 이름 없는 두 어린 점박이거북spotted turtle에게도 희망이 있다. 이 매력적인 작은 동물은 칠흑같이 까만 등딱지에 노란색 작은 반점이 별처럼 박혀 있다. 한때는 미국 동북부 지역에서 흔했지만 지금은 미 전역에서 멸종위기종으로 등록되었다. 한 마리의 거북이 태어나서 죽는 사이에 전체 개체군의 절반이 사라졌다. 두 점박이거북 중 하나는 등딱지에 금이 가고 뒷다리에 문제가 있는 암컷이었고, 다른 한 마리는 뇌의 인지 기능에 문제가 있어서 눈이 보이지 않았다. 이 거북의 눈은 정상처럼 보였지만, 작년에 몇 주간의 재활 훈련을 마치고 방류하러 갔을 때 문제가 있다는 사실이 밝혀졌다. 너태샤가 그때를 떠올렸다. "거북을 데리고 습지 가장자리에 앉아 있었어요. 거북도 주변을 둘러보는 것 같았죠. 하지만 세상을 시각적으로 받아들이지 못했어요. 결국 숲에서 나와 다시 데리고 돌아올 수밖에 없었죠. 그렇다고 해서 끝끝내 자연으로 돌아가지 못할 거라고 생각하진 않아요.”

노바도 눈이 보이지 않는 거북이다. 수조 속 얕은 물에 앉아 있는 모습이 영 힘이 없어 보였다. 노바는 오염된 연못에서 살던 어미가 낳은 알을 거북병원에서 부화시켜 탄생한 거북인데, 시력에 문제가 있을 뿐만 아니라 뇌가 손상되어 현재 노바의 낮과 밤은 일주일 단위로 바뀐다. 노바는 자신의 마른 병실 상자에서 뒤집어진 채로 잔다. 마침 오늘은 노바가 일주일간의 수면에 들어가는 날이다. 알렉시아가 물에서 노바를 꺼내자 뒷발을 버둥거리고 앞발로 눈을 문지르며 괴로워했다. 하지만 알렉시아가 거북의 몸을 뒤집어 따뜻하고 뽀송한 병실 상자에 눕힌 뒤 배 위에 거북 봉제 인형을 올려놓자 놀랍게도 금세 괜찮아졌다. 노바는 이곳에서 7년을 살았다. 그녀에게서 회복의 기미는 보이지 않지만, 낫지 못하더라도 괜찮다. 이곳에서 여생을 안전하고 편안하게 살면 되니까.

“봄부터 파이어치프의 물리치료를 시작하려고 해요.” 너태샤가 말했다. 옆뜰의 울타리가 쳐진 커다란 정원에서 파이어치프는 걷기 연습을 시작할 예정이다.

지금은 봄을 기다리는 중이다. 그리고 그건 거북이 썩 잘하는 일이다. 뉴잉글랜드의 야생거북들은 겨울이 되면 연못의 진흙 속에 몸을 파묻거나 구멍에 숨어서 심장박동과 호흡을 늦추고 봄이 오길 기다린다.

거북구조연맹의 겨울은 느린 파충류와 함께하는 느린 시간이다. 알렉시아와 너태샤는 웬만하면 환자들이 휴면기에 들어가게 두지 않는다. 거북이 깨어 있어야 상태를 쉽게 확인할 수 있기 때문이다. 그러나 이곳에서도 겨울이 되면 거북들은 확실히 느려진다.

한편 겨울에도 새로운 거북이 계속 들어왔다. 동면 중에 방해받은 거북, 주인이 키우기를 포기한 거북, 다른 재활치료사가 감당하지 못하는 거북 등이다. 2020년의 첫 거북은 1월 8일에 왔다. 이날 알렉시아는 우스터의 한 교차로에서 접촉 사고를 당했는데, 집 안에서 사고를 목격한 동네 사람이 차에 크게 써 붙인 거북구조연맹 로고를 보고 아시아상자거북Asian box turtle 한 마리를 데리고 나와서는 더 이상 키우고 싶지 않다면서 주고 갔다. 이 거북의 이름은 곧바로 크래시•가 되었다.

"5월부터 본격적으로 활동이 시작됩니다." 알렉시아가 우리에게 말했다. "두 달 동안 매일 해가 뜰 때부터 질 때까지 종일 꼬박 일해요. 밤을 새워 거북의 체강에서 구더기를 골라내도 다시 아침이 되면 누군가 출근길에 거북을 발견했다는 신고가 들어오죠. 6월은 정말 미치고 팔짝 뛸 정도로 바빠요."

들어보니 봄이 오면 우리가 도움이 될 것 같았다. 그때까지 기다리긴 무척 힘들겠지만.

• 충돌 사고를 뜻한다.

3장

거북 수난 시대

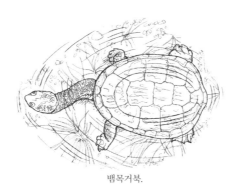

뱀목거북.

거북구조연맹에서 봉사할 날들을 기다리는 시간은 지루하기 짝이 없었다. 맷의 반려 거북 에디와 폴리, 호스필드거북 이반과 헤르만거북Hermann's tortoise 지미를 제외하면 내 일상에는 괴로울 정도로 거북이 없었다. 다행히 맷이 거북에 대한 이 애달픈 마음을 조금이나마 해소해 주었다. 거북이 얼마나 다양하고 놀라운 동물인지 또 얼마나 위험에 처했는지 알려주는 교육 차원에서, 사우스캐롤라이나주 찰스턴 외곽에 위치한 거북생존연합 소속 거북생존센터에서 근무하는 친구를 소개해 준 것이다.

거북생존센터에는 세계적인 절멸위급종인 거북들의 가장 크고 중요한 번식 군락이 있다. 이곳에서 번식하는 종의 일부는 이미 야생에 존재하지 않는다. 맷은 2017년에 처음으로 거북 학회에 참가했다가 이곳을 방문하게 되었다. "기가 막히게 멋진 곳이에요." 맷이 말했다. "세계 어디에서도 보지 못할 거북들을 만날 겁니다."

　3월, 나는 이례적으로 깨끗하고 텅 빈 비행기에 올랐다. 중국에서 시작된 새로운 호흡기 질환이 확산 중이라는 소식이 퍼졌다. 비행 하루 전날에는 캘리포니아주 연안을 운항하던 한 유람선에서 승객 46명 중 21명이 확진되면서 바다에 묶였다는 소식이 전해졌다. 그러나 사실 맷도 나도 크게 걱정하지 않았다. 맷은 마다가스카르에서 구더기가 꼬인 고기로 만든 스튜를 매일 먹고도 아무 탈 없이 돌아온 사람이고, 나 역시 조사차 열대지방을 다니면서 뎅기열을 포함한 여러 질병에서 살아남은 전력이 있다. 새로운 전염병이 나빠 봐야 얼마나 나쁘겠는가? 솔직히 나는 그보다 공항으로 마중 나오기로 한 맷의 친구이자 거북생존센터의 동물 관리 책임자인 크리스 헤이건을 찾을 일이 더 걱정이었다.

　다행히 크리스는 눈에 잘 띄었다. 마흔일곱의 그는 평온한 인상에 키가 크고, 가운데 가르마를 탄 회색 머리에 주황색 거북생존연합 셔츠와 회색 카고 반바지를 입고 있었다. 정작 내 시선을 끈 건 그의 왼쪽 정강이였다. 남아시아와 동남아시아의 절멸위급종인 바타구르*Batagur*속屬 강거북의 머리 윤곽 여섯 개가 큼지막하게 그려져 있었다. 그는 자신이 직접 실물을 본 거북들을 새겼다고 자랑스럽게 말했다. 크리스의 몸에는 50개가 넘는 문신이 있는데 그중에는 드로이드를 포함해 영화 「스타워즈」의 캐릭터들

(그는 사람들에게 "거북들의 요다"라고 불린다.)과 커다란 방사선 마크 (과거에 실험실에서 방사선생태학을 연구한 적이 있다.) 등이 있다. 두 검지 안쪽에는 스타워즈의 광선검이, 한쪽 팔뚝에는 멸종한 대형 해양 갑각류인 삼엽충이 새겨져 있다. 그는 심지어 입속에도 자기가 좋아하는 슬레이어라는 록 그룹 이름을 그려넣었다.

"누구 보라고 새긴 거예요? 치과 의사?" 내가 물었다.

"모두 저 자신을 위한 겁니다." 그가 온화한 말투로 대답했다. 문신 하나하나가 그에게 의미가 있었다. 그는 현존하는 14개 거북 과科를 모두 몸에 새기겠다는 야심 찬 계획을 실천해 나가는 중이다. 거북은 크리스라는 사람의 커다란 일부다.

공항에서 센터까지는 차로 50분쯤 걸렸다. 연못가의 통나무, 그리고 배수로 시멘트 제방 위에서 일광욕을 즐기는 노란배거북 yellow-bellied slider을 지나치면서 크리스는 세계에서 가장 위협받는 동물의 미래를 지키는 막중한 책임을 맡게 된 과정을 이야기해 주었다.

"그저 남들과 조금 다른 길을 걸어왔을 뿐입니다." 그의 말이다. 하지만 우리가 곧 알게 될 바와 같이 이 말은 크리스가 겸손의 제다이 마스터라는 또 다른 증거에 불과했다.

그는 오하이오주에서 자랐다. 오하이오주는 자생거북 12종, 도마뱀 5종, 뱀 25종을 자랑하는 소위 '파충류의 메카'다. 거북에 대한 크리스의 집착은 다섯 살 때부터 시작됐고, 열두 살 나이에 파충류 동아리에서 정기적으로 활동하면서 이미 성공한 강사로서 양서류와 파충류를 주제로 환경교육 강연을 했다. "과학자들과 어울리느라 학교를 많이 빠졌습니다." 그의 말이다. "고등학교 졸업장을 따기 전에 대학교에서 파충류학을 가르쳤어요." (사실 그는 고등학교 졸업장을 받지 못했다. 대신 GED®를 통과했다.) 그의 초년은 어느 똑똑하고 괴짜 같은 한 아이가 커서 환경보전 운동가이자 과학자, 재활치료사가 된 흔한 성장 스토리 같았다. 그러나 그의 삶에는 쉽게 예상할 수 없는 다른 이야기가 있었다.

"조금 거친 청소년기를 보냈습니다." 크리스가 무심하게 말했다. 그는 어려서 부모님이 이혼하는 바람에 아버지와 살았는데 그의 아버지는 화를 많이 내고 폭력을 쓰는 사람이었다. 나중에 알게 된 사실이지만, 젊은 시절 크리스가 저지른 일탈에는 거북에 대한 열정 외에도 충격적인 범죄 행위들이 있었다. 우선 그는 마약을 했다. 열네 살 때 바느질용 바늘과 먹물을 사다가 'LSD'를 직접 새긴 것이 첫 문신이다. 또 훔친 차를 몰고 다니다가 다른 차를 박거나 동네 상점에 돌진한 적도 있다. 숲속에서 경찰과 경찰견을 따돌리며 장시간 추격전을 벌인 적도 있고, 한번은 18킬로그램짜리 돼지를 훔쳐서 몸에 기름을 잔뜩 바른 다음 동네 백화점에 풀어놓았다고 했다. 심지어 두 학교에 불을 지른 적도 있다. 이유가 무엇이냐고? "그러면 어떻게 되는지 알고 싶었어요. 전 극악무도하고 어리석은 젊은이였지만 최소한 태도는 유쾌했던 것 같아요." 크리스가 차분하게 말했다.

열한 살에서 열일곱 살까지 크리스는 중독재활센터, 정신병

● General Educational Development. 미국과 캐나다에서 시행되는 고등학교 학력 인정 시험.

원, 소년원을 수시로 드나들었다. 열세 살 때부터 스물두 살 때까지는 늘 전담 보호관찰관이 배정되었다. 열여덟 살에는 대부분의 시간을 감옥에서 보냈다. "그곳에서도 약물과 카드놀이 덕분에 지루하지는 않았어요. 하지만 **아무 데도** 갈 수 없었죠." 정신병원이나 감옥에 거북은 없었다.

그래서 그는 삶을 재정비했다. 이후 지역 자연사박물관, 파충류 협회, 동물보호소, 마이애미밸리 파충류박물관(현재 켄터키 파충류동물원) 등에서 봉사활동을 했고, 20대에는 워싱턴주의 세인트헬렌스산에서 도롱뇽을 연구했다. 하와이에서 매부리바다거북 둥지를 추적 관찰했고, 샌타바버라 동물원에서 파충류학자로도 일했다. 석사 연구를 위해 말레이시아 사라왁으로 떠났다가 연구 프로젝트를 수행할 거북을 찾지 못하자, 인도네시아의 술라웨시섬과 코모도섬으로 건너가 파충류, 특히 거북을 찾아다녔다.

그가 사우스캐롤라이나주 에이킨의 사바나리버 생태연구소에 합류한 것은 2002년이다. 조지아대학교 산하 연구기관인 이곳에서 일하며 1년에 2~3개월은 전 세계로 출장을 다녔다. 거북을 열심히 수색하면서도 이슬람 성전주의자, 지진, 산사태, 풍토병에 용감히 맞서왔다. 동티모르에서는 "총격전이 난무하는 불안한 상황에 휘말렸지만" 위험을 무릅쓸 가치는 충분했다. 결국 그는 야생에서 희귀 거북들을 직접 관찰한 몇 안 되는 미국 학자가 되었다. 또 다섯 개의 새로운 거북 분류군을 소개하는 논문에 공동저자로 이름을 올렸다.

크리스는 거북생존연합과 창립 초기부터 긴밀하게 협력해 왔다. 거북생존연합은 2001년 이른바 '아시아 거북 재난'에 대응하기 위해 설립된 단체다. 한 사례로 2011년 12월에 홍콩 치안 경찰은 불법으로 선적된 살아 있는 바다거북과 육지거북 11종 총 1만 1000마리를 적발하여 압수했다. 그 후 압수된 거북들을 어떻게 처리할지가 문제가 되었다. "그중 수천 마리가 미국으로 왔어요." 이에 거북생존연합은 동물원, 대학교, 심지어 개인 거북 애호가들까지 동원해 거북들에게 임시 거주지를 찾아주었다. "많은 사람이 수백 마리를 데리고 집으로 돌아갔어요." 크리스의 설명이다.

2013년, 소형 주택과 트레일러가 늘어선 비포장도로와 인접한 약 20만 제곱미터의 땅을 매입하면서 크리스는 꿈에 그리던 일을 시작했다. 지구에 몇 남지 않은 희귀한 거북들을 확보하여 세계에서 가장 큰 번식 집단으로 키우고, 언젠가는 야생에서 사라진 개체군을 복원하는 것이 그의 목표다.

"**600마리**나 되는 거북을 어떻게 관리해요?" 내가 물었다.

정확히 말해 그는 센터의 컬렉션을 **경영**하는 사람이다. 일상적인 관리는 다른 직원들이 도맡아 하고 있다. "그래서 제가 집에서 따로 500마리를 키우는 거예요. 저도 **제 손으로** 거북을 돌보고 싶거든요." 크리스의 말이다.

거북생존센터의 진입로에는 눈길을 끄는 표지판들이 가득했다. "출입 금지." "뱀 이동 지역." "개 조심." "주의: 이동식 게이트. 부상 또는 사망의 위험 있음." 주변을 둘러싼 2.4미터 높이의 울타리 위에는 두 가닥 철사로 보강한 원형 가시철조망이 설치되었다. 동작감지 센서와 조명, 경보음에 더해 낯선 이를 보면 무섭게 짖어대는 로트바일러들이 부지를 지킨다. 센서는 유리 깨지는 소리에도 민감하게 작동하고, 이상 상황이 발생하면 바로 경보음이 울린다. 세 명의 직원이 부지 안에 또는 바로 옆에 살고 있다. "총기를 많이 갖추고 있습니다." 크리스의 말이다. 이곳을 방문하는 사람은 센터의 위치가 공개되지 않도록 휴대전화의 GPS를 비활성화해야 한다.

이런 철통 같은 방어는 애초에 이곳에 센터가 세워진 이유이기도 하다. 거북은 무자비한 야생동물 밀거래 시장에서 수요가 가장 많은 품목의 하나다. 총기, 마약, 성매매처럼 거북도 조직된 대규모 암시장에서 은밀하게 거래된다. 운남상자거북Yunnan box turtle 한 마리가 20만 달러에 팔린다. 중국세줄상자거북Chinese three-striped box turtle도 그 배딱지로 만든 가루가 암을 고친다는 헛소문 때문에 한 마리당 2만 5000달러나 나간다. 아시아 곳곳에서 토종거북의 4분의 3 이상이 멸종 위기에 처했거나 이미 자생지에서 자취를 감추었다. 이 지역에서는 훔친 거북 대부분이 가짜 만병통치약(거북의 장수하는 특성 때문에 여성에게는 젊음을 유지하고 남성에게는 정력을 향상하는 데 좋다는 주장이 있다.)의 재료로 쓰이고, 등딱지는 펜이나 팔찌 등의 장신구로 만들어지거나, 값비싼 애완동물로 팔려나간다.

거북생존연합의 한 비디오 영상에서 표현한 대로, 너무 많은 거북이 아시아에서 "진공청소기로 빨아들인 것처럼 사라져 버렸다." 그 사악한 시장의 수요를 맞추기 위해 이제는 미국의 연못과 숲지대, 바다에 서식하는 거북들까지 불법으로 수출되는 지경이다. 바다거북, 상자거북, 점박이거북, 늑대거북 등 어떤 거북도 안전하지 않다. 밀렵꾼들은 논문을 뒤지고 책을 파헤치고 지역신문을 샅샅이 훑어 거북이 서식하는 장소의 단서를 찾는다. 캐나다 온타리오주의 한 교수는 자기 대학원생이 논문에 연구장소를 공개한 후 그 지역 북미숲남생이wood turtle의 70퍼센트가 영문도 모르게 실종되었다고 밝혔다. 뼈도 등딱지도 남기지 않고 흔적도 없이 증발한 것으로 보아 사정을 짐작할 수 있다. 맷과 내가 방문했던 뉴잉글랜드의 한 거북 재활치료사는 십여 마리의 거북을 돌보고 있었는데 거북을 노리는 밀렵꾼의 침입을 우려해 자신의 이름이나 사는 동네를 밝히지 말아달라고 부탁했다.

"거북은 전 세계에서 가장 많이 착취되고 학대받는 동물이다."라고 권위 있는 거북 책 『세계의 거북Turtles of the World』의 저자 프랑크 보닌 베르나르 드보와 알랭 두프레는 말했다. 그들이 강조한 바, 인간이 거북을 착취한 역사는 매우 길다. 사람들은 지금까지 수천 년 동안 식용으로, 장식용으로, 또 의료용으로 거북과 그 알을 훔쳐왔다. 그러나 오늘날 중국의 신흥 부호들이 주도하는 밀거래 시장의 압박은 전례 없는 수준이라고 거북 전문가들이 입을 모아 말한다.

거북생존연합의 설립에 계기가 되었던 밀거래 적발은 그 규모가 이례적이었지만 유일한 사건은 아니다. 2015년, 필리핀 야생동물 관리기관은 어느 개인 밀거래자에게서 절멸위급종인 팔라완숲거북Palawan forest turtle 3800마리를 압수했다. 이는 야생에 남아 있다고 알려진 개체 수보다도 훨씬 많은 수다. 적발 72시간 만에 거북생존연합은 세 대륙에서 온 전문가들로 팀을 꾸린 뒤 압수된 거북들을 먹이고 치료했다. 2018년 4월에는 마다가스카르의 한 주택에서 멸종 위기의 방사거북 1만 마리가 발견되었다. 탈수되고 굶주린 거북들이 돌담처럼 빽빽하게 쌓여 있었고 등딱지가 부서지거나 눈이 망가진 개체가 부지기수였다. 이번에도 거북생존연합의 전문가들이 사육사, 수의사, 시설 작업팀을 소집해 도움을 주었다. 6개월 뒤 당국은 선적 직전의 방사거북 7000마리를 더 적발했다.

미국 지질조사국 소속 생태학자 제프리 로비치를 비롯한 공동저자들은 학술지《바이오사이언스Bioscience》에 발표한 논문에서 "거북이 현대 세계에서 존재하기 위해 분투한다는 사실은 대개 인정되지 않고 심지어 무시되고 있다."라고 썼다. 이 글은 "지금까지 거북은 지구와 외계에서 자연이 투척한 모든 역경(공룡을 휩쓸어버린 소행성 충돌 포함.)으로부터 살아남았다."라고 설명하며 "하지만 과연 거북이 현생인류에게서도 살아남을 수 있을까?" 하고 질문한다.

거북생존센터는 이 질문에 "그렇다."라고 답하기 위해 존재한다. 이 단체의 신조는 "거북, 멸종은 없다."이다.

크리스가 무시무시하게 생긴 게이트를 열었다. 우리는 경비견이

짖는 사나운 소리를 들으며 베트남연못거북Vietnamese pond turtle 전용 바위 정원으로 둘러싸인 여덟 개의 풀장을 지났다. 이 작고 까만 종의 성체는 현재 야생에 50마리도 채 남지 않았다고 추정된다. 지금 이곳에 머무는 거북들은 겨울잠을 깨우는 온기를 기다리며 진흙과 덤불 속에 휴면 상태로 숨어 있다. ("잠자는 거북들에 둘러싸여 있다니!" 맷이 꿈꾸듯 말했다.) 베트남연못거북은 2013년에 처음으로 이 센터에서 번식에 성공했다. 현재 동물원에서 부화한 개체와 그 밖의 지역에서 사육되는 개체를 포함해 이 종의 일원은 수백 마리로 늘어났고 곧 야생으로 돌려보낼 예정이다.

본관에서 가장 먼저 방문한 곳은 갓 부화한 새끼들을 위한 방이었다. 층층이 쌓인 선반에는 물이 순환하는 19리터짜리 투명 플라스틱 수조, 토탄흙과 낙엽이 채워진 스포츠 장비용 38리터짜리 보관함 등 각종 용기가 줄지어 있고, 각각의 수조에는 온열등과 풀스펙트럼 조명이 켜진 상태였다. 조명 위에는 타이머와 경보장치가 설치되어 있어서 조명이나 전원에 문제가 생기면 즉시 알람이 울린다. 이 작은 거북 서식지는 나름 편의시설까지 갖췄다. 새끼 거북이 좋아하는 섭씨 32도의 일광욕 장소로 안내하는 경사로, 혼자만의 시간을 즐기고 싶을 때 이용하는 작은 동굴과 수중 은신처들이 그것이다. 각 용기 안에는 살아 숨쉬는 보석이 들어 있다. 이 보석들은 생명을 가진, 돈으로 측정할 수 없는 귀중한 존재다. 그중 일부는 내가 지금까지 본 동물들 중에서 가장 놀라웠다.

"거북 등딱지에 들어간 뱀 같아요!" 투명 플라스틱 수조에 담긴 5센티미터 길이의 새끼를 보고 맷이 깜짝 놀랐다. 이 새끼 거북의 목은 등딱지보다 길어서 작은 수조 안에서는 긴 목을 뱀처럼 S자 모양으로 접고 있어야 한다. 목이 등딱지 안에 완전히 들어갈 수 없다 보니 몸을 건드리면 한쪽으로 목을 끌어당겨 피한다. 이 거북은 뱀목거북Rote Island snake-naked turtle인데, 마지막으로 남은 개체군이 인도네시아의 어느 섬에서 고작 70제곱킬로미터의 영역을 차지하며 살아간다. 예전에는 거북 애완동물 시장이 합법이었던 탓에 1970년대에서 1990년대까지 불과 25년 만에 야생에서 이 거북은 사실상 전멸했다. 지금은 야생에서 생포한 약 12마리만이 미국의 동물원에 남아 있다고 알려졌다. 그곳에서 자연보호 활동가들이 거북을 번식시켜 원래 보금자리인 인도네시아 야생으로 돌려보낼 계획이다.

새끼 뱀목거북 옆에는 전혀 다른 경이로움이 기다리고 있었다. 일명 가시늪거북spiny hill turtle이다. 10센티미터 길이의 주황색 등딱지 가장자리는 톱니 모양이고, 등딱지 정상에는 세로로 도드라진 능선이 있다. 이 거북을 보니 스테고사우루스가 생각났다. 다만 신이 창조하던 중에 정신을 딴 데 두고 있었는지 딱딱한 골편을 등 가운데가 아닌 가장자리에 붙여놓았다. "삼키면 끔찍할 것 같지 않나요?" 맷이 말했다. 이처럼 가장자리가 뾰족하게 진화한 덕분에 많은 어려움이 해결되었을 것이다. 멸종위기종으로 분류된 가시늪거북은 미얀마, 태국, 브루나이, 말레이시아, 싱가포르, 인도네시아 일부, 필리핀 최남단 두 개 섬의 저지대와 나지막한 산의 우림에 거주한다. 이 새끼 거북은 이전 해 10월에 부화했다.

또 다른 공간에는 5센티미터 크기의 꽃등상자거북Indochinese box turtle이 살고 있다. 등딱지는 적갈색이고 머리 옆쪽의 붉은 소용돌이와 검은 반점이 특징이었다. 게다가 유난히 크고 둥근 눈은 검은색 동공을 두르는 밝은 금색의 홍채 덕분에 넋이 빠질 것처럼 아름다웠다. 크리스의 것과 닮은 눈이었다. 크리스의 눈은 은회색이었지만, 둘 다 깨끗한 개울에서 찾은 반질반질한 돌멩이 같았고 바윗돌의 오랜 인내심이 담긴 듯했다. 우연히 거북과 눈이 마주친 찰나의 순간에 나는 잠시나마 시간을 초월해 과거와 현재와 미래를 모두 꿰뚫어 보는 깊은 지혜를 엿볼 수 있었다.

"이것 좀 보세요!" 낙엽이 채워진 검은색 시멘트 혼합용 통위로 몸을 숙이며 맷이 말했다. "별이에요!"

이 새끼 버마별거북Burmese star tortoise의 등딱지는 5센티미터에 불과하지만 돔의 경사가 심해서 맷은 꼭 대형 무당벌레처럼 생겼다고 했다. 다만 검은 반점이 있는 주황색 날개 대신, 검은 기하학무늬가 바나나색 등딱지를 장식하고 있었다. 거북이 나이를 먹어가면서 점차 등딱지의 검은색 무늬가 꽃처럼 만개해 놀라운 별 모양이 된단다. 거북에게 별거북이라는 이름을 지어준 이 독특한 무늬는 불법 애완동물 시장에서 사람들이 이 거북에 게 열광하는 이유이기도 하다.

1990년대 후반에서 2000년대 초반, 이 멋진 버마별거북은 야생에 몇 마리밖에 남지 않아 사실상 '생태적 멸종' 상태로 취급되었다. 이는 생태계를 유지하는 생물 간의 상호관계에 실질적인 영향을 미치지 못하는, 유물 같은 존재가 되었다는 뜻이다. 그러나 거북생존연합이 이런 상황을 바꾸는 데에 중대한 역할을 하고 있다.

거북생존엽합은 미얀마 천연자원환경보전부, 야생동물보전협회와 함께 버마별거북 멸종을 막기 위해 세 군데에나 보증 군락assurance colony●을 꾸리고 그곳에 야생동물 밀거래로 적발된 거북 157마리를 거주하게 했다. 거북생존연합이 거북을 넘겨받아 사육관리를 맡은 것이 2008년인데, 그 즉시 거북들은 산란을 시작해 총 250개의 알을 낳았다. 2015년 2월에 이 협력단체는 총 1만 5000마리의 버마별거북 번식에 성공했고, 그중 2100마리를 방류했다. 이 거북들은 현재 다시 야생에서 번식하고 있다.

"아메리카들소를 멸종에서 구해낸 역사적 사건의 거북판이다."라고 야생동물보전협회 소속 파충류학자 스티븐 플랫이《파충류학 리뷰Herpetological Review》에 실린 한 논문에서 언급했다.

버마별거북의 개체 수를 회복시키기까지 여러 창조적 요소가 동원되었다. 방류된 거북을 밀렵꾼으로부터 보호하기 위해 프로젝트팀은 등딱지에 버마어로 이런 메시지를 새겼다. "저를 해치면 당신도 무사하지는 못할 것입니다." 이 문구 덕분에 거북을 행운을 부르는 장식, 또는 치료제로 사용하려는 시도가 좌절되었다. 또 스님들이 방생제를 통해 거북들에게 축복을 내려 지역 사람들이 함부로 잡아먹지 못했다. 한편 거북의 수는 무선 원

●　특정 멸종위기종이 야생에서 절멸할 경우를 대비해 안전한 환경에서 인위적으로 사육하고 번식시키는 집단.

격 장치로 추적되었다.

그러나 이런 기발한 발상도 애초에 새끼 거북을 많이 번식시키지 못했다면 무용지물이었을 것이다. 또 멸종 위기의 거북에 대해 아는 것이 없다면 번식은커녕 어떻게 건강하게 키우겠는가? 남아 있는 거북이 거의 없다는 사실이 이 일을 절박하고 시급하게, 그리고 대단히 어렵게 만들었다.

투어는 계속되었고 크리스는 우리에게 진기한 거북들을 더 소개해 주었다. 갓 부화한 작고 예쁜 새끼 꽃등상자거북은 머리가 노랗고 등딱지는 스페인 정복자의 투구처럼 높이 솟아 있었다. 이 종은 2010년 이후 야생에서 발견되지 않았다. 크리스는 캐러멜색 껍데기에 검은색 무늬가 인상적인 포스턴스거북Forsten's tortoise을 소개했다. 2019년에 크리스와 거북보호활동가 크리스틴 라이트는 야생에서 직접 이 종을 목격한 최초의 미국 연구자가 되었다. 두 사람 전에는 한 명의 독일 과학자가, 그것도 야생이 아닌 시장과 애완동물 거래 현장에서 본 적이 있다. 현재 이 거북은 술라웨시섬과 할마헤라섬에서만 살고 있다고 추정된다.

크리스는 우리를 데리고 다시 바깥으로 나와 가로 9미터, 세로 18미터 넓이의 조립식 온실로 갔다. 그곳에는 텃밭 상자에 식물, 연못, 동굴을 채워서 만든 수많은 거북 '아파트'가 있었다. 크리스가 그중 하나로 다가가 다짜고짜 까만 웅덩이에 팔을 집어넣더니 마치 모자 안에서 토끼를 꺼내는 마술사처럼 25센티미터 크기의 거북 한 마리를 꺼냈다. 거북의 머리가 충격적으로 컸고 또 철갑을 두르고 있었다. "정말 멋진 거북이지요." 크리스가 말했다. 아시아큰머리거북Asian big-headed turtle이다. 15센티미터 길이의 등딱지보다 머리가 한참 커서 딱지 안에 다 들어가지 못했다. 이 거북이 자신을 지키려면 상대를 물어야 하는 이유다. 거북들은 인상적인 모습으로 입을 벌렸다.

"이들은 자기들이 속한 과에서 마지막으로 남아 있는 종이에요." 크리스가 설명해 주었다. 현재 세계에서 단일 종으로 이루어진 네 개의 거북 과 중 하나다. "이 거북은 특별한 등반가입니다. 작은 거북들이 시멘트벽을 타고 제 허벅지 높이까지 올라온 적이 있어요." 그러나 새끼 아시아큰머리거북의 탈출을 저지하는 것보다 훨씬 어려운 문제가 있었다. 크리스는 "지금까지 미국에서 사육 상태로 이 종의 번식에 성공한 건 브루클린 프로스펙스파크 동물원, 개인 번식가 한 사람, 그리고 우리가 전부입니다."라고 말했다.

크리스가 이 아시아큰머리거북들을 번식시켜 유정란을 낳고 부화까지 성공하는 데 14년이 걸렸다. 현재 이들은 1년에 한 번씩 산란하는데 이렇게 되기까지 수많은 어려움을 극복해야 했다. "해마다 시기를 맞춰 시원하게 해주어야 하고, 또 불필요한 부상을 막으려면 교미할 때 잘 지켜봐야 합니다. 암컷이 받아들일 준비가 되어 있으면 교미는 몇 분이면 끝나지만 그런 다음에는 반드시 둘을 떨어뜨려 놓아야 해요. 그러지 않으면 서로 물고 뜯는 바람에 암컷은 꼬박 반년이나 상처를 치유하면서 보내야 하거든요. 게다가 암컷도 기회가 있으면 수컷의 음경을 물어뜯습니다." 크리스의 말이다.

맷이 몸서리를 쳤다.

"무슨 문제인지 알겠네요." 내가 말했다.

하지만 크리스는 요다가 슬로모션으로 광선검을 휘둘러 눈앞의 적을 해치우듯, 자신의 목표를 가로막는 것들을 차례로 없애나갔다. 대형 거북용 집과 술라웨시숲거북, 포스턴스거북용 온실을 지나 둥근등상자거북Chinese box turtle들을 위한 쿠오라Cuora속 상자거북 단지를 통과하면서, 크리스는 많은 거북이 저마다의 조건을 정확히 맞춰주어야만 번식한다고 설명했다. 어떤 종은 몇 년에 한 번씩만 번식에 성공한다. 크리스에 따르면 많은 경우 강우량이 중요한 촉매 역할을 한다. 어떤 거북은 체내에서 정자와 난자가 발달하려면 일정 기간 낮은 온도에서 지내야 한다. 또 어떤 거북은 특이한 식단을 요구한다. 대부분의 거북이 다양한 곤충과 식물을 먹고 살지만 어떤 종은 균류에만 의존하고, 또 어떤 종은 신선한 대나무순을 먹어야 한다. 야생에서 연구된 적이 없어서 먹이를 비롯한 습성이 잘 알려지지 않은 거북도 있다. "그럴 때는 대체로 그냥 찍습니다." 크리스가 말했다.

크리스의 찍기 실력은 뛰어나다. 그건 아마 그가 센터에 사는 대략 600마리의 거북을 모두 빠짐없이 잘 알기 때문일 것이다. 그중 일부는 그의 집에서 살았던 적도 있다. 그는 이들 거북에게 이름을 주지 않았지만(그는 애완용이 아닌 거북에게 이름을 붙이는 건 무례한 일이라고 여긴다.) 하나하나의 생애를 모두 시시콜콜 꿰고 있다.

머리가 초록색인 이 판상자거북Pan's box turtle은 어떤 거북입니까? "2004년에 애틀랜타 동물원에서 부화한 이후로 쭉 저랑 살고 있습니다." 이 거북은 열여섯 살이 된 작년 처음으로 알을 낳았지만 무정란이었다.(올해는 다를지도 모른다.)

이 성체 아시아숲땅거북은요? "앞을 보지 못합니다. 캘리포니아주의 어느 사설 거북 재활원에 있던 이 친구를 데려오려고 대륙 횡단까지 했어요. 현재는 몸무게가 20킬로그램이고 35개의 알을 품고 있어요."

그럼 요 성체 뱀목거북은요? 이 암거북은 1999년에 플로리다 수입동물매장에서 판매되던 것을 사우스캐롤라이나주에 사는 한 화학 교수가 구입해서 키우다가 애완동물매장에 다시 팔았다. 크리스는 데리고 있던 거북에게 짝을 지어주기 위해 고속도로 옆에서 매장 주인을 만나 이 거북을 데려왔다. "20년 동안 알을 낳지 못했어요." 크리스가 말했다. "그러다가 2018년 봄과 여름에 두 번 알을 낳았지요. 부화한 것은 없었지만요." 그리고 11월에 세 번째로 알을 낳았는데 대부분 깨져 있었다. 온전한 것들도 배아가 잘 발달하는 듯싶더니 그만 껍데기 안에서 죽고 말았다. 하지만 마침내 작년 11월, 총 아홉 개의 알을 낳으며 출산에 성공했고, 알에서 부화한 거북들은 모두 야생에서 사라진 조상의 고유한 유전 계보를 보여주며 지금까지 건강하게 살아 있다. 이 거북들은 야생동물보전협회에 기증되었다가 결국에는 야생에 방류될 것이다. 지난가을에 같은 암컷이 알을 더 낳았고, 현재 센터의 부화기 안에서 인공 포란되고 있다.

그러나 성공적으로 거북을 기르고 번식시키는 데 필요한 또 다른 결정적 요소가 있다. "훌륭한 거북인人은 아주 오래 버틸 수 있어야 합니다." 크리스가 말했다. "거북이 새로운 장소에 오게 되면 그곳에 적응하는 데 10년이 걸리기도 해요. 어떤 거북 종은 숲속에서 반년 이상 아무것도 하지 않고 그저 비가 올 때까지 마냥 기다립니다. 많은 거북이 1년의 절반을 어딘가에 파묻혀서 지내요."

거북은 인내심이 뛰어나다. 크리스도 그렇다. 거북들은 화산 폭발, 빙하기, 해수면의 상승과 하강, 심지어 소행성 충돌을 포함한 수많은 난관을 견디며 살아남았다. 나는 거북의 조상이 위기와 재난 속에서도 침착을 유지하며 모든 상황을 무표정하게 지켜보는 상상을 한다. 크리스가 숲에서 자신을 쫓던 경찰과 경찰견을, 그리고 자신이 불을 지른 학교가 타는 장면을 지켜보던 때처럼. 그는 삶이란 폭력적이고 혼란스러운 것이지만 동시에 신비하고 즐거울 수도 있음을 일찌감치 깨쳤다. "열 살 무렵부터 제 삶을 둘러싼 모든 것과 직접 마주했습니다. 그냥 받아들였어요." 그가 우리에게 말했다. 그렇다면 지금은 어떨까? "살아 있는 동안 제가 거북을 위해 할 수 있는 일을 할 겁니다. 그게 다예요." 그가 계속해서 설명했다. "어떤 종을 소멸에서 구하려면 한 사람의 일생 그 이상이 필요합니다. 만약 사람들이 지구의 지질 연대를 더 잘 이해한다면 이기심과 탐욕을 내려놓고 미래에 대해 좀 더 진지하게 생각하게 될 거예요."

크리스는 남들과 다른 차원의 시간을 살고 있다는 생각이 들었다. 세상은 가장 긴박한 멸종 위기를 맞이했지만 그는 침착함을 잃지 않았다. 서두르고 갈망하는 문화 속에서도 자족하며 지낸다. 그는 현재의 순간과 먼 미래를 동시에 품으며 차분하고 끈기 있게 그 시간들을 마주한다.

그는 거북의 시간을 살고 있다.

거북인들은 주변에서 흔히 볼 수 있는 평범한 사람들이 아니다. 맷과 나는 거북생존협회의 인턴 숙소에 머물렀는데, 이 청결한 이동주택은 쥐를 길러 생계를 유지한 사람이 살던 자리에 설치된 것이었다.(그 사람의 트레일러는 결국 다른 곳으로 옮겨졌다.) 그날 저녁 크리스가 아픈 새끼 거북을 돌보는 동안 우리는 관리자인 클린턴 도크와 존 그린, 그리고 뒤쪽 우리에서 동면 중인 오네이트상자거북ornate box turtle 일곱 마리와 어울렸다.

마흔아홉 살인 존과 서른두 살인 클린턴은 다른 경로를 거쳐 이곳에서 일하게 되었다. 존은 회색 염소수염과 푸른 눈이 인상적인 덩치 큰 사내로 한때 배우 겸 모델로 일했다. 한편 클린턴은 동물원을 거쳐서 이곳까지 왔다. 그러나 두 사람 모두 크리스와 마찬가지로 비범한 열정을 갖고 있다. 예전에 클린턴은 파충류와 함께하기 위해 5000달러를 대출받아 무급으로 일했다. 또 거북생존센터에서 일하려고 이사를 결정하면서 연인과 헤어지기까지 했다.("사자와 호랑이 사육사였던 그녀한테서는 항상 고양이 오줌 냄새가 났어요.") 존은 가정을 꾸린다는 생각을 해본 적이 없다. "자식이 생기면 이 거북들을 다 돌볼 수 없으니까요!" 존의 말이다. 클린턴도 같은 생각이다. 크리스는 한 번 결혼한 적이 있지만 더는 생각이 없다. "사람 사이에서는 만남이 있으면 헤어짐도 있습니다. 하지만 거북과의 만남은 영원합니다."

그들은 거북과 함께하는 작업에는 남다른 보상이 따른다고 생각한다. 살아남으려고 고군분투하는 종을 돕는 것은 뿌듯한 일이고, 남들이 잘 이해하지 못하는 동물을 알아가는 과정 역시 흥미롭고 배움이 크다. 거북이 아름답고 매력적인 생물임은 틀림없다. 하지만 그렇게 따지면 다른 동물도 마찬가지다. 왜 이들은 하필 거북을 택했을까?

"거북이 사람을 바라보는 모습에는 뭔가 특별한 게 있어요." 맷이 말했다.

"전 그게 거북의 눈 때문인 것 같아요." 클린턴이 맞장구쳤다. 사실 나샤탸, 알렉시아, 미카엘라 모두 똑같은 말을 한 적이 있다.

"거북의 눈은 정말로 특별해요." 존이 동의했다. "특히 픽투라타*picturata*요." 남부베트남상자거북southern Vietnamese box turtle은 존이 제일 좋아하는 거북이다.

"저도 무슨 말씀인지 알아요." 나도 거들었다. 거북이 나를 볼 때면, 그게 아주 잠깐이라도 그저 흘끗 쳐다보고 말았던 적은 없다. "제 생각에 그건 집중의 강도 같아요."

인간 세계에서 그러한 집중은 몹시 드물다. 오늘날 현대인의 관심은 조각나 있고 집중력 또한 분산되어 있다. 영국의 방송통신위원회에서 조사한 바에 따르면 사람들은 깨어 있는 동안 평균 12분에 한 번씩 하던 일을 멈추고 휴대전화를 확인한다. 보통의 미국 노동자는 8분에 한 번씩 어떤 식으로든 작업에 방해를 받는다는 앞선 연구도 있다. 한 통계에 의하면 미국에서 600만 명 이상의 어린이가 집중력 저하, 불안과 산만함, 참을성 결여 등의 증상으로 주의력결핍 과잉행동장애ADHD 진단을 받았다. 『새로운 뇌The New Brain』의 저자 신경심리학자 리처드 레스택은 ADHD를 "우리 시대의 전형적인 장애"라고 불렀다. 그러나 일부 전문가는 이런 현상을 장애가 아닌, 인류의 뇌가 역사의 이 시점에 적응한 조직화 방식이라고 생각한다. 이제 우리들에게 주어진 최선은 '지속적인 주의력 분산continuous partial attention'일지도 모른다. 애플사와 마이크로소프트사의 자문위원이었던 린다 스톤이 처음 만든 이 용어처럼 우리는 각성 상태로 끊임없이 세계를 훑고 있지만, 그 어디에도 온전히 집중하지 못한다.

그날 아침 크리스는 상자거북 복합단지에서 우리에게 중국 자생인 노란머리상자거북yellow-headed box turtle을 소개해 주었다. 다들 겨울의 휴면 상태에서 막 깨어나기 직전이었고 일어난 거북은 아직 한 마리밖에 없었다. 거북의 황금색 머리는 딱지 밖으로 나왔지만 길이 15센티미터의 갈색 등딱지는 웅덩이 속에 잠겨 있었다.

노란머리상자거북은 야생에서 멸종했다고 크리스가 말해주었다. 야생에서 포획되었다고 알려진 마지막 개체는 2013년에 시장에서 구입한 것이다. "그 무엇으로도 대체할 수 없는 동물이에요. 남아 있는 성체는 야생에서 잡힌 100마리에 불과해요." 크리스가 말했다.

우리가 지켜보고 있는 게 그중 한 마리였다. 그녀는 움직이지 않았다. "저런 상태로 몇 시간이고 있습니다." 홀린 듯 보고 있는 10분 동안 크리스가 이 거북의 신상을 읊었다. 그는 2013년에 이 거북이 거북생존센터에 오기 전에 그녀를 길렀던 주인 세 명의 이름과 주소, 당시 상황을 모두 기억했다. 마지막 주인은 애리조나주에 살았는데 개인적으로 운영하던 거북보관시설이 산불로 위험해지자 어쩔 수 없이 이 거북을 포기했다.

"정말 대단한 인생 역정이네요." 맷이 경외심을 담아 말했다. 그리고 그 순간, 이렇게 외쳤다.

"코가 보여요!"

"눈이 나왔다!"

10여 분의 기다림 끝에 그녀의 움직임을 마주하자, 긴 장마 끝에 마침내 태양이 모습을 드러낼 때와 같은 환희를 느꼈다.

"거북처럼 집중하는 인간은 없어요." 그날 밤 나는 처음 알게 된 친구들에게 말했다.

"거북처럼 참을성이 강한 인간도 없고요." 맷이 말을 보탰다.

인내를 의미하는 아랍어 단어 사브르sabr는 그 어원에 '가두다', '포함하다'라는 뜻이 있다. 거북은 경이로운 등딱지를 통해 그 개념을 온전히 구현하는 존재다. 거북은 뼈대가 딱지에 들러붙어 있기 때문에 몸이 등딱지 밖으로 절대 나올 수 없다. 등딱지는 거북이 지구에서 이토록 오래 버틴 이유이자 장수라는 축복을 받은 이유다. "인내보다 더한 축복은 없다."라는 페르시아 학자 무함마드 알부카리의 말이 떠오른다.

맷과 나는 그날 밤늦게까지 크리스가 느림보 파충류 수천 마리에게 인내와 관심을 베풀며 보낸 몇 년, 아니 몇십 년을 곱씹었다. 그는 가족이나 돈, 명예, 물욕 때문에 거북이라는 목표에서 벗어난 적이 없다. 또 이 모든 기다림 속에서 단 한 번도 지루해하지 않았다. "도대체 뭐가 지루하다는 건지 모르겠어요." 크리스의 말이다. "저는 빈 벽을 앞에 두고도 즐겁게 보낼 수 있어요. 따분함이란 어디까지나 인간의 것이죠."

그는 그 인간 세계의 따분함에서 탈출했다. 어떻게 그럴 수 있었을까?

맷과 내가 동시에 답했다.

"그는 거북이니까."

다음 날 크리스는 평소의 느긋함으로 거북생존센터의 나머지 구역을 보여주었다. 우리는 의료시설과 실험실을 방문해 내시경 장비와 모니터, 현미경과 디지털 엑스선 장비 등을 보았다. 센터는 거북 번식이 목적인 곳이라 바이브레이터를 포함해 성공적인 번식에 필요한 각종 장비를 완비하고 있었다.(참고로 바이브레이터는 암거북이 아닌 수거북의 교미와 정액 채취를 위한 도구다.)

우리는 부화실도 둘러보았다. 아직 바쁜 철은 아니라 부화기에는 7종의 거북이 낳은 여덟 개의 알밖에 없었다. 7월이 되면 대형 냉동고 크기의 부화기까지 꽉꽉 들어찬다고 한다.

알이 발달하는 과정은 대단히 섬세하다. 따라서 알의 방향을 함부로 돌려놓으면 배아가 질식할 수 있다. 고작 몇 도의 온도 차로 수컷으로 부화할지 암컷으로 부화할지가 결정된다. 기후온 난화 때문에 현재 북오스트레일리아에서 부화하는 푸른바다거 북 대부분이 암컷이다. 여기에서 몇 도 더 높아지면 아예 거북이 태어나지 못한다. (멸종위기종인 메리강거북$^{Mary river turtle}$을 연구한 바 에 따르면 담수거북도 기후온난화로 인해 위협받고 있다. 평소보다 높은 온도에서 배양된 메리강거북 새끼는 수영 능력이 현저히 떨어지고 얕은 물 을 선호하는 경향이 있다. 얕은 물에는 포식자가 많고 먹이는 더 적기 때문 에 생존율이 떨어진다.)

어떤 종은 부화하기까지 6개월이 걸린다. 크리스에 따르면 가끔은 직접 손으로 알을 부화시켜야 하는데 이때 안정된 손놀 림과 담력이 필수다. "겉에서 보면 알 속의 새끼가 죽었는지 살았 는지, 부화할 때가 되었는지 아니면 아직 멀었는지 알 수 없어요. 그래서 핀셋으로 알껍데기를 아주 조금 뜯어내서 작은 창문을 냅니다. 막이나 혈관이 보이면 너무 이른 겁니다. 가끔은 알을 도 로 닫아야 할 때도 있어요." 한번은 크리스가 뱀목거북의 알을 너 무 일찍 여는 바람에 알 속의 새끼가 죽고 말았다. 아니, 그는 그 렇다고 생각했다. 하지만 죽은 줄 알았던 거북이 다음 날 알에서 기어 나오는 게 아닌가. "이때 태어난 거북은 지금도 저희와 함께 있어요!" 이 이야기는 거북의 회복력에 대한 또 다른 증언이자, 이렇듯 강인한 생물조차 현생인류가 가하는 가혹한 폭력에서 살 아남기 어렵다는 것을 잘 보여준다.

비행기 출발 시간까지 한 시간 정도 여유가 있어서 또 다른

500마리 거북을 만나는 호사를 누릴 수 있었다. 우리는 센터에서 나와 크리스의 집으로 갔다. 크리스는 그가 구조한 아홉 마리의 개(그중 한 마리는 혼혈 견종으로 뒷다리가 부러지고 망막은 분리되었으며 심장사상충에 감염된 채로 쓰레기장에서 발견되었다.)와 함께 트레일러에 산다. 부서지고 곰팡이가 피고 벌레가 득실거렸지만 거북을 키우기에는 안성맞춤이었다. 앞뜰에는 커다란 욕조 수십 개가 있었는데 큰 것들은 거의 자쿠지 크기로, 침엽수 바늘잎이 깔린 땅 위에 질서정연하게 줄 맞춰 있었고 모두 수도가 연결된 상태였다. 크리스가 문신이 여럿 그려진 팔을 개구리밥과 부레옥잠 사이로 쑥 집어넣었다. 그는 "이리와, 친구!"라고 외치며 이번에도 마술사처럼 60센티미터 길이의 거북 한 마리를 들어올렸다. 악어거북이었다. "앨런데일 늦거북 축제에서 데려온 녀석이에요." 매년 개최되는 이 축제에는 거북 달리기 대회, 인간 달리기 대회, 퍼레이드, (익힌 거북 고기를 포함한) 각종 음식 판매, 공예 활동 등의 행사가 열린다. 이 거북은 축제가 끝난 뒤 방치된 채로 발견되어 크리스가 거북생존연합에서 일하기 전에 근무했던 생태학 실험실에 보내졌다.

크리스가 다음 통에 손을 넣더니 거북을 또 한 마리 꺼냈다. "암컷 악어거북이에요. 사우스캐롤라이나주에서 벌어진 어느 살인 사건 현장에서 압수되었습니다."

그는 계속해서 거북을 한 마리씩 꺼내어 보여주었다. 이번에는 노란얼룩지도거북yellow-blotched map turtle이었다. "우리 집에 이 종은 현재 50마리가 있어요." 레이저백사향거북razorback musk turtle은 등딱지가 텐트처럼 가파르게 솟아 있다. 버마좁은머리자라Burmese narrow-headed softshell turtle는 머리가 어찌나 뾰족한지 꼬리라고 해도 믿을 것 같았다. 다음으로 중국과 베트남의 자생거북들, 그리고 정수리에 눈처럼 생긴 반점이 네 개나 있는 사눈점거북four-eyed turtle이 나왔다. 이어서 크리스가 우리를 데리고 옆뜰로 갔다. 그곳에서 또 다른 거북과 악어 몇 마리가 있는 별채로 들어갔다. (그중 하나는 4년 된 아프리카난쟁이악어African dwarf crocodile인데 한번은 우리에서 기어 나와 일주일이나 사방팔방 돌아다닌 적이 있다고 했다.)

이들 거북 중 일부는 구조되어 이곳에 왔고, 일부는 기형이거나 병에 걸렸다. 들어오는 데 수천 달러가 든 거북도 있다. 그는 거북 하나하나를 다 알았다. 모두 매력덩어리들이고 그에게 기쁨과 충만감, 경이와 성취감을 주었다. 거북과 함께하는 데서 오는 만족감은 시간이 지나도 바래지 않는다.

"다섯 살 때나 지금이나 거북과 함께 있는 시간은 항상 즐겁습니다. 한 번 좋은 건 죽을 때까지 좋은 겁니다. 저는 영화 「스타워즈」를 500번도 넘게 봤어요. 좋은 음악을 반복해서 듣는 것처럼요. 저는 「스위트 홈 앨라배마」라는 곡을 무척 좋아하는데, 좋은 노래는 아무리 들어도 질리지 않잖아요." 크리스에게는 거북도 그렇다.

그는 일을 마치고 퇴근하는 길을 좋아한다. "집에 오면 맥주 한잔 마시면서 거북 수조를 청소해요." 그가 말했다. "거북들과 소통하는 게 거북을 키우는 일 중에서 가장 좋은 부분이에요."

나는 거북구조연맹에 처음 갔을 때 스프로키츠와 피자맨이 우리를 환영했던 모습이 떠올랐다. 그리고 그들이 너태샤와 알렉시아에게 보여준 깊은 애정이 생각났다. 크리스는 자기 집에 사는 거북 500마리와의 관계를 어떻게 묘사할까?

"거북은 당신을 먹이 주는 사람으로 생각해요." 크리스의 설명이다. "그들은 저를 알아요. 하지만 저를 위해 아무것도 할 필요가 없어요. 거북은 그저 존재하는 것만으로 충분하니까요." 그가 강조했다.

우리는 올 때보다 더 사람이 없는 비행기를 타고 집으로 돌아왔다. 돌아오는 길에 맷과 나는 계획을 잔뜩 세웠다. 다음 날이 맷의 생일이라 다 같이 뉴잉글랜드 아쿠아리움에 가서 축하하기로 했다. 우리는 동남아시아로 떠나는 거북 원정에 대해서도 이야기했다. 그곳은 크리스가 센터에서 번식을 돕고 있는 많은 멸종 위기 거북의 진짜 집이다. 맷은 플로리다에서 거북보호소를 운영하는 친구가 있는데, 내게 그 보호소에서 만난 스파이크를 소개해 주기로 했다. 스파이크는 몸집이 크고 사교성이 좋은 갈라파고스 거북Galápagos tortoise이다. 8월에는 찰스턴으로 돌아가 거북생존연합의 연례 담수거북 보전 심포지엄에 참가할 생각이었다.

하지만 다음 날, 맷의 생일을 기념하여 방문한 아쿠아리움은 전날의 공항처럼 이상하리만큼 텅텅 비어 있었다. 그리고 이튿날 아쿠아리움은 폐쇄되었다. 전날 밤 아쿠아리움 직원들이 아쿠아리움 맞은편 호텔에서 모임을 했는데, 마침 그 호텔에서 열린 바이오젠 학회 참가자들 중 보스턴에서 바이러스에 감염되어 온 이들이 있었기 때문이다. 세계보건기구는 코로나19 팬데믹을 선언했다. 그리고 이틀 뒤 대통령은 국가비상사태를 선포했다.

전 세계에서 우리가 알던 삶은 물론 시간에 대한 인식 자체가 완전히 뒤바뀌기 일보 직전이었다. 그 상태가 얼마나 오래갈지는 아무도 알 수 없었다.

산란하기 위해 모래땅을 파고 있는 늑대거북.

4장

희망이라는 초능력

거북을 운전대 잡기 방식으로 붙잡고 있다.

5월, 거북구조연맹에 다시 모였을 때는 모두 얼굴에 마스크를 쓰고 있었다. 알렉시아의 마스크는 검은색이었는데 그녀의 타이츠 그리고 어깨가 드러나는 상의와 잘 어울렸다. 너태샤는 거북구조연맹 로고에 걸맞은 초록색 체크무늬 마스크를 썼다. 얼굴을 가리고 싶어 하는 사람은 없었지만 어쨌든 맷과 나는 파충류와 양서류가 그려진 마스크를 썼다는 것으로 위안을 삼았다. 맷은 거북, 나는 청개구리였다.

　마지막으로 이곳에 왔을 때와는 바깥 상황이 너무 많이 달라졌다. 200만 명에 가까운 미국인이 코로나19에 감염되었고 거의 10만 명이 목숨을 잃었다. 알렉시아는 자신이 1월에 이미 바이러스에 감염됐었던 것 같다고 했다. 증상은 독감과 같았지만 피로감이 유난히 오래 지속되었단다. 아마 너태샤도 진작 알렉시아에게 옮았을 것이다. 다른 주처럼 매사추세츠주의 경제 역시 두 달간 완전히 멈추었다. 사무실과 공장은 폐쇄되었고, 상점도 문을 열지 않았다. 놀이터, 공공 수영장, 운동장, 술집, 카지노, 체육관, 박물관 등이 모두 문을 닫았다.

　그러나 이런 팬데믹 상황조차 구조가 필요한 거북의 유입을 막지는 못했다.

　피자맨이 1층 욕실에서 잠을 자고 스프로키츠가 부엌에서 통목욕을 즐기는 동안 맷과 나는 원목 울타리를 넘어 새로 설치된 수조에 가보았다. 380리터짜리 수조에 거대한 암컷 붉은귀거북 세 마리가 있었다. 우리가 들어가니 손님을 제대로 봐야겠다는 듯 열심히 수면 위로 올라와 노랑과 초록의 줄무늬 머리를 내밀었다. 나는 얼빠진 사람처럼 거북들을 쳐다보았다. 10센트숍에서 파는 붉은귀거북 새끼를 본 적은 많았지만 지금 이 거북들의 등딱지는 길이가 최소 23센티미터였다. 모두 호기심이 많았고 흥분한 채 간식을 달라고 졸랐다.

　"야생에 버리고 가면 그만인 줄 알아요." 알렉시아가 분개하면서 그러면 안 되는 이유를 설명했다. 붉은귀거북은 원래 미국 중서부 자생종이라 집에서 키우다 야생에 풀어주어도 잘 살아남는다. 문제는 이 거북 때문에 토종거북들이 희생된다는 사실이다. 그래서 이 지역에서 붉은귀거북은 침입종으로 분류된다. 저 붉은귀거북 세 마리는 절대 방생하면 안 된다.

거북의 시간

수조 옆에서는 성체 북미숲남생이 수컷이 300리터짜리 풀장 위에 떠 있는 콩팥 모양의 인조 잔디섬에 올라가 온열등 아래에서 일광욕을 즐기고 있었다. 매사추세츠주에서 특별히 보호하는 종인 북미숲남생이는 유난히 머리가 좋다고 알려졌다. 실험 결과 미로를 빨리 빠져나갔고 쥐와 비슷한 수준의 정신적 지도를 그릴 줄 알았다. 이 북미숲남생이의 이름은 랠프로 열여덟에서 스물네 살쯤 되었다. 1년 반 전에 당국이 밀거래 업체에서 압수해 거북구조연맹에 넘긴 51마리 야생종 중 하나다. 당시 바닥이 평평하고 구조물이 없는 없는 수조("자연에는 평평한 면 따위는 존재하지 않지요."라고 알렉시아가 말했다.) 안에서 생활하는 바람에 무리 중에서도 랠프의 몸이 제일 좋지 않았다. 목에 감염이 있고 사지에 욕창이 생겨 고름이 차 있었다. "하지만 결국 건강을 되찾았어요." 이 거북을 풀어줄 때는 먼저 방류 장소에 있는 다른 거북과 유전자가 일치하는지 확인해야 한다.

"이제 본격적으로 작업할 때가 되었습니다." 알렉시아가 말했다. 그때 미카엘라가 분홍색 갈매기 무늬 마스크를 쓰고 들어왔다. "먼저 이 유달리 기이한 상황에 대처할 프로토콜에 관해 얘기하는 게 좋겠어요. 모든 게 처음인 한 해가 될 거예요. 누구도 이런 일을 겪은 적이 없으니까요."

알렉시아가 새로운 규칙을 적는 동안 우리는 1.8미터씩 떨어져서 서로를 어색하게 바라보았다. 실내에서는 모두 반드시 마스크를 착용한다. 맷, 미카엘라, 나는 아래층 욕실에서만 씻을 수 있고 부엌 싱크대 사용은 금한다. 음식은 냉장고에 보관해도 좋다.

수시로 손에 클로르헥시딘(파란색 소독제로 수술 도구의 살균 또는 피부 소독에 사용한다.)을 뿌린다. (사실 이곳에서는 팬데믹과 상관없이 늘 해온 일이다. 평소에도 거북병원에서는 거북 또는 거북의 집에 있는 물건을 만질 때마다 손을 씻고 소독해 감염원이 퍼지지 않게 예방해 왔다.)

다음으로 알렉시아는 장비에 관해 이야기했다. 맷과 나는 이제 거북구조연맹의 공식 인턴이다. 즉 언제든 거북 구조 현장에 출동할 수 있다는 뜻이다. 우리는 각자 차에 싣고다닐 구조 상자를 지급받았다. 잠금 뚜껑과 공기 구멍이 있는 대형 플라스틱 통이었다. 72리터짜리 상자는 대형 거북용이고, 17리터짜리 상자는 작은 거북용이다. 각 상자에는 수건 두 장과 물병이 들어 있다. 물병과 일회용 비닐장갑은 현장에 "피가 낭자한 경우"를 대비한 준비물이다.(알렉시아는 말을 돌려서 하는 법이 없다.) 알렉시아는 절대 거북의 상처를 씻으면 안 된다고 당부했다. 상처 부위가 더럽더라도 함부로 씻었다가는 감염이 퍼질 수 있기 때문이다. 또한 늑대거북이 공격적으로 방어할 때를 대비해 작업용 보호 장갑을 준비해야 한다고 했다. "야생에서 만나는 늑대거북은 사람이 자기를 집어 들면 싫어할 거예요." 알렉시아가 강조했다. 오후에 그녀는 거북을 안전하게 들어올리는 방법을 알려줄 예정이다.

우리는 밖으로 나가 1.8미터씩 떨어져 나무 의자에 앉았다. 가까운 습지에서 붉은깃찌르레기가 옹-커-리 하는 노랫소리가 들렸다. 게으른 말벌이 가느다란 다리를 늘어뜨린 채 날아다니고, 햇빛은 메이플 시럽처럼 부드럽게 쏟아졌다. 이 이상한 해에도 봄은 오고 있었다. 그러나 이번 봄은 알렉시아의 말처럼 "과거의 그 어떤 계절과도 다를 것이다."

예전에는 이곳에 다친 거북을 데리고 오는 사람들을 집 안으로 초대해 얘기를 나누고 종종 함께 시설을 둘러보았다. 원래 거북구조연맹에서는 우리가 작년에 참가했던 연례 거북서밋을 주최하는 것 외에도 학생들의 단체 체험학습, 걸스카우트, 야영객들의 방문을 반갑게 맞았다. 그러나 올해는 달랐다. 거북서밋은 취소되었고 방문객들은 문 앞에서 발길을 돌려야 했다. 환자를 데리고 온 사람은 정문 바깥에 둔 뚜껑 달린 큰 통 두 개에 거북을 넣고 안내문에 따라 벨을 누르게 했다.

또 한 가지 커다란 변화가 기다리고 있었다. 알렉시아의 표정을 보니 특별히 중요한 경고인 것 같았다. "아시다시피 전 피자맨에게 뽀뽀를 합니다. 많이요." 알렉시아가 힘주어서 말했다. "하지만 지금부터 피자맨에게 뽀뽀할 수 있는 사람은 **오직** 저와 너태샤뿐이에요."

맷과 나는 그 정도는 감수할 수 있었다. 그러나 미카엘라를 보니 마스크 뒤로 충격을 받은 표정이 역력했다. 알렉시아가 재빨리 덧붙였다. "하지만 미카엘라도 페피한테는 뽀뽀할 수 있습니다." 미카엘라가 그제야 안도하며 웃었다. 페피는 미카엘라가 제일 좋아하는 거북인 페퍼로니의 애칭으로 피자맨과 같은 종이다. 작년 말, 분주한 횡단보도 근처에 버려진 복사용지 상자 손잡이 구멍으로 비늘 달린 머리 두 개가 나와 있다는 신고를 받고 미카엘라가 너태샤와 가서 데려온 거북이 바로 페퍼로니와 애프리컷이다. 미카엘라는 곧바로 페피와 둘도 없는 사이가 되었다.

알렉시아에 따르면 새해부터 지금까지 총 26마리의 거북이 거북구조연맹에 들어왔다. 모두 주인이 포기하거나 밀거래 적발로 압수된 것들이었다. 그러나 한두 방울씩 떨어지던 물방울은 조만간 해일이 되어 덮칠 터였다. 너태샤가 선언했다. "어제부로 산란의 물결이 대서양 한복판에 도착했습니다."

지난 2년 동안 거북 둥지를 보호하는 친구들과 일하면서 맷과 나는 '산란의 물결'에 대해 여러 번 들었다. 산란의 물결이란 자생하는 거북의 이동 시기를 말한다. 거북은 월동 장소를 떠나 여기저기 돌아다니는데 먼저 수컷이 짝을 찾아다니고, 짝짓기가 끝나면 암컷이 알을 낳을 장소를 찾아 넓은 지역을 헤매고 다닌다. 바로 이때가 거북들이 가장 곤경에 처하기 쉬운 시기다.

긴 세월동안 거북의 놀라운 등딱지는 거의 모든 포식자로부터 이들을 보호해 왔다. 그러나 인간이 지구를 사용한 짧은 기간 중 마지막 200년 동안(2억 5000만 년이라는 거북의 역사에 비하면 시계 초침이 한 번 똑딱하는, 눈 한 번 깜짝할 사이에 불과한 시간)에 이 고대 생물의 터전은 쑥대밭이 되었다. 거북은 산란기에 시속 90킬로미터 이상으로 질주하는 1.8톤짜리 차들이 즐비한 도로를 시속 5킬로미터로 건너야 한다. 뉴욕주립대학교의 생물학자 제임스 기브스가 미국 동북부와 오대호, 동남부를 조사한 바에 따르면, 거북이 도로를 건너는 지역에서 **매년** 성체 거북의 최대 20퍼센트가 차에 치여 죽는다. 플로리다주립대학교의 한 연구자는 잭슨호 주변의 혼잡한 도로 근처에서 성체 거북 개체군을 조사했는데, 그중 암컷이 (2분의 1이 아니라) 고작 4분의 1에 불과하다는 것을 발견했다. 통계상 암컷이어야 하는 나머지 4분의 1은 차량에 희생되었다고 추정된다. 캐나다 온타리오주 습지 지역에 살고 있는 늑대거북을 대상으로 한 또 다른 연구 결과도 심각하기는 마찬가지다. 고속도로로 인해 둘로 쪼개진 이 습지에서는 1985년에서 2002년까지 17년 동안 늑대거북 개체 수가 941마리에서 177마리로 급격히 감소했다. 연구자들은 상황이 더 나빠질 것이라고 예측했다. 늑대거북들은 곧 습지에서 사라질 것이다.

번식을 준비하는 어미가 맞닥뜨려야 하는 위협이 차량뿐일 리 없다. 용케 도로를 건너더라도 개와 고양이가 물어뜯고, 제초기와 농장의 장비들이 등딱지를 으스러뜨리고, 호기심 많은 아이들이 괴롭히거나 납치하고, 아스팔트와 콘크리트가 산란지를 침범한다. 따라서 이번 봄에도 거북은 우리의 도움이 필요하다. 그렇다면 만반의 준비를 해야 한다.

너태샤는 거북 연구자와 재활치료사로 구성된 네트워크를 통해 지난 2월 플로리다주에서 시작된 산란의 물결을 꾸준히 추적해 왔다. "버지니아주 북부, 그다음 델라웨어주, 메릴랜드주, 코네티컷주 순서로 찾아와요." 그녀가 설명했다. "그러고 나서 며칠이면 우리 차례예요. 수문水門이 열리는 거죠."

파도가 몰려오기 전에 해야 할 일이 많다. 지하에서는 부화기를 가열하고 습도를 맞춘 다음 멸균된 흙을 채워 넣어야 한다. 구조팀은 어미 거북이 교란되거나 안전하지 못한 장소에 낳은 알을 가져와 부화기에서 배양한다. 부상자의 알도 마찬가지다. 어떤 암거북은 스트레스를 받으면 병실 상자 안에서 알을 낳는다.

알을 낳는 게 쉽지 않은 거북에게는 옥시토신(사람의 출산 과정에서 분만을 촉진하기 위해 사용하는 합성 호르몬 피토신과 비슷한 약물)을 주사하여 산란을 유도한다. 살아날 가망이 없는 환자의 몸에서 수술로 알을 꺼내기도 한다. 어미 거북이 죽어도 알은 무사히 부화할 수 있다.

새 환자를 받으려면 먼저 건강한 거북들을 내보내야 한다. 알렉시아와 너태샤는 미카엘라와 함께 후보를 검토한 다음, 해당 거북의 수조에 마스킹테이프를 붙이고 붉은 펠트펜으로 '방류'라고 썼다. 이제 처트니를 확인할 차례다. 살아날 거라고 누구도 생각하지 못했던 '굴림대' 거북이다. 다음은 '공포의 헤라'. 야생에서 잡혀 와 홀리요크의 한 아파트에서 키워졌지만 부적절한 식단으로 등딱지가 뒤집어진 그릇처럼 자라버린 혈기 왕성한 늑대거북이다. 한 블랜딩스거북Blanding's turtle은 학교에서 기르던 것인데 작년에 장폐색으로 실려 왔다. 교통사고로 죽은 지 일주일쯤 지난 어미의 몸에서 꺼낸 알이 부화한 사향거북 세 마리, 그밖에도 크기가 작거나 늦게 부화한 새끼 늑대거북, 거북구조연맹의 보호를 받으며 겨울을 난 비단거북painted turtle 수십 마리를 포함해 총 70마리의 거북이 방류 대상이다. 이곳에 입원하는 모든 거북은 살아온 내력이 병원 컴퓨터 시스템에 상세히 기록되어 어느 정도 치료된 거북은 퇴원시키고 야생의 원래 살던 지역에서 최대한 가까운 곳으로 돌려보낸다.

맷과 나는 매사추세츠주 전역의 습지를 돌아다니며 이들의 방류를 도울 것이다. 운전할 일도 많을 것이다. 평일에 알렉시아는 가전제품 수리점에서 오후까지 일한다. 미카엘라는 되도록 자주 오려고 하지만 매일 출근하지는 못한다. 그리고 너태샤는 눈이 보이지 않기 때문에 운전할 수 없다.

맷과 나는 몰랐다. 평소 너태샤는 아무렇지도 않게 집을 돌아다녔으니까. 하지만 높은 광대뼈 위 완벽한 콧날에 얹은 보석 박힌 안경테 뒤의 청회색 눈이 우리를 똑바로 바라보지 못한다는 것은 눈치채고 있었다. 그녀는 우리를 옆으로만 본다. 대담하고 솔직한 성격의 알렉시아와 달리 너태샤는 수줍음이 많기 때문이라고 우리는 속으로만 생각했다.

　"제 눈이 거의 보이지 않는다는 걸 사람들에게 알린 지 얼마 안 됐어요." 그녀가 말했다. 너태샤의 다른 가족도 망막색소변성증을 앓고 있다. 이는 눈 뒤쪽의 빛에 민감한 조직이 서서히 소실되는 유전 질환인데 너태샤는 발병 양상이 달라 비교적 천천히 진행되었다. 그녀는 자신에게 주어진 시력을 최대한 오래 야무지게 사용하겠다고 마음먹었다. 시력은 계속 나빠졌지만 대학교에서 기계공학을 공부했고 이후에 사진 예술로 전공을 바꾸었다. "전 항상 시각적인 것에 관심이 있었어요. 믿으실지 모르겠지만 이런 와중에도 제가 즐긴 취미가 양궁이었답니다."

　너태샤가 앞을 전혀 보지 못하는 것은 아니다. 다만 사물이 조각으로 보인다. 그래서 그녀는 공백을 채울 방법을 찾았다. "저한테는 적응형 기술이란 게 있지요." 우선 너태샤의 휴대전화가 이메일과 문자메시지를 대신 읽어주는데, 그 속도를 빠르게 설정

해도 그녀가 이해하는 데 문제가 없다. 또 밖에서는 '막대 씨'라는 애칭으로 부르는 흰지팡이를 사용한다. 한편 화면 확대기를 사용하면 컴퓨터 화면의 10퍼센트 정도를 볼 수 있다. 그러나 스물한 살 무렵부터 종이 인쇄물은 아예 읽지 못한다. "길 건너 표지판을 읽는 사람이 지금의 저에게는 초능력자처럼 보여요." 너태샤의 말이다.

너태샤에게도 자기만의 초능력이 있다. 그녀는 거북의 집은 물론이고 가구까지 직접 멋들어지게 만든다. 또 아직까지 비디오 게임을 한다. 망막의 동작감지세포가 상대적으로 온전한 데다 타고난 반사신경이 좋기 때문에 제한된 시력으로도 슈팅 게임을 할 수 있다. 또 추론 능력과 기억력에 의지해 던전앤드래곤 같은 롤플레잉 게임도 즐긴다. 너태샤는 지팡이 끝에 달린 무선 조종 항공기 바퀴의 도움을 받아 평소 운동으로 달리기를 한다. "도로 연석에 부딪힐 때를 대비해 몸을 감싸면서 구르는 법을 배웠어요." 그녀가 웃으면서 말했다. 심지어 양궁에도 다시 도전할 생각이란다. 물론 거북들의 산란기가 끝난 후에야 가능한 일이지만.

너태샤는 눈이 보이지 않기 때문에 남들과 다른 방식으로 일한다. 입원한 거북의 상자나 수조에 손을 넣을 때는 옆에서 다른 사람이 어느 쪽이 거북의 머리이고 꼬리인지 알려줘야 한다. "한번은 알렉시아가 깜빡 잊고 저한테 커다란 붉은귀거북을 머리 쪽으로 건네준 적이 있어요." 그녀가 말했다. "대번에 콱! 하고 물더라고요." 의외로 붉은귀거북은 사악하기로 유명한 늑대거북보다 더 사람을 잘 문다. 알렉시아 왈, 이 거북에게 물리면 "아주

드럽게" 아프다. 이런 이유로 몸이 재빠르고 대담한 알렉시아가 수술이나 기타 응급상황을 다루고, 신중하고 인내심이 많은 너태샤가 부화기 관리를 비롯해 대부분의 일상 작업을 도맡는다.

시력에 이상이 생기자 다른 감각이 날카로워졌다. 너태샤는 후각이 뛰어나다. 한번은 블랜딩스거북에게서 "후르트링 시리얼 냄새"가 난다고 했는데, 이는 맷도 감지하지 못한 냄새다. 몸에 물기가 없는 늑대거북에게서는 버터 팝콘 같은 냄새가 난다고 한다. 젖었을 때는 모두 제각각이라 "익은 콜라드 같은 풀 냄새"가 나는 거북도, 오렌지 향이 나는 거북도, "매운맛에 가까운" 냄새가 나는 거북도 있단다. 너태샤에게는 또 다른 감각적 재능이 있는데 바로 '공감각'이다. 이 단어는 그리스어에서 온 말로 '함께 지각하다.'라는 뜻을 지녔다. 공감각자는 인체의 오감 중 하나의 감각에 속하는 자극을 다른 감각기관에서 느낀다. 예를 들어 너태샤는 특정 숫자가 색깔로 보인다. 그녀에게 2는 파란색, 9는 짙은 빨간색이다. 6은 스카치 캔디의 황금색이고 그 맛도 느껴진다. 그러나 어려서 고생했던 편두통과도 연관되어서 6을 보면 짜증이 난다. 4도 기분 좋은 숫자는 아니라고 했다. 하지만 8은 나쁘지 않다. 공감각은 뇌의 신경 배선에서 일어나는 행복한 충돌 사고의 결과이며, 전체 인구의 1~4퍼센트에게만 이런 능력이 있다고 알려졌다.

시각장애인에게 남다른 감각이 발달한다는 것은 연구로 입증된 사실이다. 매사추세츠 안과·이과병원에서 시력이 있는 사람과 3세 이전에 시력을 잃은 사람의 뇌를 촬영한 뒤 비교했는데, 그 결과에 따르면 시력이 없는 사람의 뇌에서는 시력이 있는 사람에게는 없는 비시각 영역의 신경 연결이 더욱 발달했다.《신경과학 저널Journal of Neuroscience》에 발표된 또 다른 연구에서는 다양한 음조의 소리를 들려주면서 시력이 있는 사람과 시력을 잃은 사람의 뇌를 촬영했는데, 후자가 주파수의 미묘한 차이를 더 잘 감지했다. 눈이 보이지 않는 사람들 중 일부는 소리를 이용해 길을 찾는다. 생후 13개월 때 시력을 잃은 대니얼 키시는 박쥐처럼 소리로 세상을 '보기' 때문에 현실판 배트맨이라고 불린다. 그는 혀를 차서 클릭 소리를 내고 그 음파가 주위 물체에 부딪혀서 나오는 미세한 반향을 듣는다. 그는 이 기술을 '플래시 음파 탐지'라고 부르며 누구나 익힐 수 있다고 말한다.

감각의 저글링은 다른 동물에게서도 일어난다.《PLOS 바이올로지PLOS Biology》에 실린 한 논문에 따르면 인위적으로 촉각이 박탈된 회충은 후각이 아주 예민해져서 동료가 맡지 못하는 희미한 냄새로 먹이를 찾아냈다. 심지어 어떤 동물은 아예 시력이 없어도 야생에서 문제없이 살아간다. 예를 들어 텍사스동굴도롱뇽Texas cave salamander, 남부동굴가재southern cave crayfish, 알비노동굴가재blind albino cave crab는 모두 눈이 보이는 조상에서 진화했지만 지금은 눈이 아예 없다. 별코두더지 같은 동물은 눈이 있긴 해도 별달리 쓸모가 없다. 몸 길이가 13센티미터인 이 아름다운 동물은 코끝에서 방사형으로 뻗어나오는 22개의 촉수에만 의존해 커다란 분홍색 손으로 늪지와 들판의 축축한 땅속을 헤치고 다닌다. 분홍 촉수에 밀집한 2만 5000개의 아이머기관Eimer's organ

덕분에 별코두더지는 암흑세계에서도 촉각을 이용해 길을 찾을 수 있다.

실제로 너태샤는 다른 감각을 사용해 그녀가 더는 보지 못하는 세상을 보완하는지도 모른다. 어쩌면 남들과 다른 방식으로 뇌를 사용하고 있을 수도 있다. 앞에서 말한 매사추세츠 안과·이과병원의 연구에 따르면 시각장애가 있는 사람들의 뇌에서 기억, 언어, 감각-운동 기능을 통제하는 구역의 연결이 크게 증가했다. 주 저자 중 한 사람인 로프티 메라벳에 따르면 이 연구가 전달하는 가장 중요한 메시지는 "뇌는 엄청난 적응력이 있다."라는 사실이다.

너태샤와 알렉시아가 연을 맺었던 많은 거북이 그 사실을 증명한다. 그중 하나가 그들이 '바주카'라고 이름 붙인 늑대거북이다. 작년에 이 암거북을 처음 만났을 때 마치 대전차무기에 공격당한 것처럼 몸이 만신창이였기 때문이다. "정말 엉망진창이었어요." 알렉시아가 그 당시를 떠올렸다. 바주카는 어느 친절한 여성이 발견하고 데려왔는데, 그녀는 사고 현장을 보고 몹시 겁에 질려 있었다. 거북은 턱이 부러지고 등딱지가 바스러지고 발가락이 사라져 있었다. 눈은 하나가 없었지만 나머지 하나로도 앞을 보는 것 같기는 했다.

하지만 알렉시아가 검사해 보니 그것들은 모두 **해묵은 상처**였고 이미 치유된 뒤였다. 그것도 수년 전에 말이다. 당장 치료해야 하는 상처가 있다면 등딱지에 생긴 실금 정도였다. 그들은 몇 주 뒤 바주카를 야생으로 돌려보냈다. "장애가 있지만 잘 살아가는 사람들처럼, 그도 야생에서 잘 지내고 있을 거예요." 너태샤가 말했다.

너태샤에 따르면 숲과 습지에는 흉터가 있고 눈이 하나이고 턱이 어긋나 있고 다리가 세 개뿐인 거북이 꽤 많다. 그런 손상이 그들에게서 야생에서의 소중한 삶을 앗아가지는 못한다.

"세상에 패배한 거북은 없어요." 너태샤가 미소를 지으며 말했다. "그런 존재와 일할 수 있다는 기쁨이 더 큽니다."

나는 너태샤의 말에서 그녀가 지닌 또 다른 초능력을 보았다. 희망이다. 죄 없는 생물의 고통을 치유하면서, 또 세계적인 팬데믹의 불확실성과 두려움 속에 빠져드는 지금, 우리에게는 희망이란 게 아주 많이 필요할 것이다.

거북을 구조하기 위해서 배워야 하는 한 가지 중요한 기술은 심기가 불편한 대형 늑대거북을 직접 들어서 옮기는 방법이다. 늑대거북은 자주 악마를 닮은 괴물로 그려진다. 작가이자 모험가인 리처드 코니프는 늑대거북을 "어딘가에 현혹되어 실성한 눈빛을 한 크고 무서운" 동물로 묘사했다. 플로리다의 저명한 거북 전문가인 고故 피터 프리처드는 늑대거북의 사촌이자 미국 동남부 지역에만 서식하는 75킬로그램의 악어거북 앞에서 빗자루를 휘두르자 대번에 이 거북이 빗자루 손잡이를 두 동강 냈다고 말했다. 거북에게 물려서 손가락이나 발가락이 잘렸다는 소문은 많다. 실제로 《야생 환경 의학Wilderness Environmental Medicine》 2016년 4월호에 실린 「악어거북에게 물려서 손가락이 절단된 외상 환

거북의 시간

자」라는 제목의 논문도 있다. (하지만 알렉시아는 이렇게 말했다. "아마 실제로는 늑대거북보다 제가 더 손가락을 세게 물 걸요?" 《진화생물학 저널Journal of Evolutionary Biology》에 출판된 한 논문에 따르면 늑대거북의 무는 힘은 208~226뉴턴으로 측정된다. 인간이 어금니로 무는 힘은 300~700뉴턴이다.)

악어거북보다 북쪽에 서식하는 늑대거북은 그들보다 훨씬 몸집이 큰 사촌들 못지않게 음해와 두려움의 대상이 된다. 동부 텍사스주의 파충류학자 윌리엄 러마는 소설가 스티븐 해리건에게 이렇게 말했다고 한다. 만약 늑대거북의 몸집이 악어거북만큼 크게 자란다면 "수시로 수영객들을 잡아갈 것이다."

하지만 맷은 늑대거북 앞에서 절대 겁먹지 않는다. 그는 이미 오래전에 늑대거북을 다루는 법을 알아냈다. 나는 맷이 진흙탕 속에서 입을 쩍 벌린 커다란 늑대거북을 붙잡고 카약으로 끌어올려 관찰하는 모습을 본 적이 있다. 그 과정에서 거북에게 물리기는커녕 카약에 미동도 없었다. 이 거북들은 보통 입을 크게 벌리지만(자연적인 반사 행동일지도 모른다.), 입을 빠르게 콱 닫을 정도로 스트레스를 받는 경우는 별로 없는 것 같다.

맷과 달리 내게는 큰 늑대거북을 옮기는 일이 언제나 큰일처럼 느껴졌다.

공항에서 집으로 돌아가던 길이었다. 그리운 개와 닭과 돼지와 남편이 있는 집을 향해 열심히 액셀을 밟고 있는데 멀리 반대쪽 차선에서 늑대거북 한 마리가 보였다. 등딱지 길이가 45센티미터 정도 되는 거북이 숲에서 나와 뉴햄프셔 101번 주도를 건너려고 한창 폼을 잡고 있었다.

어떻게 해야 할까? 이 암거북은 내가 들어올리기엔 너무 무거워 보였고 솔직히 말하면 물릴까 봐 겁도 났다. 트렁크에 있는 도구라고는 청록색 접이식 우산이 전부였다. 일단 나는 갓길에 차를 세우고 내린 다음 거북 앞에서 우산을 펼쳤다. 덕분에 거북이 걸음을 멈추었고, 달려오는 다른 운전자들의 주의를 끌 수 있었다.

하지만 이제 어떻게 한담? 잠시 멈추게는 했지만 어떻게 거북이 안전하게 길을 건너도록 도울 수 있을까? 생각나는 방법이라고는 우산을 들고 옆에서 기다리다가 차들이 오지 않을 때를 틈타 거북이 제 속도대로 길을 건너게 호위하는 것뿐이었다. 그러자면 밤이 될 때까지 기다려야 할 수도 있다.

나는 혼자서 씩씩거렸다. 도로에 거북이 있는데 멈출 생각이 없는 저 개념 없는 운전자들이라니! 도대체 뭐 하는 사람들이야? 생명을 구하는 일에 잠깐도 시간을 내지 못하는 거야? 이 거북이 임신한 몸으로 알을 낳으려고 길을 건너는 중이라는 걸 정말 모르는 건가? 미래 세대를 생산하러 가는 길인데? 나는 혼잣말로 구시렁거렸다.

이때 차들이 길가에 멈춰 서기 시작했다.

"도와드릴까요?" 두 아이와 베이비시터를 태운 한 여성이 반대쪽 차선에 차를 세우더니 차창 밖으로 손을 흔들어 나를 불렀다. 또 다른 여성도 갓길에 차를 세운 뒤 도와주려고 나왔다. 세 번째 차 역시 도로 반대편에서 멈춰 섰다. "저한테 갈퀴가 있어요!" 키 큰 남성이 차에서 내리면서 소리쳤다. "이거면 될까요?"

내가 우산으로 거북을 막고 있는 동안 한 여성이 숲에서 굵은 나뭇가지를 찾아 왔다. 그리고 거북이 나뭇가지를 물면 잡아 끌고 길을 건너게 할 요량으로 거북 앞에 내밀었다. 하지만 거북은 뛰어오르다시피 해서 막대를 물더니 그대로 부러뜨렸다. 그때 문득 다른 생각이 떠올랐다. "혹시 종이 상자 가진 분 계신가요? 상자를 펼쳐서 거북을 올리고 썰매처럼 끌면 어떨까요?"

맨 처음 차를 세웠던 부인이 차로 가더니 더 기발한 장비를 들고 돌아왔다. 아이들이 언덕에서 타는 플라스틱 썰매를 눈이 오나 비가 오나 트렁크에 싣고 다닌다고 했다. 마침 긴 밧줄까지 달려 있어서 끌어당기기에도 편했다. 우리는 갈퀴를 사용해 거북을 썰매에 태웠다. 그리고 남성이 망을 보는 가운데 도로에 차가 없을 때를 틈타 내가 썰매를 끌고 길을 건넜다. 그리고 입을 딱딱거리며 쉭쉭 대는 거북을 썰매에서 조심스럽게 내려주었다. 그 자리에 있던 모두가 함께 환호했다.

이 사건은 우리 종에 대한 나의 신뢰를 잠시나마 회복시켜 주었다. 하지만 접시 들기 방법Platter Lift을 진작 알았더라면 이렇게 난리법석을 떨지는 않아도 되었을 것이다.

알렉시아가 아래층에서 96번이라고 적힌 수조를 끌어냈다. 작년에 교통사고를 당한 후 구조된 11킬로그램의 암거북을 꺼내 밖으로 들고 나와 시범을 보여주었다.

"처음 구조되었을 때는 시체나 마찬가지였어요." 알렉시아가 말했다. 그러나 지금 집 앞 풀밭에 놓인 96번 거북은 더 이상 좀비가 아니었다. 내가 자기를 향해 다가오는 걸 보고 몸을 돌리더니 나를 보며 턱을 크게 벌렸다. 언제든 달려들 태세였다. 나는 급히 옆으로 한 걸음 비켜섰지만 거북은 다시 내 쪽으로 얼굴을 돌렸다.

"보셨죠? 늑대거북은 누군가 자기에게 다가오면 몸을 돌려서 쳐다봅니다. 그러면 사람들은 자기도 모르게 놀라서 뒷걸음질 치며 늑대거북 댄스를 추게 돼요." 알렉시아가 말했다. 그녀는 사람들이 피하려고 할수록 점점 더 사나워지면서 크게 뛰어올라 달려드는 늑대거북의 모습을 자주 보았다. 그녀가 보기에는 우스운 광경이었다. 특히 유니폼을 입은 건장한 경찰이 그 자신보다 훨씬 작은 거북 때문에 꼼짝도 못 하는 모습을 보면 말이다. 이때 그녀가 침착하게 거북을 쓱 들어올리면 구경꾼들은 그 마술 같은 동작에 탄성을 지른다.

알렉시아가 설명했다. "먼저 주위를 크게 돌아서 거북 뒤로 갑니다."

"천천히요." 너태샤가 거들었다. "부드럽게, 차분한 마음으로요. 거북은 당신의 감정을 읽거든요. 당신이 무서워하면 그들도 알아요. 당신이 평온하면 거북 역시 거기에 맞추고요."

나는 숨을 깊이 들이마시고 잠시 기다렸다가 천천히, 거북을 존중하고 사랑하는 마음으로 뒤쪽에서 슬그머니 다가갔다. 96번 거북은 분명 내가 뒤에 있다는 걸 알았다. 내 발걸음의 진동을 느꼈을 테니까. 거북은 인간의 귀에 해당하는 기관이 없는 대신 머리 양쪽의 연골판이 고막 역할을 한다. 이 동물은 저음역의 낮은 주파수를 아주 잘 듣는다. 그래서 내 걸음 소리를 들었을 것이다. 물론 내 냄새도 맡았을 테고. 그러나 거북은 몸을 돌리지 않았고 입을 딱딱거리지도 않았다.

"이제 한쪽 팔을 뻗어 뒤에서부터 손바닥을 배딱지 밑으로 밀어넣어요." 알렉시아가 가르쳐주었다. 단, 절대 꼬리를 잡아서 들어올리면 안 된다. 그랬다가는 거북의 척추가 부러질 수 있다. 접시 들기 방식에서는 다른 손으로 꼬리 끝이 아닌 꼬리의 기부를 붙잡아 안정을 유지한다. "이제 살살 거북을 들어올려요."

알렉시아의 말대로 식당에서 웨이터가 서빙용 접시를 들고 있는 모습이다. 내가 든 접시는 사람들이 접근조차 두려워하는 야생 파충류이지만.

"봤죠? 손이 얼굴 근처에도 가지 않았어요. 그러니까 거북이 물지 못하죠." 96번 거북은 물 생각이 없어 보인다. 그 대신 아래턱을 벌리고 있는데, 이는 너태샤와 알렉시아가 '늑대거북의 미소'라고 부르는 행동이다. 하지만 우리 중에 위협을 느낀 사람은 없었다. 내가 몇 걸음 걸어가서 내려놓자 거북은 몸을 돌리지도, 비틀거리지도 않고 차분히 제자리에 있었다.

다음 기술은 '운전대 잡기Wheel Well Grip' 방식이다. 이 방법은 특히 무거운 늑대거북을 들어올릴 때 유용하다. "이 방식을 사용할 때는 장갑을 끼는 게 좋아요." 너태샤가 조언했다. 이 자세에서도 거북은 물지 못하지만 거북의 뒷다리가 '공중 발차기'를 하게 되면 자칫 발톱으로 할퀼 수 있기 때문이다. "늑대거북이 사는 고인 물에는 생명체들이 들끓기 때문에 상처 부위가 거의 감염된다고 봐야 해요." 너태샤가 말했다.

운전대 잡기 방식은 다음과 같다. 양쪽 네 손가락을 등딱지 뒤쪽 아래와 뒷다리 사이의 넉넉한 공간, 즉 차로 따지면 바퀴와 차체 사이의 틈에 넣는다. 그리고 엄지를 등딱지에 대어 머리가 위, 꼬리가 아래로 오게 받치고 거북의 등이 자신의 가슴과 마주보도록 들어올린다. 이 상태에서는 마치 방패를 들고 있는 것처럼 거북의 배딱지가 바깥을 향한다.

실제로 이 방법을 사용하면 거북을 아주 안정적으로 붙잡을 수 있다. 이렇게 잡고 있으니 96번 거북을 꽤 오래 들고 다닐 수 있을 것 같았다. 나는 차분해진 큰 늑대거북을 들고 기쁘게 포즈를 취했고 맷이 사진을 찍어주었다.

그러나 늑대거북을 들어올리는 일 따위는 우리가 앞으로 하게 될 일에서 전혀 어려운 부분이 아니었다. "이 일을 하다 보면 상황이 나빠질 때도 있고, 감정이 격해질 때도 있다는 걸 늘 염두에 두면 좋겠어요." 알렉시아가 경고했다. 알렉시아의 말을 충분히 이해할 수 있었다. 동물을 사랑하는 사람이라면 분노할 수밖에 없는 상황이 있다.

"거북 때문에 마음이 아플 때도 많습니다." 알렉시아가 말했다. "저는 거북에게 아주 깊은 감정을 느껴요. 그들을 대신해서 고통을 느낄 수 있다면 얼마든지 그렇게 할 거예요."

누군가에게 마음을 쓰는 것은 대가가 따르는 일이다. 연민compassion이라는 단어 자체에 감정적 대가라는 뜻이 들어 있다.

com이라는 접두어는 '함께'라는 뜻이다. 그리고 pati의 라틴어 어원은 '고통을 겪는다'라는 의미다.(그리스도의 수난을 나타내는 'the passion of the christ'에서도 passion이 같은 어원에서 왔다.) 그렇다면 연민을 느낀다는 것은 다른 이의 고통 안에 들어가 함께 그 고통을 느끼는 것이다. 신학자이자 작가인 칼 프레더릭 비크너는 연민을 이렇게 정의한다. "다른 사람으로 사는 것이 어떠한지 느낄 줄 아는, 때로는 치명적인 능력. 상대에게 평화와 기쁨이 찾아올 때까지 나를 위한 평화와 기쁨은 결코 있을 수 없다는 생각."

1980년대와 1990년대에 심리학자들은 외상전문의 찰스 핀리가 '돌봄의 대가cost of caring'라고 부른 현상을 전문용어로 '연민 피로compassion fatigue'라 칭했다. 연민 피로란 두려움과 고통으로 괴로워하는 타인을 돌보는 사람이 경험하는 소진, 성급함, 분노 등을 포함하는 복합적 증상이다. '간접 충격'이라고도 알려진 연민 피로는 야생동물 재활치료사나 수의사, 전쟁터와 자연재해, 팬데믹 같은 응급 상황에서 일하는 의사와 간호사가 겪는 직업병이다. 이는 두통, 수면 장애, 체중 감량, 만성 피로를 포함하는 극심한 신체적 고통을 일으킨다. 그중 최악은 '돌봄의 능력'을 잃는 것이다. 이는 칼라 조인슨이 처음 언급한 것으로, 과도한 업무에 시달리는 동료 간호사들에게서 처음으로 발견한 현상이다.

알렉시아가 가장 두려워하는 것도 바로 그것이다. "감정적으로 무척 벅찬 일입니다. 작년에는 유독 힘들었어요. 전 저한테 무한한 능력이 있는 줄 알았어요. 하지만 저도 남들과 다르지 않다는 것을, 한낱 인간 여성이라는 걸 받아들여야 했어요. 물론 감당해야 할 다른 일들도 많고요."

이런 긴장을 풀기 위해 알렉시아는 시를 쓴다. 또 모터사이클과 비포장도로용 오토바이를 탄다. 버려진 공장, 제재소, 폐가 등을 탐험한다. 꾸미고 치장하는 걸 즐긴다. 매일 화장을 하고 머리를 하고 예쁜 옷을 입는다.

너태샤에게 해방은 운동이다. 그녀는 걷고 달린다. 올해에는 맞춤형 리컴번트 자전거●를 주문했다.

두 사람은 정신없이 바쁜 봄이 와도 서로를 보살피는 일을 소홀히 하지 않는다. 데이트를 계획하고, 자주 그렇듯 응급상황으로 데이트를 할 수 없게 되더라도 조개 요리 전문점에서 점심을 먹으며 숨을 돌리거나 좋아하는 아이스크림 가게에서 아이스크림콘을 사 먹는다. 주차장에 작은 스피커를 설치하고 함께 클래식 록을 듣는다. 유난히 힘든 하루였다면 알렉시아는 도넛 가게에 들러 너태샤를 위해 커피와 간식을 사 간다. 알렉시아 자신은 둘 다 별로 좋아하지 않지만 상관없다. 힘들어하는 알렉시아를 보면 너태샤는 그녀의 등을 떠밀며 덱으로 나가서 한숨 돌리고 오라고 한다. 그리고 급한 일은 미카엘라의 도움을 받아 자신이 처리한다.

그래도 힘든 건 힘든 것이다. "산란철이 끝날 무렵이면 폐인이 되어 있어요." 알렉시아가 말했다. "겨우 정신줄을 붙잡고 있다니까요."

●　누워서 타는 방식의 자전거.

"우리는 환자를 잃을 겁니다." 알렉시아가 우리에게 경고했다. "또 환자를 살릴 거예요. 때로는 거북을 위험에서 벗어나게 하고, 때로는 함께 일하는 사람들의 마음과 정신을 바꿀 겁니다. 기쁠 때도 있고, 슬플 때도 있습니다."

이상한 순간도, 경이로운 순간도 있을 것이다. 지금이야 상상도 못 하겠지만.

5장

시간의 화살

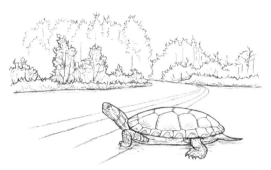

길을 건너는 비단거북.

인턴이 되어 맡은 첫 아침 업무를 막 마치고 돌아왔다. 어느 생태
탐방원의 붉은귀거북을 위해 너태샤가 만든 집을 옮겨서 다시
조립하는 즐거운 작업이었다. 그때 이 지역 동물통제관●에게서
전화가 왔다. 애시랜드애비뉴에서 대형 늑대거북 한 마리가 차에
치었다는 소식이었다. 거북구조연맹에서 불과 몇 킬로미터 떨어
진 사고 현장은 고속도로에서 막 빠져나오는 도로라 통행량이 많
은 곳이었다. 몇 분 뒤 통제관이 사고를 당한 거북이 든 상자를 들

●　지역사회에서 동물과 관련된 다양한 문제를 관리하고 해결하는 전문가. 유기 동물
　포획 및 보호, 위험한 동물 관리, 동물 학대 및 방치 조사, 야생동물 관리 등을 수행
　한다.

고 도착했다. 알렉시아가 상자를 열어보자마자 말했다. "응급상황입니다."

우리는 서둘러 아래로 내려갔다.

알렉시아와 미카엘라가 손을 씻고 수술 장갑을 꼈다. 알렉시아가 접시 들기 방식으로 상자에서 환자를 꺼내 진찰대 위의 깨끗한 분홍 수건 위로 옮겼다. "안녕, 꼬마 괴물 님." 알렉시아가 거북에게 말했다. 거북은 고통스러운 듯 천천히 위로 목을 뻗었다. "다행히 아직 살아 있구나."

늑대거북 특유의 긴 꼬리를 보니 수컷이었다. 등딱지 아래쪽 절반을 파고들어 간 5센티미터짜리 피투성이 상처 밑으로 희끄무레하게 갈비뼈가 보였다. 알렉시아는 이런 상처는 오히려 고치기 쉽다고 했다. 겉으로 보이는 상처가 문제가 아니었다. "걱정되네요. 자동차 바퀴가 거북을 그대로 밟고 지나갔어요. 등딱지가 완전히 눌렸잖아요." 알렉시아가 튼튼하게 생긴 뒷다리 하나를 살짝 잡아당겼다. 다리는 힘없이 늘어졌다.

"척추가 부러졌어요." 알렉시아의 말이다. "이런 상태라면 그릇에 담겨 있는 젤리나 마찬가지예요."

차에 밟히면서 늑대거북의 장, 콩팥, 간, 방광, 결장까지 하반신의 모든 장기가 짓눌렸다. "으스러진 갈비뼈가 면도날 다발처럼 내장을 찌르고 있어요." 야생에서 20년을 멋지게 살아온 거북이 고작 2초 만에 내동댕이쳐지고 으스러진 후 온몸이 찔리기까지 한 것이다.

알렉시아가 검지손가락으로 거북의 부리를 벌려 입안을 들여다보았다. "성문聲門을 좀 보자꾸나." 그녀가 위로하듯 말했다. 거북의 성문은 혀 뒤에 수직으로 열린 구멍이자 호흡기관으로 가는 통로이다. "다행히 숨은 쉬고 있어요." 알렉시아가 우리에게 말했다. "잘했어, 귀염둥이." 거북의 강력한 턱을 부드럽게 닫아주면서 그녀가 말했다. 거북은 달려들지 않았다.

알렉시아가 주사기로 상처에 멸균 식염수를 주입했다. 다행히 상처가 깨끗해서 아직 파리가 꼬이지 않았다. 그런 다음 거북을 원래대로 돌려놓고 은색 테이프와 강력 접착제로 부러진 등딱지의 가장자리를 붙였다. 그리고 주름진 목에 붙어 있던 거머리 십여 마리를 수술용 집게로 떼어내 다 쓴 마거린 통에 떨어뜨렸다. "거머리가 거북의 등딱지를 뚫고 들어간 것도 본 적이 있어요." 너태샤가 말했다. 배딱지에도 십여 마리가 붙어 있었다. 알렉시아가 그것들도 뜯어냈다. 거북의 상태로 볼 때 기생충은 사소한 문제였지만, 이런 부분까지 세심하게 배려하는 모습에 큰 감동을 받았다.

"이곳에서는 모두에게 기회를 줍니다." 너태샤가 맷과 내게 말했다. "하지만 지금은 마음의 준비를 하는 게 좋겠어요. 상태가 많이 좋지 않아요. 이런 사고에서 살아나는 경우는 거의 없었어요."

"몸의 부위를 원래 자리로 돌려놓고 수액과 진통제를 줄 겁니다." 알렉시아가 말했다. "때로는 몸을 원래 모습으로 맞춰놓기만 해도 큰 위안이 됩니다. 그 이상 우리가 할 수 있는 일은 없을 때도 많아요."

적절한 진통제의 양을 계산하려면 거북의 몸무게를 재야 한다. 이 거북의 무게는 8.9킬로그램으로 최소 스무 살은 되었다. 미카엘라보다 조금 더 많은 나이다. 미카엘라처럼 이 거북도 길고 긴 성인의 삶을 이제 막 시작했을 것이다. 그리고 어쩌면 그녀 또래의 많은 청년들처럼 이 좋은 봄날에 짝을 찾으러 나왔던 거였는지도 모른다.

알렉시아는 진찰대에 걸려 있는 비닐백 중 하나에서 링거액 약 4큰스푼을 꺼내 큰 주사기에 넣었다. 미카엘라는 냉동고에서 항염증 진통제 멜록시캄 약병을 꺼내 자기 팔 밑에 끼워 녹였다. "통증이 말도 못 할 거예요. 그래서 진통제를 최고 용량으로 쓸 겁니다." 알렉시아가 말했다. 그러나 거북은 신진대사가 워낙 느려서 사람의 경우 몇 초 만에 통증을 잊게 하는 약물도 몇 시간이 지나야 효과가 난다. 진통제와 항생제는 수분을 보충하는 수액과 섞어서 주기 때문에 주사를 따로따로 세 번 맞는 대신 한 번만 맞으면 된다. 이 역시 또 다른 배려.

미카엘라는 통에 깨끗한 수건을 깔고 거북을 조심스럽게 올려놓았다. 그리고 또 다른 수건을 덮어준 뒤 뚜껑을 닫았다. 그녀는 뚜껑에 마스킹테이프를 붙이고 숫자 34를 쓴 다음 거북의 몸무게를 적었다. "나중에 수액 60밀리리터를 한 번 더 주사할 거예요." 알렉시아가 설명했다. 지금은 안전하고 평온한 어둠 속에서 조용히 휴식할 것이다.

"이름을 지어줄 건가요?" 나는 일말의 희망을 품고 물었다.

"이름은 최소한 72시간이 지난 후에 지어줘요." 알렉시아가 대답했다. 많은 거북 환자가 사고 후 첫 3일을 넘기지 못하기 때문이다.

"하지만 그 시간을 버틴 거북들에게는 언제나 이름을 지어줍니다. 그러면 거북의 치료 과정에 감정적으로 좀 더 몰입하게 되거든요."

하지만 나와 맷은 진작부터 몰입하고 있었다.

우리는 지난주에 도착한 다른 환자들을 확인했다. 아직 용케 살아 있는 거북들이다. 많은 거북이 현장에서 이미 죽었거나 이송중 죽은 채로 실려 왔다. 상황은 암울했다. 32번 거북은 작은 늑대거북인데 어제 들어왔다. "상태가 아주 심란했어요." 너태샤가말했다. 이 거북은 목부터 꼬리까지 몸이 거의 두 동강 났다. 알렉시아가 깨진 등딱지를 초강력 접착제로 붙였다. 하지만 전혀움직이지 않았다. 심장박동을 도플러로 확인했는데 아무 반응이없었다. 그는 비닐백에 담겨 냉동고에 보관되었다가 가을이 오면땅에 묻힐 것이다.

33번은 암컷 비단거북 성체로 3일 전에 들어왔다. 72시간을잘 버텨내 타코스라는 이름을 얻었다. (장난기 많은 알렉시아는 늑대거북들에게 간식 이름을 즐겨 붙여준다. 반면 너태샤는 그 거북과 관련해 연상되는 이름을 더 선호한다.) "개한테 물려서 왔어요." 알렉시아가 설명했다. 개의 이빨이 등딱지를 뚫고 그 아래의 연한 피부까지 파고들었다. 미카엘라가 들어올리자 힘차게 공중 발차기를 하면서 목을 이리저리 돌렸다. "너 정말 귀엽구나?" 미카엘라가 말했다. 하지만 활기차 보인다고 해서 꼭 몸이 괜찮은 건 아니다. "뱃속에 알이 있어요." 너태샤의 말이다. "어미 거북은 산란 장소를 찾아야 한다는 강박을 느껴요. 일을 마쳐야 한다는 절실함이 있죠." 그러나 상처 부위가 총배설강, 즉 알이 나오는 입구와 너무 가깝기 때문에 이 상태로 땅을 파다가는 상처가 흙에 닿아 감염될 위험이 있다. 그래서 안정되는 대로 옥시토신을 투여해 병원에서 산란을 유도할 것이다. 미카엘라는 간호사가 병실의 침대 시트를 바꾸듯이 수건을 교체했다. 그리고 수분을 보충하기 위해 뒷다리의 바깥쪽 부드러운 지점에 수액을 주사했다.

27번 거북 스키드플레이트도 심각하기는 마찬가지였다. 덩치가 큰 수컷 늑대거북으로 차에 받힌 채 끌려가 배딱지가 거의 날아간 상태로 이곳에 왔다. 뼈가 보였고 상처에 구더기가 들끓었다. 너태샤가 그를 들어올리자 알렉시아는 배딱지에 있는 다섯 개의 커다란, 대부분 원형인 상처를 확인했다. 왼쪽 옆구리가 오른쪽보다 더 심하게 받혔지만 오른쪽 앞발과 꼬리도 상처가 끔찍했다. 알렉시아는 상처에 술파다이아진은을 넉넉히 발랐다. 술파다이아진은은 외부 환경에 노출된 부위에 멸균 보호층을 두르는 국소 항생제인데 480그램짜리 한 병 값이 70달러나 된다. 스키드플레이트는 몸을 꿈틀댔지만 입을 딱딱거리지는 않았다. "그래, 많이 아프지?" 너태샤가 부드럽게 달랬다. 처음 왔을 때는 전투적으로 달려들며 저항했다. 하지만 이제는 매일 두 번씩 수액, 항생제, 진통제가 들어 있는 주사를 맞으면서도 잘 견딘다. "바늘꽂이라도 된 것처럼 수시로 주삿바늘에 찔리고 있지만 우리가 자기를 도우려고 하는 것인 줄 알아요." 너태샤가 말했다. 상처 부위를 살피고 주사를 놓은 뒤 미카엘라는 수건을 더 채워 통에 꽉 끼워 넣었다. 마치 배송용 포장을 하는 것 같았다. 이렇게 하면 상처에 불필요한 압력이 가해지지 않는다. 알렉시아가 신중한 어조로 말했다. "끝까지 이겨낼 거예요."

마지막으로 우리는 몸무게가 23킬로그램이나 되는 늑대거북 청키칩을 확인했다. 아마 백 살은 족히 되었을 것이다. 이 거북은 이틀 전에 실려 왔는데 작년에도 같은 문제로 입원했었다. 너태샤 말이 청키칩은 마블헤드의 유명 인사여서 동네 주민들이 그를 보면 바나나를 준단다. 그는 무엇이 문제여서 이곳에 왔을까? 알렉시아가 1년 전 이 노거북의 거대한 입에서 제거한 이물질을 보여주었다. 5센티미터짜리 커다란 낚싯바늘이었다. 이 갈고리가 청키칩의 입천장을 뚫고 들어가 눈 옆으로 삐져 나왔다고 했다. 이번에는 턱에 박힌 좀 더 작은 미끼 바늘을 제거했다.(시간이 지나면 저절로 사라지긴 했을 것이다.) 하지만 그를 살피다 보니 목구멍 쪽으로 이전에 다른 낚싯바늘에 길게 베인 상처가 심하게 감염되었음을 알게 됐다. 바늘 자체는 이미 어떤 식으로든 제거된 후였다.

"청키칩은 투쟁의 상징이에요." 너태샤가 말했다. "동네 사람들이 그를 좋아해서 먹이를 주곤 해요. 그래서 낚싯배를 보면 무작정 다가가서 간식을 달라고 하죠." 작은 낚싯바늘은 아마 철

부지 아이들이 사용하던 물건일 것이다. "하지만 큰 낚싯바늘은 분명 어린이용이 아니에요." 너태샤가 말했다. "밀렵꾼의 것이죠. 그것도 모르고 그쪽으로 가는 거예요."

청키칩은 아마 그 연못에서 100년 넘게 살았을 것이다. 그러니 그에게 그곳은 단순한 집이 아니라 세계 그 자체였다. 하지만 연못은 더 이상 안식처가 되어주지 못했다.

지금 이 순간 우리 인간들도 비슷한 기분을 느끼고 있다. 우리는 이제 각자가 속한 지역사회에서 더는 안전하지 않다. 자기가 사는 집에서도 안전하지 않다. 안전한 곳은 없다. 목숨을 앗아갈지도 모를 병균이 우체국에서, 마트에서, 악수나 포옹으로, 택배 상자로, 친구와 가족의 친밀하고 따뜻한 숨결을 통해 언제 어디서든 몸속으로 들어올 수 있기 때문이다.

5월 28일은 미국에서 코로나19로 인한 사망자가 10만 명을 넘었다는 발표로 시작되었다. 다음 날 맷과 나는 34번 거북이 지난밤 세상을 떠났다는 소식을 들었다. 팬데믹 세상에서 죽음을 세는 것은 곧 시간을 기록하는 새로운 방식이 되었다. 그러나 그조차도 아니었다면 시간의 화살이 공중에 멈추어서 꼼짝하지 않는 기분이 들었을 것이다.

인기 있는 어느 연재 만화에서 월, 화, 수, 목에 줄을 그어 지워버리고 대신 각 칸에 "요일. 요일. 요일. 요일."이라고만 적어놓은 달력을 보았다. 지금은 전 세계가 다 같이 영화 「사랑의 블랙홀」의 주인공처럼 살고 있다. 이 영화에서 빌 머리가 연기한 주인공은 매일 아침 깨어나면 언제나 2월 2일●인 삶을 산다. 몇 주째 봄은 정체되어 전진할 생각이 없고 겨울은 고집을 부리며 떠나지 않았다. 날이 따뜻해지는가 싶더니 다시 눈이 내렸다. 수선화 꽃눈이 채 올라오기도 전에 흙으로 다시 들어가 버렸다.

그러나 마침내 긴 비와 함께 나무가 폭발적으로 잎을 펼쳐냈다. 메모리얼데이◆에 라일락은 어김없이 만개했지만, 우리 마을 중심가에서는 1860년대에 시작된 이후 처음으로 퍼레이드가 열리지 않았다. 반면 도시에서는 봉기가 일어났다. 시간은 오히려 거꾸로 흘러 민권운동이 성과를 냈던 1960년대와 1970년대 이전으로 돌아가 버렸다. 비무장 흑인 남성이 백인 경찰의 무릎 아래에 9분도 넘게 깔린 채 "숨을 쉴 수 없어요."라고 애원하다가 사망한 사건 직후 곳곳에서 시위와 약탈, 총격전이 벌어졌다. 언론은 대통령이 자신이 다니지도 않는 교회 앞에서 성경을 들고 있는 사진을 찍기 위해 군중에게 최루탄 발포 명령을 내렸다고 보도했다. "인종주의라는 강력한 고질병으로 팬데믹을 능가한 미국, 축하합니다." 한 친구가 동료에게 보낸 이메일이다. "미국인이어서 정말 자랑스럽군요." 여름이 우리에게 올 생각이 없는 게 당연했다.

혼란한 도시, 맹렬한 산불, 바이러스의 기승, 무고한 자들의 죽음. 그러나 폭력과 전염병은 많은 이의 용기와 친절, 연민 어린

●　미국에서 '그라운드호그 데이Groundhogday'라고 불리는 기념일. 겨울잠에서 깨어난 그라운드호그(마멋)의 행동으로 봄의 시작을 점치는 날이다.
◆　전쟁에서 사망한 군인을 추모하는 기념일. 5월 마지막 주 월요일이다.

행동으로 상쇄되었다. 봉사자들이 깨진 유리를 치우고 불에 탄 건물을 수리하고 의사와 간호사가 아픈 이들을 고칠 때, 맷과 나 역시 세상이 준 상처를 치유하는 일을 목격했다.

그다음 주 화요일, 거북구조연맹에 도착했을 때 마침 알렉시아 가 우편함을 확인하고 있었다. 그러더니 모르는 사람이 보낸 봉 투 하나를 꺼냈다. 흔한 일이라고 했다. 일면식도 없는 어느 착한 사람이 낡은 브래지어 후크 십여 개를 보내왔다.

　　알렉시아는 이런 일에 익숙하다. "사람들이 입던 낡은 속옷 의 부품을 받는 일을 할 줄 누가 알았겠어요." 알렉시아가 중얼거 렸다. 수년 전 거북 재활 과학이 아직 덜 발달했을 때, 수의사와 봉사자들은 이 브래지어 후크를 깨진 거북 등딱지 양쪽에 부착 하고 철사를 연결해 하나로 이어 붙이는 데 썼다. 요새는 알루미 늄 테이프와 초강력 접착제를 이용해서 더 깔끔하고 빠르게 작 업할 수 있다. 또 이 방식은 브래지어 후크처럼 주변 물체에 걸리 지 않기 때문에 더 낫다. 그러나 계속해서 사람들은 인터넷에서 거북구조연맹을 찾아 속옷을 보내는 선의를 실천하고 있다.

　　"어이없는 일들이 얼마나 많은 줄 아세요?" 알렉시아가 말 했다. 사람들은 믿기지 않는 응급상황이 일어났다고 신고한다. 물론 진짜일 때도 있지만 어떤 때는 막상 몇 시간씩 운전해서 가 보면 거북이 아니라 바위나 타이어 조각이고, 죽은 지 오래되어 껍데기에 해골만 들어 있는 경우도 부지기수다. 한번은 팔려고 내놓아 사람이 살지 않는 주택의 야외 수영장에 거북이 빠졌다는 신고를 받았다. "실제로 그런 일이 잦아서 수영장을 죽음의 덫이라고도 해요." 알렉시아가 설명했다. "가스 펌프와 소방 호스를 겨우 구해다가 서둘러 달려갔죠. 그리고 우리 소유도 아닌 풀장의 물을 뺐어요. 그런데 거북은 없더군요." 하지만 적어도 앞으로 동물들이 익사할 위험은 제거한 셈이다. 두 사람은 수영장에 경사로를 설치해 물에 빠진 동물이 다시 나올 수 있게 했다.

어처구니없는 사건이 또 벌어졌다. "오늘 여러분께 드릴 말씀이 있습니다." 알렉시아가 비장하게 말했다. "화살에 맞은 거북을 보았다는 신고가 들어왔어요."

입이 떡 벌어졌다. 누가 거북을 **화살**로 쏜단 말인가? 그 성실한 사악함에 충격을 받았다. 시간의 무자비한 직진성과 그 속도를 상징하는 화살이 느림과 지혜, 안정성의 현신인 거북의 몸을 꿰뚫은 거짓말 같은 일이 벌어졌다. 놀라운 조합이다. 도대체 세상이 어떻게 돌아가고 있는 걸까?

"농담이 아닙니다. 두 시간 거리에 있는 연못이라네요. 우리 쪽 자원봉사자 마이크가 확인하러 갔어요."

모든 게 비현실적이었다. 두 시간 거리에 있는 커다란 습지에서 몇 시간 전에, 아니 어쩌면 며칠 전에 목격된 거북 하나를 어떻게 찾아 온다는 말인가? 거북이 진짜로 **화살**에 맞기는 한 걸까?

알렉시아가 지친 말투로 말했다. "우리가 받는 전화가 대부분 이래요. 거북이 다쳤다는데 매사추세츠주 어느 숲, 아니면 어느 연못에서 보았다고만 하니 막막하죠. 어떨 땐 도로에서 다친 거북을 봤다는 신고를 받고도 일이 밀려서 며칠 뒤에나 출동해요. 근처 숲을 샅샅이 뒤져서 끝내 거북을 찾아오지요." 알렉시아가 한숨을 내쉬었다. "언젠가는 거북이 마천루에 기어올라가고 있다는 연락이 올 거예요."

현장에 출동한 봉사자로부터 연락이 오려면 몇 시간은 있어야 한다. 그사이에 맷과 너태샤와 나는 우스터의 팀스터스 노동조합● 170지구로 파견을 나갔다.

봄철 내내 어미 거북들이 근처 습지에서 나와 팀스터스 조합 주차장으로 줄지어 찾아왔다. 근방에 뿌리덮개용으로 깔아놓은 목재 칩 아래에 알을 낳으려는 것이다. 몇 세대에 걸쳐 수없이 많은 자생 비단거북과 늑대거북이 번식해 온 이 전통적인 산란지에 15년 전 커다란 벽돌 건물과 8000제곱미터의 주차장이 세워졌다. 이제는 온종일 드나드는 트럭과 자동차가 이동 중인 어미 거북을 위협한다. 알에서 부화한 새끼 거북은 운전자의 눈에 잘 띄지 않아 더 위험하다. 또 알은 스컹크와 미국너구리 같은 포식동물에게 먹히기 쉽다. 거북의 둥지는 이들에게 훌륭한 단백질 밥상이다. 우리는 이곳을 둘러보며 둥지를 확인하고 혹시라도 위험한 곳에 낳은 알이 있으면 파내어 연맹에서 인공적으로 부화시킬 예정이다.

"거북 시즌 시작!" 주차장 사방에 세워진 주황색 트래픽콘에 붙인 종이에 쓰인 말이다. 이 경고문을 써 붙인 스콧 마리노가 오

● 1901년 결성된 미국의 대형 노조. 회원이 130만 명에 이른다.

늘 아침 일찍 거북구조연맹에 전화한 사람이다. 스콧은 머리를 아주 짧게 자른 54세의 건장한 남성으로, 노동조합에서 설비 및 시설 관리를 맡고 있다. 그는 이곳에서 일하기 시작한 이후로 매년 트래픽콘에 경고문을 붙이고 거북구조연맹과 협력하여 알을 낳으러 오는 어미 거북을 주의해 달라고 사람들에게 알린다. "하루에 서너 번씩 나와서 확인해요. 어떨 때는 둥지를 열 개나 찾을 때도 있습니다." 그가 우리에게 말했다. "거북 둥지를 순찰한다고 해서 회사에서 수당을 더 주는 건 아닙니다. 하지만 이곳 사람들 모두 거북에게 마음을 쓰고 있어요." 그가 표지판을 세운 이후로 사람들은 거북이 이곳을 찾아온다는 사실에 놀란다고 한다. "모두 적극적으로 참여하면서 들떠 있습니다. 여기서 일하는 사람들도 집에서는 엄마이고 아빠거든요. 사람들이 신경을 쓰고 있다는 사실만으로도 기분이 정말 좋습니다." 스콧이 말했다.

이미 스콧은 거북이 파놓은 흔적이 있는 지점 네 군데를 발견해 철망을 덮고 13센티미터짜리 못으로 고정해 두었다. 산란 장소로 의심되는 지점을 표시하고, 우리가 도착할 때까지 알을 노리는 포식자들로부터 보호하기 위함이다. 우리는 스콧이 찾아낸 지점을 파서 알이 있는지 확인하고, 또 주차장 인근을 돌아다니며 우리가 조치해야 할 다른 둥지가 있는지 살필 것이다. "이런 일을 하다니 정말 대단하십니다!" 우리가 작업을 시작하자 스콧이 말했다.

"이곳에서 알을 낳는 거북들이 많아요." 너태샤가 흰지팡이를 들고 주차장을 돌아다니며 말했다. 우리는 먼저 스콧이 표시해 둔 곳부터 파기 시작했다. 이 일은 오로지 촉각에 의존한다. 너태샤는 뛰어난 실력자이지만 나는 아직 어설픈 생초보다. 도구도 장갑도 없이 손가락 끝으로만 조심해서 흙을 파 내려간다. 자칫하면 알을 깨뜨릴 수 있기 때문이다. 손끝에 정신을 집중하면 손가락이 땅속 둥지의 천장을 뚫고 들어가 맨 위에 있는 알의 차갑고 매끄러운 곡선을 느끼는 순간이 올 거라고 너태샤가 말해주었다. "자려고 누우면 아마 손가락 끝이 좀 많이 아플 거예요."

스콧이 표시한 장소 중에 알이 있는 곳은 없었지만 확실히 암거북이 땅을 파긴 했을 것이다. 비단거북과 늑대거북 둘 다 연습 삼아 땅을 파고, 심지어 어떤 거북 종(지금까지 기록된 것은 비단거북류와 2종의 바다거북이다.)은 포식자를 속이기 위해 유인용 둥지를 파기도 한다.

맷은 주차장 가장자리 옹벽 옆에서 파낸 지 얼마 안 되어 보이는 지점을 발견했다. 그러나 파보니 알은 없었다. 우리는 다른 곳에서도 땅을 판 흔적을 발견했다. "이 작업에서 빠지기 쉬운 두 가지 함정이 있어요. 하나는 너무 급히 서두르는 것, 그리고 다른 하나는 너무 일찍 포기하는 것이에요." 너태샤가 조언했다. 어떨 때는 어미 거북이 15센티미터보다 훨씬 깊이 땅을 파놓는다. 이 일에는 인내심과 끈기가 필수다. 그리고 그 끝에 무엇을 발견할지는 아무도 모른다. 한번은 너태샤가 이 주차장 가장자리에서 땅을 파다가 그만 알이 아닌 어미 거북을 발견했다. 둥지를 파느라 지친 어미가 "시원하고 축축한 땅속에 들어가 쉬고 있었던" 것이다. 너태샤는 이미 다른 거북이 알을 낳고 메워둔 땅을 파고 있는 거북을 발견한 적도 있다.

결국 이날 우리는 알을 하나도 찾지 못했다. 스펀지 계란판으로 채워진 플라스틱 거북알 운반통은 빈 채로 돌아갈 것이다. "오늘은 없네요." 너태샤가 스콧에게 말했다. "하지만 거북들이 슬슬 나오고 있으니 조만간 이곳에 알을 낳기 시작할 겁니다. 새로운 소식이 있으면 바로 연락주세요!"

스콧이 손을 흔들면서 대답했다. "그러겠습니다. 고맙습니다!" 그가 활기차게 인사했다. "이렇게 오셔서 거북들을 도와주시니 정말 좋아요!"

차에 돌아와 블루투스로 전화를 받은 너태셔가 새로운 소식을 전했다. "마이크 헨리가 거북을 발견했대요!"

우리가 거북구조연맹에 도착하고 몇 분 뒤, 누군가 내 차 뒤에 차를 세웠다. 안경을 쓰고 짙은 수염을 잘 다듬은 날씬한 30대 남성이 거북이 든 150리터짜리 통을 들고 차에서 나왔다. 마이크였다. "주차장에서 동물통제관을 만났는데 그물을 주더군요." 그가 설명했다. 도대체 그곳에서 어떻게 다친 거북을 찾았을까? "운이 좋았어요. 몸집이 큰 거북인데 연못은 작은 편이었으니까요." 사실 3만 2000제곱미터의 연못이면 작은 것도 아니었다. 마이크는 일부러 휴가까지 내서 거북을 찾으러 갔다. 그는 회사에서 소프트웨어 개발자들을 감독하고 업무를 지원하는 일을 한다. 마이크는 알렉시아가 "우리의 슈퍼 자원봉사자"라고 부르는 사람으로 거북 구조에 천부적인 재능이 있었다.

사실 예전에 피자맨을 데려온 사람도 마이크였다. 마이크는 한 마약상과 대치하는 위험천만한 상황에서 뛰어난 사교성을 발휘해 반려 거북을 포기하도록 설득했다. "당신한테 몸이 아픈 거북이 있다고 들었어요." 그가 범죄자에게 물었다. 당시 스파키라고 불렸던 피자맨은 심각한 호흡기 질환을 앓고 있었다. 그곳에서 피자맨은 바닥을 기어다녔고 주인의 커다란 개가 킁킁거리며 그 뒤를 쫓았다. 한편 마이크는 매사추세츠주 수생생물 및 야생동물 관리국과 함께 멸종 위기의 블랜딩스거북 개체 수 회복을 위한 프로젝트에 참여한 이력이 있고, 집이 필요한 거북을 여러 마리 입양하기도 했다. "곤경에 처한 거북이 나타나면 마이크가 출동해 해결해 줄 거예요." 알렉시아가 일전에 맷과 나에게 한 말이다.

"반쯤 물에 잠긴 통나무 위를 걷고 있는데 바로 거북이 눈에 띄었어요." 마이크가 당시 상황을 설명했다. "하지만 물속에서는 거북을 다뤄본 적이 없어서 난감했죠." 그물을 한 번 휘두르자 연못이 바로 흙탕물로 변해버리는 바람에 물속을 거의 볼 수 없었다. 그래서 그는 그물을 버리고 손을 넣고 휘저었다. 그렇게 세 번의 시도 끝에 커다란 늑대거북을 물속에서 끌어냈다. "꼬리이길 바라며 붙잡았어요. 그런 다음 운전대 잡기 방식으로 들어올려 상자에 넣었습니다. 그런데 전혀 물려고 하지 않더라고요. 꽤 차분한 녀석이었어요."

그는 14킬로그램짜리 거북이 든 상자를 들고 400미터 자갈길을 걸어서 차로 돌아왔다. 그리고 마블헤드의 연못에서 사우스브리지까지 두 시간을 달려 여기에 왔다.

마이크는 검은색 플라스틱 상자의 뚜껑을 열어 환자를 보여주었다. 늑대거북 한 마리가 들어 있었다. 보니까 정말로 화살이 거북의 오른쪽 목에서 얼굴 앞쪽을 비스듬히 뚫었고 화살대만 13센티미터쯤 나와 있었다. 거북이 목을 뻗을 때마다 화살대가 눈썹과 코를 때렸다. 우리는 이 거북을 로빈후드라고 부르기로 했다.

"그래도 그동안 잘 살아왔던 것 같네요." 마이크가 로빈후드의 토실한 앞발을 두드리며 말했다. "살집이 있어요." 마이크가 거북을 들어올렸고 우리는 이곳저곳 살펴보았다. 배딱지는 매끄럽고 깨끗했다. 주둥이를 벌려보니 안쪽도 건강한 분홍색이었다. 로빈후드가 회복할 가능성이 크다는 뜻이다. 알렉시아가 가전제품 수리를 마치고 퇴근할 때까지 우리는 화살을 빼낼 방법을 알아내야 했다.

가장 큰 걱정은 거북의 살에 박혀 있는 화살촉의 종류였다. "제거하는 게 안전한지 여부부터 판단해야 해요." 너태샤가 말했다. 화살대 끝에 무엇이 있을까? 일자 촉? 아니면 칼날이 달렸을까? "용수철이 내장된 화살도 있어요." 맷이 말했다. "어느 열다섯 살짜리 멍청이가 장난삼아 쏜 화살이기만을 바라야겠네요." 너태샤가 말했다.

마이크가 다시 로빈후드를 운전대 잡기 방식으로 들어올렸고 우리는 좀 더 자세히 살펴보았다.

"쇠뇌용 볼트네요!" 너태샤가 외쳤다.

쇠뇌●는 원래 중세시대에 개발된 무기로 쇠사슬로 만든 갑옷을 뚫을 만큼 강하다. 요새는 **화살**과 **볼트**를 혼동해서 사용하지만 엄밀히 말해 쇠뇌용 볼트는 전통적인 화살보다 짧고 무겁다.

"카벨라스 웹사이트에서 쇠뇌용 볼트를 찾아봐야겠어요." 맷이 말했다. 카벨라스는 낚시, 사냥, 야외 장비 전문 업체로, 어쩌면 이 회사의 온라인 카탈로그에서 로빈후드의 몸에 박힌 화살의 종류를 알아낼 수 있을지도 모른다.

맷이 휴대전화로 카탈로그를 검색하더니 이윽고 제품을 찾아냈다. "길이 16센티미터 알루미늄. 화살촉 없음. '최고 사양'이라고 쓰여 있네요."

"천만다행이네요." 너태샤가 격앙된 목소리로 말했다.

도대체 누가 거북을 화살로 쏘았을까? 그것도 이렇게 멋진 거북을! "덩치만 컸지 아기예요." 마이크가 거북을 달래듯 말했다. "날 물지도 않았지. 넌 진짜 괜찮은 친구야." 그가 거북을 내려놓으며 말했다. "우리는 네 편이란다."

알렉시아가 도착하자 모두 함께 아래층으로 내려갔다. "어디 한번 볼까?" 알렉시아가 거북을 들어 진찰대에 올리고 확대경 조명을 켜면서 말했다. "착하지, 어디 네 커다랗고 못생긴 얼굴 좀 보여주렴. 이 못난이, 이 이쁜이!"

알렉시아는 턱에서 몇 센티미터 떨어진 곳에 꽂힌 황금색 화살대를 붙잡고 살짝 흔들었다. 로빈후드는 입도 벌리지 않았다.

●   쇠로 된 발사 장치가 달린 활.

이미 치유된 지 오래된 상처임이 분명했다. 쇠뇌용 볼트의 머리 부분이 마치 나무에 박힌 가시철조망처럼 견갑대와 목에 단단히 박혀 있었다.

알렉시아는 진통제 리도카인을 상처 부위에 직접 주사했다. 약효가 나타나기까지 15분은 걸릴 것이다. 그녀는 약이 잘 퍼지도록 로빈후드의 목과 어깨를 문질렀다.

"다행히 화살촉에 미늘 같은 건 없는 것 같아." 너태샤가 알렉시아에게 말했다.

"반대쪽 피부에서 뾰족한 끝이 느껴져. 그런데 정말 깊이 박혀 있네." 알렉시아가 화살대를 잡아당기면서 말했다. 이번에는 비틀면서 잡아당겼다. 하지만 화살은 꼼짝도 하지 않았다. 이 커다란 거북은 달려들지도, 입을 벌리지도 않았지만 그렇다고 즐거워 보이지도 않았다.

"너 정말 착하구나!" 알렉시아가 거북에게 말했다.

"멋진 친구, 잘 버텨보자!" 마이크가 격려했다.

알렉시아가 화살을 또 한 번 잡아당기고 비틀었다. 그러나 역시 화살은 제자리에서 조금도 움직이지 않았다. "수액으로 이 부위를 부풀려 볼 거예요. 그러면 기름칠한 것처럼 좀 더 잘 빠질지도 몰라요." 그녀는 주사를 한 번 더 놓은 다음 다시 시도했고 다행히 이번에는 화살대가 6밀리미터쯤 빠졌다. 그러나 아직 살 속에 2.5센티미터의 금속이 남아 있었다.

알렉시아가 좀 더 잡아당기면서 비틀었다. 그녀의 양손이 늑대거북 얼굴 바로 옆에 있었다. 한 손으로 목을 눌렀고 다른 손으로는 화살대를 잡아당겼다. 마침내 화살이 완전히 빠졌다.

"기분이 어때, 친구?" 마이크가 거북에게 물었다.

"정말 다행이에요." 맷이 말했다.

그 순간 나는 두 손으로 얼굴을 감쌌다. 그제야 다시 숨을 쉴 수 있었다.

아이러니한 일이지만, 고대 미국 남서부 지역 암각화에 흔적을 남긴 아메리카 토착문화를 포함해 인류의 수많은 문화에서 화살을 생명의 상징으로 사용해 왔다. 화살은 그들의 전통적인 삶의 방식에서 꼭 필요한 도구였다. 현대에 들어와 1920년대 말에는 물리학자들이 시간의 흐름을 나타낼 때 화살을 쓰곤 했다. 하지만 지금 로빈후드에게 화살은 고통과 괴로움의 원천일 따름이고, 알렉시아에게는 인간의 무분별한 잔인함을 예시하는 혐오스러운 증거일 뿐이었다. 그러나 나는 훗날 이 화살을 투쟁과 승리의 상징으로 기록할 것이다. 그 어떤 것도 이 순간을 더 적절하게 표현할 수는 없었다.

치료는 아직 끝나지 않았다. "모자를 쓰고 왔네?" 알렉시아가 로빈후드의 거대한 머리에서 마른 단풍잎을 살살 떼어주었다. 그리고 한쪽 콧구멍이 막힌 걸 보고 수술용 집게로 빼내려 했다. 그러자 거북도 참을 만큼 참았다고 생각했는지 느닷없이 알렉시아에게 달려들었다. 그 모습에 나는 기절할 정도로 놀랐지만 알렉시아는 전혀 동요하지 않았고 예상했다는 듯이 가볍게 비켜섰다. "진찰대 위에서 거북의 긴장이 쌓이는 게 느껴져요. 그러다가 역치를 넘어서는 순간 폭발하거든요. 그래도 준비할 시간이

0.001초쯤 있어요." 그게 대단히 긴 시간이기라도 하다는 듯이 그녀가 말했다. 콧구멍을 막은 것은 작은 흙덩어리였다. 굳이 건드릴 필요가 없긴 했다.

알렉시아가 소독용 베타딘으로 오래된 상처를 씻었다. 검은 피가 고여 있는 것 같았다. 그녀는 로빈후드의 얼굴을 조심스럽게 살펴보았다. 코는 이제 막 햇볕에 그을린 듯 분홍색이었고, 목 오른쪽으로 붉은 발진이 보였다. 화살대가 계속 스친 왼쪽 눈 위로 염증이, 오른쪽 앞발에는 작게 긁힌 찰과상이 있었다. 알렉시아는 수액으로 상처를 모두 씻어내고 베타딘을 뿌렸다. 마침내 작업을 마치고 알렉시아는 로빈후드를 바닥에 내려놓았다. 이 거북은 본능적으로 엉덩이를 들어올려 등딱지의 날카로운 톱니를 보여주며 경고했다. "무의식적으로 하는 행동일 수도 있어요." 너태샤가 말했다. 차트에 기록하기 위해 환자의 몸무게를 쟀다. 13.3킬로그램. 설령 그가 지금 백 살이라도 늑대거북 기준으로는 아직 중년에 불과하니 나보다 어린 셈이다.

"씩씩하게 잘 참았어!" 마이크가 거북에게 말했다. 그러고는 알렉시아에게 물었다. "다음 계획은 무엇인가요?"

알렉시아가 거북에게 말했다. "정말 잘했어. 이제 상자 안에서 좀 쉬고 있으렴." 그녀는 로빈후드를 상자에 넣고는 우리 쪽으로 돌아섰다. "상처가 크지 않네요. 감염이 없어요. 상처 부위도 깨끗하고요. 마이크, 오늘 바로 이 친구를 방생해도 되겠어요!"

마이크는 로빈후드를 데리고 다시 마블헤드의 연못으로 떠났다. 맷과 나도 뉴햄프셔로 돌아갈 준비를 했다. 언제 또 우리가 필요할까?

거북의 활동은 날씨에 크게 좌우된다. 산란의 물결이 다가오고 있다. 하루가 다르게 날이 더워졌다. 곧 기온이 27도에 이를 것이다.

"목요일, 제 생각에는 그때부터 정신없을 것 같아요." 알렉시아가 말했다.

"덥고 무척 바쁠 거예요." 너태샤가 동의했다. "다 나은 거북들을 풀어주는 걸 도와줄래요?"

우리는 이틀 뒤에 다시 돌아오기로 했다.

6장

아주 가까운 기적

사향거북이 나무에서 느긋하게 여유를 즐기고 있다.

해 질 무렵 등장해 윙윙 나는 멧도요, 단풍나무의 진홍색 꽃봉오리, 썰매 방울처럼 울리는 고성개구리의 합창. 봄을 알리는 이 익숙하고 사랑스러운 신호들에 올해도 자연이 약속을 지켜주었다는 안도감이 든다. 우리가 준비되었건 말건 봄은 찾아온다. 봄은 새벽이면 창문으로 굴뚝새 노랫소리와 함께 폭포수처럼 쏟아지고, 버드나무의 솜털과 노란 송홧가루처럼 잔디밭과 자동차 지붕에 곱게 내려앉고, 밤사이 펼쳐낸 연령초와 얼레지의 꽃잎처럼 '나 왔어!' 하고 목청 높여 외친다.

그러나 거북의 둥지는 다르다. 거북이 알을 낳는 장소는 나직히 속삭이는 비밀 같아서 지금껏 30년 넘게 숲과 습지를 헤매면서도 나는 겨우 한 곳을 보았을 뿐이다. 야생에서 자생거북의 둥지를 발견하는 행운은 예상치 못한 순간에 걷힌 커튼 뒤에서 보물을 찾아내는 일처럼 몇몇에게만 허락되었다. 그리고 누구라도 목격하고 나면, 그 고요하고 신성하고 은밀했던 순간이 새겨둔 느낌이 영원히 남는다.

나는 작가이자 예술가이자 거북처럼 현명한 친구 데이비드 캐럴과 그 첫 순간을 함께했다. 2006년에 64세의 나이로 이른바 천재상이라는 맥아더펠로십을 받기 한참 전부터 데이비드는 가끔 그가 세상에서 가장 사랑하는 장소로 나를 데려가곤 했다. 늪과 습지, 초원과 강이 하나로 어우러진 그곳을 그는 '딕스'라고 부르며 수시로 찾아갔다. 특히 봄과 여름에는 이 거북 순례를 거의 하루도 빼먹지 않았다.

우리는 오래된 벌목 도로 가장자리에 차를 주차하고 수년 전 열린 후로 한 번도 닫힌 적 없는 녹슨 문을 지났다. 데이비드는 자신의 첫 번째 저서 『거북의 해The Year of the Turtle』에서 "이 비포장도로의 반대편에는 이 문을 닫아야 할 이유가 없다."라고 그 까닭을 밝혔다.

우리는 해가 잘 드는 모래땅을 걸었다. 겨울철 땅이 얼면서 지면을 밀어올릴 때 생긴 작은 언덕과 움푹 팬 흙구덩이에는 나도솔새와 가죽처럼 질긴 고사리가 지천이었고, 키가 15센티미터를 넘지 않는 작은 미역취류가 자랐다. 때는 9월이라 야생 크랜베리가 붉은 구슬처럼 바닥에 제멋대로 흩어져 있었다. 이 식물들은 우리 인간이 '척박한' 토양이라 여기는 땅의 증거다. 그러나 데이비드의 말마따나 산란하려는 거북에게는 더할 나위 없이 완벽한 장소였다. 거북은 햇빛을 온전히 받을 수 있는 곳에 둥지를 튼다. 초본과 관목이 무성한 곳은 태양을 가로막아 좋지 않다. "키 작은 회색자작나무와 조팝나무가 낮게 깔린 곳에도 둥지를 짓지 않아요. 너무 그늘지니까요." 데이비드가 말했다.

그때 뭔가가 그의 눈에 들어왔다. 땅 위의 작은 구멍이었다. 지름이 5센티미터가 채 되지 않고 풀과 고사리, 사슴 발자국이 혼돈을 주어 지나치기 쉬웠지만 분명히 있었다. 이는 새끼 거북이 알껍데기만 남기고 빠져나온 탈출구다. 데이비드가 허리를 숙이더니 손가락 하나로 모래를 살살 긁어냈다. 그러고 나서 일어선 그의 손바닥에는 길이 2.5센티미터의 완벽한 새끼 동부비단거북이 올려져 있었다. 알에서 딸려온 노란 난황주머니를 배에 찬 모습이었다.

데이비드는 거북이 태어난 지 3일쯤 되었을 거라고 했다. 나머지 형제자매는 이미 둥지를 떠나 습지로 가버린 뒤였다. 그러나 사실 갓 태어난 대부분의 새끼 비단거북은 겨우내 흙 속에 파묻혀 있다가 이듬해 봄이나 되어야 밖으로 나온다고 데이비드가 알려주었다.

"이곳은 내게 신성한 땅이에요." 그가 말했다. 나 역시 딕스에 갈 때마다 비슷한 기분을 느꼈다. 마치 마법의 문을 통과해 다른 차원의 시공간으로 이동한 느낌이랄까. 이곳에는 수줍은 동물들이 공룡 시대부터 사적인 삶을 지속해 온, 비밀스럽고 성스러운 세계가 펼쳐져 있었다.

거북의 시간

세월이 흘러 맷도 자기가 제일 좋아하는 거북 출몰지를 소개해 주었다. 배를 타고만 진입할 수 있는 곳이었다. 어느 화창한 초봄, 아직은 차가운 공기에 나는 다운 조끼를 걸치고도 오한이 들었지만 맷은 어김없이 맨발에 반바지를 입고 나타났다. 그는 자신이 터틀코브라고 이름 지은 곳으로 나를 데려갔다. 그곳을 무려 15년이나 다녔다고 했다. 우리는 버려진 교회 옆 자갈 깔린 주차장에 차를 세우고 카약을 내렸다. 맷의 카약은 그가 고등학생 때부터 타던 '그린매너티'로 플로리다에서 만난 악어의 이빨 자국이 남아 있다. 나는 맷의 아내 에린의 새 카약 '블루 블래스트'를 탔다. 무신론자인 맷에게 주차장 옆 교회는 그저 이정표일 뿐이었고 진정으로 신성한 것은 물 자체였다.

맷이 그린매너티를 타고 앞장섰다. 몇 분 뒤 우리는 블루베리 덤불 사이로 열린 작은 비밀의 문을 통과해 터틀코브 울타리 안으로 들어갔다. 잠시 둘다 노를 멈추고 말없이 물 위에 떠 있었다. 아래로는 맑고 시원한 물이 두 손으로 가지런히 감싸 쥐듯 우리를 받쳐주었고, 머리 위로는 방금 도착한 붉은깃찌르레기의 쾌활한 울음소리, 통통 튀는 참새의 지저귐, 멀리 날아가는 기러기의 퉁명스러운 항의가 들려왔다. 거북을 찾을 조건은 완벽했다. 몇 주 만에 찾아온 맑은 날이었다. 수련 꽃봉오리가 발사 직전의 로켓처럼 봉긋하게 피어올랐지만 아직 수면을 다 덮지는 않았다. 물은 여전히 고요하고 맑았다. 맷은 거북이 햇볕을 쬐러 나올 거라고 했다.

터틀코브에 도착한 지 1분도 안 되어, 맷이 수면으로 떠오른

11센티미터 크기의 비단거북을 발견했다. 옆구리에는 선홍색 얼룩이, 목에는 선명한 노란색 줄무늬가 두드러졌다. 우리를 보고 물속으로 들어가려는 걸 맷이 평생 갈고닦은 반사신경으로 잽싸게 붙잡았다. 나도 가서 거북을 자세히 보았다. 약 1센티미터 길이의 연한색 앞 발톱을 보고 수컷인 걸 알았다. 이 앞 발톱은 암컷을 유혹하며 뺨을 쓰다듬을 때 사용한다. 거북은 조금도 몸부림치지 않았다. "기분이 꽤 좋아 보이네요." 맷이 카약 밑으로 거북을 놓아주자 유유히 헤엄치며 멀어졌다.

이처럼 먼 야생의 장소에서는 기적이 일어난다. "냄새거북을 찾을 수 있을지 볼까요?" 맷이 말했다. 냄새거북은 사향거북이라고도 하는데, 포식자를 보고 놀라면 앞다리와 배딱지 사이의 샘에서 노란 액체를 내뿜는다. 이 액체에서 고약한 겨드랑이 냄새 혹은 타는 전선 냄새가 난다는 증언이 많다. 그러나 몸길이 13~15센티미터의 이 작은 파충류를 실제로 본 사람은 별로 없다. 등딱지가 짙은 갈색 또는 검은색이라 눈에 잘 띄지 않을뿐더러 이 거북을 가장 잘 볼 수 있는 장소가 실은 **나무** 위라는 걸 아는 사람도 많지 않기 때문이다. 사향거북은 종종 나뭇가지로 올라가 햇볕을 쬐며 낮잠을 청한다. 나는 이곳 터틀코브에서 생전 처음 사향거북을 보았다.

더 놀라운 일이 일어났다. 터틀코브에 들어온 지 얼마 안 됐을 때였다. 내 카약 바로 옆에서 노란 줄무늬가 있는 작고 검은 형체가 조금씩 움직이는 모습이 보였다. 냅다 물속에 손을 넣고 붙잡아 올렸는데 놀랍게도 사향거북이었다. 앤 헤이븐 모건은

1930년 출간된 책 『연못과 개울 안내서Handbook of Ponds and Streams』에서 "이 거북은 기질이 사납다. 머리를 아주 천천히 늘이다가 경고 없이 달려드는데 참으로 무례하고 계획적인 행동이다."라고 썼다. 그러나 내 손에 들어온 이 기적 같은 작은 거북은 점잖고 친근했고 함부로 냄새를 뿜지 않았다.

이런 은밀한 장소에 있으니 샤를 보들레르가 1857년에 발표한 시 「여행으로의 초대」의 후렴구 "그곳엔 오로지 질서와 아름다움 / 사치와 고요, 그리고 쾌감뿐"이 떠올랐다. 프랑스 시인이 느낀 질서와 아름다움, 풍요롭고 평온한 감각, 관능적인 느낌에 나는 야생의 순간에서 느낀 깊은 감사와 겸허의 마음을 덧붙이고 싶다. 자연의 사생활을 훔쳐보는 것은 엄청난 특권이며 사람을 한없이 겸손하게 만든다.

"거북은 수줍음이 많은 동물이다."라고 국제자연보전연맹의 거북 보전 프로그램의 책임자 마이클 W. 클레멘스가 말했다. "달갑지 않은 인간의 감시와 관찰로부터 자신의 삶을 지혜롭게 감추고 있다." 그의 말은 백번 옳다.

그러나 나는 곧 비밀스러운 태곳적 생물이 사실은 바로 우리 주변에서, 그것도 눈에 뻔히 보이는 곳에 숨어서 삶의 가장 중대하고 내밀한 의식을 치르고 있었다는 사실을 알게 되었다.

5월의 마지막 날 뜨거운 오후, 우리는 뉴햄프셔주 토링턴의 교외에 도착했다. 65세의 은퇴한 과학 교사 에밀리 머리는 바랜 옷을 입고 벌레 물린 자국과 반창고투성이인 왜소한 몸으로 혼자 들기

에 버거워 보이는 짐(모종삽, 양동이, 호미, 공책, 배낭, 쌍안경, 거추장스
러운 원형 철망)을 옮기고 있었다. 그러나 이내 그녀의 활달한 기운
에 우리도 덩달아 흥분되었다. "운이 조금만 따라준다면 오늘 올
해의 첫 둥지를 발견할 거예요!" 에밀리가 말했다.

시간제 사서이자 네 아이의 엄마, 금발의 장신인 마흔여덟 살
진 리처즈를 포함해 우리 네 사람은 토링턴 교외에 자리한 2000
제곱미터 규모의 진의 집 뒤뜰에 있는, 울타리 친 파티오와 수영
장 바깥에 모였다. 그곳에서 조금 더 걷다 보니 나무로 된 문을 지
나 야구장 옆쪽으로 평평한 모래 지역이 나타났다.

그다지 신성해 보이는 땅은 아니었다. 야생의 느낌이라고는
전혀 없었고 오히려 버려진 장난감, 강아지가 잃어버린 공, 녹슨
드럼통, 오래된 타이어 따위가 어울리는 곳이었다. 그리고 실제
로 그런 것들이 나뒹굴었다. 토지 개발업자는 이런 곳을 '나대
지裸垈地'라고 부른다.

그러나 개들이 짖고 아이들이 뛰놀고 주변 집주인들이 마당
의 잔디를 깎는 이곳에 매년 봄이면 5종 이상의 토종거북이 근처
의 연못과 숲에서 나와 땅을 파고 알을 낳는다. 그중에서도 블랜
딩스거북(군인용 헬멧처럼 등딱지가 높이 솟았다.), 북미숲남생이(팔
과 목에 밝은 주황색 반점이 있다.), 점박이거북(짙은 색 등딱지에 박힌
점들이 밤하늘처럼 반짝거린다.) 3종은 이 지역은 물론이고 미 전역
에서 크게 위협받는 희귀종으로 다양한 수준에서 멸종 위기를
겪고 있다.

교외의 20여 채의 주택과 야구장 두 곳, 아스팔트 주차장, 그

거북의 시간

리고 강 사이에 끼어 있는 이 땅은 거북의 미래가 걸린 유일한 희망이며, 에밀리와 진 그리고 가끔 합류하는 소수의 자원봉사자들이 그곳의 유일한 안전지킴이다.

거북의 알은 부화하기만 해도 작은 기적이다. 인간을 포함해 거의 모든 동물이 거북의 알을 노린다. 특히 인간은 전 세계적으로 거북알의 주요 포식자다. 오래전 내 결혼반지를 조각한 남성이 남편에게 자기 가족은 땅에서 파낸 늑대거북알로 마요네즈를 만든다고 말한 적이 있다. 라틴아메리카와 카리브해 전통문화에서는 바다거북의 알을 삶아서, 맥주잔에 생으로 깨뜨려서, 또는 오믈렛을 만들어서 먹었다. 서아프리카 일부 지역에서 바다거북알은 (효과 없는) 말라리아 치료제고, 아시아에서는 (효과 없는) 최음제다.

전 세계 바다거북 7종이 모두 멸종 위기인 이유는 뻔하다. 온라인 과학 도서관 '파우널리틱스Faunalytics'에 따르면 바다거북알에 담긴 에너지의 고작 27퍼센트만이 살아 있는 새끼 거북의 형태로 바다에 돌아간다. 나머지는 포식자의 몸속으로 들어가거나 식물의 영양분이 된다. 미국 해양대기청은 바다거북 새끼가 살아남아 성체가 될 가능성을 1000분의 1이라는 낮은 확률부터 가능성이 전무한 것이나 마찬가지인 1만 분의 1까지의 범위로 추정한다. 연구가 덜 된 담수거북과 육지거북의 상황은 더욱 처참하다. 일부 연구자들은 담수거북인 늑대거북알의 90퍼센트가 부화 전에 파괴된다고 주장한다.

"처음엔 둥지 바깥에 널브러져 있는 거북 알껍데기를 보면

'오, 좋아. 거북들이 여기에서 부화했나 보네.'라고 생각했어요."
진이 맷과 내게 말했다. 그러나 부화한 새끼는 알껍데기를 땅속
에 두고 나오기 때문에 땅 위에 알껍데기가 있다는 것은 포식자
가 알 속의 새끼를 먹어치웠다는 뜻이다. 데이비드 캐럴은 그 광
경이 약탈된 사원 같다고 했다. 스컹크, 미국너구리, 여우, 족제
비, 주머니쥐, 코요테, 곰, 까마귀 모두가 거북의 알을 노린다. 게
다가 이들 포식자 대부분이 교외 지역에서 더 많이 발견된다. 산
란하는 어미 거북을 방해하고 알을 파내는 호기심 많은 어린이
와 개도 문제다. 알을 거칠게 밀거나 굴리기만 해도 알 속의 새끼
가 죽을 수 있다.

　겉으로 잘 드러나지 않는 위협도 있다. 거북이 알을 낳은 곳
에 개미가 떼 지어 있다가 첫 번째 새끼가 알을 깨고 나오는 순간
몰려들어 죽인다. 파리 구더기도 껍질 안으로 들어가 한창 자라
는 새끼를 먹어치운다. 심지어 나무도 가해자 목록에 실린다. 가
뭄철의 목마른 나무뿌리는 거북 둥지를 공격해 알을 뚫고 들어
가 귀한 수분을 흡수한다. 가뭄 자체도 알 속의 새끼 거북을 죽일
수 있고 홍수는 익사시키며 무더위는 익혀버린다.

　용케 부화하더라도 고난은 계속된다. 새로운 터전으로 가는
개방된 공간을 지나가는 길에 포식동물이 낚아채고 개들이 괴롭
히고 아이들이 뒤를 쫓고 뱀이 통째로 삼키고 까마귀가 쪼아 먹
는다. 심지어 다람쥐도 그 작달막한 손으로 새끼 거북을 햄버거
처럼 붙들고 머리와 다리를 물어뜯는다.

　"거북에게는 너무 많은 시련이 있어요." 에밀리가 말했다. 그

러나 거북들은 이처럼 적대적인 세상에서 억겁의 세월을 버텨왔다. 현생인류가 차량과 밀렵과 오염과 서식지 파괴와 기후 변화로 균형을 흔들어놓기 전까지는 말이다. "우리는 그저 이 동물의 생존 확률을 좀 높이고 싶은 것뿐입니다."

모든 것은 17년 전에 시작되었다. 진은 동네에서 거북을 연구하는 한 대학원생의 발표를 듣게 되었다. 막내아들이 태어나기 전이었던 당시에 진은 한 살, 세 살, 다섯 살이던 딸들과 함께 뒤뜰 옆의 평평한 모래땅을 산책하면서 가끔씩 북미숲남생이를 보았는데, 강연을 듣기 전에는 이 거북들이 멸종위기종인지 몰랐다. 그녀는 거북이 산란을 준비하고 있다는 사실을 모른 채, 그곳에 출몰한 거북을 보면 도와주려는 마음에 강까지 데려다주곤 했다. 그러나 이는 출산이 임박한 임신부를 병원 문턱에서 붙잡아 다시 집에 데려다 놓은 꼴이었다.

그녀는 거북을 돕고 싶었다. "거북은 조용하고 느리고 정말로 예쁘고 또 점잖은 생물이에요. 누구라도 거북을 보면…… 아마 기분이 좋아질 거예요." 진이 말했다. 앞에서 말한 발표회에서 진은 한 환경보전위원회에서 오래 활동한 어느 회원을 만났다. 그는 대학원생, 일반인 자원봉사자와 함께 '거북둥지지킴이'를 결성했고, 진 역시 이 단체의 회원이 되었다. 에밀리는 그로부터 5년 후 이 프로젝트를 알게 되면서 합류했다. 완벽한 타이밍이었다. 거북의 산란기가 되었을 때, 마침 진의 네 번째 아이가 나오려는 참이었기 때문이다.

나와 맷이 처음 이들을 만났을 때 에밀리가 들고 있던 원통형 철망은 울타리로 쓰였다. 거북 둥지 위로 굴뚝처럼 솟고, 땅속으로 15센티미터를 파고들어 알을 노리는 포식자들을 막아주었다. 이 철망은 한동안 효과가 있었지만 이윽고 포식자들은 철망을 둥지의 표식으로 인식하게 되었고, 그러면서 더 열심히 땅을 파 내려가 만찬을 즐기기 시작했다. 봉사자들은 원통형 보호대 주위에 철망을 덮고 큰 돌로 고정시켜 동물들이 땅을 파고들어 가지 못하게 했다.

거북의 둥지를 보호한다는 게 말처럼 쉬운 일이 아니다. 에밀리와 진은 5월 말부터 7월까지 매일 밤늦도록 거북이 알을 낳기를 기다렸고, 다시 아침에 와서 둥지에 보호대를 설치했다. 그뿐인가. 미처 발견하지 못한 둥지도 계속해서 찾아다녔다. 거북의 산란 장소를 찾는 건 쉽지 않다. 북미숲남생이는 대개 가장 먼저 둥지를 트는데, 꼬마붉은열매지의가 자라는 비탈진 모래땅에 알을 낳고, 알아보기 어려운 소용돌이무늬를 남긴다. 늑대거북은 희미하게나마 양쪽 발이 나란히 찍힌 흔적을 남기고 또 꼬리가 끌린 자국이 보이는 경우가 종종 있어 둥지를 찾기가 비교적 수월하지만, 이들의 문제는 유인용 가짜 둥지를 판다는 것이다. "비단거북 둥지는 정말 찾기 어려워요." 에밀리가 말했다. "왔다갔는지조차 알 수 없게 둥지 위를 감쪽같이 흙으로 덮어놓거든요." 알은 뾰족한 끝이 위로 오게 낳는데, OK 수신호의 'O'와 비슷한 크기이고 바닥으로 갈수록 넓어진다. 블랜딩스거북은 주로 새벽 2시경에 둥지를 트는 습성이 있다.

몇 년간은 산란지에 끔찍한 진드기들이 출몰했다. 우리도 모기의 습격을 받은 적이 있는데 크기가 하도 커서 맷과 나는 모기인 줄도 몰랐다. 가장 바쁜 때는 거북이 산란하고 알이 부화하는 시기로, 이 지역에 서식하는 토종거북 5종의 경우는 5월 중순부터 9월 중순까지다. 그러나 그 이후에도 이 토링턴의 터틀레이디들은 산란지를 돌아다니며 개미 떼가 습격하지 않았는지 살피고 건조하면 물을 주고 포식자를 감시하느라 바쁘다.

이 일은 시간이 많이 들고 덥고 땀이 쏟아지고 벌레가 꼬이는 일이다. 또한 터틀레이디들은 녹슨 금속의 가장자리에 수시로 손을 벤다. 그러나 지난 17년 동안 이들은 파괴되었을지도 모를 수백 개의 둥지를 지켜냈고, 덕분에 수천 마리의 새끼 거북이 무사히 태어났다. 그들 중 일부는 지금 스스로 땅을 파고 알을 낳을 정도로 나이가 들었다.

그래서 맷과 나는 거북구조연맹에 돌아가기 전날 밤, 진의 이메일을 받고 짜릿했다. 환경보전위원회에서 수요일 오후에 그해의 첫 늑대거북 둥지를 두 군데나 발견했고, 진은 그날 밤 몇 시간에 걸쳐 비단거북 네 마리를 따라다녔다는 소식이었다. 그중 하나는 결국 땅을 파고 알을 낳았다. "아직 북미숲남생이와 블랜딩스거북은 눈에 띄지 않네요. 하지만 곧 잔치에 합류할 거예요. 일정을 잡는 게 좋겠어요. 조만간 두 분을 볼 수 있길 기대할게요! 거북 산란철의 시작을 공식적으로 선언합니다!"

"오늘은 분명히 길을 건널 거예요." 맷과 내가 다음 날 아침 연맹에 도착했을 때 알렉시아가 말했다. 산란의 물결은 놀라울 정도로 빠르게 몰아닥쳤다.

"이미 **시작되었어요!**" 맷이 말했다. 공항으로, 아쿠아리움으로, 거북구조연맹으로 가는 길에 그는 차창 밖의 모든 풍경을 거북과 연관 지어 이야기했다. 실제 거북이 보이지 않아도 그는 기억을 떠올렸다. "저 연못 보이세요? 저기에서 점박이거북을 잔뜩 발견했죠. [……] 오, 여기는 제가 해마다 첫 거북을 보는 장소예요. [……] 제 다리가 부러졌을 때 에린이 저를 이곳에 데려왔어요. 우리는 함께 거북들을 지켜봤지요. [……] 길을 건너는 블랜딩스거북을 발견한 게 바로 여기예요!" 겨울에도 맷은 밖에서 우연히 야생거북을 볼 수 있기를 고대했다. 사람들이 팬데믹 봉쇄 기간에 외식과 술자리와 영화 관람을 열망했던 것처럼.

"진행 중인 일이 아주 많아요." 너태샤가 말했다. "아주 정신 없는 하루가 될 거예요."

바쁜 하루는 이미 시작되었다. 팀스터스 조합의 스콧이 아침 일찍 전화해 다수의 산란활동을 보고했다. 미카엘라가 올해의 첫 거북알 회수를 위해 파견되었다. 수영장 공사를 위해 파놓은 흙더미에 거북이 알을 낳고 있다는 신고가 들어왔기 때문이다. 알렉시아는 새로 도착할 알들의 자리를 마련하기 위해 작년에 교통사고 현장에서 구조한 비단거북이 낳은 새끼들을 방류할 계획이다. 너태샤와 맷과 나는 15마리의 다른 거북을 풀어주러 간다. 그들의 어미가 살던 곳에 새끼를 놓아주기 위해 총 다섯 지역을 찾아갈 예정이다.

아래층에서 알렉시아가 수조에 있는 새끼의 수를 세는 동

거북의 시간

안 우리도 함께 내려가 파이어치프에게 인사했다. 물속에서 우리를 물끄러미 쳐다보는 눈빛이 아무래도 바나나를 원하는 것 같았다.(나는 주고 싶었지만 냉장고에 바나나가 반 개밖에 없었다. 길이가 너무 짧아서 내가 주기엔 위험하다며 알렉시아와 너태샤가 말렸다.) 우리는 잽싸게 가서 청키칩도 확인했다. 얼굴에서 낚싯바늘을 제거한 후 잘 회복하는 것 같았다. 스키드플레이트에 대해 묻자 너태샤가 아직 입원 상태라고 했다. 하지만 곧 상처가 다 아물면 마른 병실 상자에서 나와 물이 있는 수조로 옮겨질 예정이다.

그리고 아기 비단거북들. 4~5센티미터짜리 꼬꼬마 거북들이 그렇게 분주할 수가 없다. 우리는 가로 58센티미터, 세로 40센티미터의 흰색 플라스틱 통에 깨끗한 수건을 여러 겹 깔고 그 사이사이에 거북을 끼워 넣은 다음 공기 구멍을 뚫은 덮개로 잘 덮었다. 준비를 마친 맷과 너태샤와 나는 차들이 주차된 진입로로 나왔다.

"따로 갈까요, 아니면 당신 차를 타고 갈까요?" 나의 어리석은 질문이었다.

"제가 선생님 차를 같이 타고 갈게요." 너태샤가 대답했다.

맞다, 너태샤는 앞이 보이지 않았지. 그러나 너태샤는 머릿속 지도와 남아 있는 주변 시야를 이용해 거북을 풀어줄 장소로 우리를 안내할 것이다. 습지는 GPS에 잡히지 않으니까.

"눈을 떼지 마세요." 붐비는 12번 도로에 들어서자 너태샤가 말했다. 최근 병원에서 죽은 34번 거북이 사고를 당한 곳이 이 도로였다. 이 길은 거북이 여름을 보내는 강과 평행하게 이어졌다.

"도로 위에 거북이 보이면 잠시 둘러보고 갈 수도 있어요." 거북 세계의 러시아워는 새벽 5시쯤 시작해서 오전 10시가 되면 한산해진다. 안타깝게도 인간의 출근 시간과 대강 일치한다. 똑같이 오후 5시부터 다시 분주해진다.

오늘 도로는 자비로울 정도로 한적하다. 팬데믹 봉쇄 덕분이다. 몇 개월 뒤 텍사스A&M대학교에서 조사한 결과에 따르면 이 시기 미국의 출퇴근 시간 교통량은 절반으로 줄었다. 그 덕분에 목숨을 구한 동물의 수가 퓨마에서 거북까지 줄잡아 1000만 마리는 된다는 연구가 캘리포니아대학교 데이비스캠퍼스에서 발표되기도 했다. 도로 위의 차량이 사라진 것은 "국립공원이 조성된 이래로 인간이 시도한 가장 대규모의 보전활동이다."라고 이 대학교 산하 도로생태학연구소 소장 프레이저 실링은 《애틀랜틱》에서 밝힌 바 있다. 미국의 대표적인 특징인 고속도로에서의 과속과 사람들의 이동이 확연히 줄면서 이산화탄소와 기타 오염원의 방출량도 크게 감소했다. 덕분에 일시적이기는 해도 인간, 동물, 환경에 이례적으로 좋은 영향을 미쳤다.

그러나 팬데믹이 아니어도 도로에서 동물 사망률을 줄일 방법은 있다.

스웨덴에서는 사슴 떼가 안전하게 고속도로를 건널 수 있게 구름다리를 건설했다. 아프리카에서는 코끼리를 위해 나이로비와 몸바사 사이의 철도를 따라 여섯 개의 지하도를 냈다. 캐나다의 밴프에는 동물용 육교 여섯 개와 지하도 38개, 그리고 야생동물이 도로에 접근하지 못하게 울타리를 설치했다. 이 설치물들은 2017년에 완공된 이후로 스라소니에서 두꺼비까지 20만 마리의 동물을 구했다고 추정된다. 한 연구에 따르면 밴프의 어느 지역에 설치한 3킬로미터짜리 육교 덕분에 야생동물 교통사고가 90퍼센트 감소했고, 인간은 10만 달러의 비용을 절약했다.

한편 이처럼 값비싼 대규모 건설 사업이 아닌, 소규모의 저비용 방식으로도 얼마든지 큰 효과를 볼 수 있다. 에밀리는 예전에 학교에서 근무할 때, 거북 산란철이 되면 고속도로를 가로지르는 거북을 위해 퇴근길에 다른 차량을 멈춰 세우곤 했다. 그 도로는 커다란 습지를 둘로 가르고 있었다. 에밀리가 그 지역에서 500미터 정도의 짧은 거리를 조사한 결과 하루에 교통사고로 죽은 거북이 29마리나 되었다. "무슨 수든 내야 했어요." 그래서 그녀는 자신이 가르치던 고등학교 학생들과 함께 이 문제를 해결하기 위한 1년짜리 프로젝트를 시작했다.

에밀리는 정부에 지원금을 신청했다. 그리고 지역 철물점에서 원가에 울타리 재료를 구입했다. 부족한 500달러는 한 학생의 부모가 지원해 주었다. 그해 3월 두 번의 주말 동안 교사, 학생, 지역 자원봉사자를 포함한 약 100명의 사람들이 거북용 울타리를 세우러 나왔다. 동네 태국 음식점 주인이 자원봉사자들에게 무료로 점심을 제공했다. 경찰차가 경광등을 켜고 호위하는 동안 사람들은 주황색 조끼를 입고 겨울 모자와 장갑을 낀 채, 무릎 높이까지 오는 거북 방지 울타리를 약 1킬로미터에 걸쳐 세웠다. 15미터마다 가드레일 기둥에 케이블 타이로 철사를 감아 울타리를 고정했고, 포유류가 드나들 수 있는 '펫 도어'를 설치했다. 동물이 문을 밀면 강 쪽으로는 열렸지만 강에서 도로 쪽으로는 열리지 않았다. 동물의 이동이 제한된다는 단점도 있었지만 안전 효과는 확실했다. 이듬해 봄과 가을에 총 여섯 번에 걸쳐 거북 사망률을 조사했는데 죽은 거북은 한 마리밖에 없었다.

이날 우리는 12번 도로에서 (죽었든 살았든) 거북을 한 마리도 발견하지 못했고 곧이어 훨씬 더 복잡한 도로로 향했다. 첫 번째 방류 지점은 395번 주간고속도로에 인접해 있었는데, 정확한 장소를 찾느라 몇 번을 왔다 갔다 했다. 눈이 잘 보이지 않는 사람에게는 더 어려운 일이었을 텐데 결국 너태샤는 찾아냈다. 우리는 매사추세츠주와 코네티컷주 경계의 갓길에 차를 세웠다. 그리고 거북이 든 상자를 들고 텁텁한 매연, 이글거리는 아스팔트, 지나가는 차량에 반사되는 강렬한 햇빛, 쌩쌩 달리는 트럭으로 가득한 고속도로로 나왔다. 가드레일을 넘고 가파른 비탈길 아래로 내려가니 금세 시원한 그늘과 청나래고사리의 솜털 같은 잎, 낮게 기어가는 덩굴옻나무, 주황물봉선의 곧게 선 줄기(이 식물의 꽃은 벌새에게 달콤한 꽃꿀을 제공한다.)가 지천인 초록의 세계가 나타났다. 호랑나비가 햇살 사이로 팔랑팔랑 날아다녔다.

우리는 지금은 사용되지 않는 1880년대의 철길을 따라 나무가 우거진 길을 걸어 습지로 들어갔다. 때마침 맷의 어릴 적 친구이자 이름도 신기한 '랜덤'이 페이스타임으로 실시간 상황을 물었다. 랜덤 본인도 맷의 고향에 있는 콘투쿡강에서 다 큰 늑대거북 한 마리와 함께 서 있었다. "비단거북들을 놓아주려고 왔어." 맷이 그에게 말했다. "행운을 빌어!" 랜덤이 대답했다.

"거북들!" 맷이 미소를 지으며 소리쳤다. 맷에게는 만세라는 뜻이다.

"영원히 거북과 함께!" 내가 화답했다. 실제로 맷은 그렇게 살고 있다. 그의 작품이 세간에 알려지면서 사람들이 수시로 그에게 연락해 거북을 본 목격담, 거북에 대한 소식, 궁금증 등을 나눈다. 맷의 휴대전화에는 그와 에린이 키우는 개 몬티와 루의 사진을 빼면 순 거북 사진뿐이다. 맷은 모임 약속에 나갈 때마다 거북 이야기는 꺼내지 않기로 에린과 약속하지만 언제나 기승전, 거북이다.

"근데, 거북보다 더 좋은 얘깃거리가 있긴 한가요?" 너태샤가 능청스럽게 물었다.

처음에 잠깐 길을 헤맸으나(너태샤는 흰지팡이를 등산용 스틱처럼 사용했다.) 곧 첫 방류를 위한 완벽한 지점을 찾았다. 부드러운 경사로를 따라 비버들이 만든 작은 연못으로, 부들과 물풀 다발, 검 모양의 긴 창포잎이 아기 거북들에게 넉넉한 가리개가 되어주는 곳이다. 여기에서 다섯 마리의 거북이 보금자리를 찾아갈 것이다. 우리는 각자 5미터씩 떨어져서 앉았다. 개구리, 왜가리, 미국너구리, 늑대거북, 송어 등 포식자가 이 새끼 거북들을 한꺼번에 잡아먹는 불상사를 예방하기 위해서다.

"애들아, 이제 집에 왔다." 너태샤가 얕은 물에 첫 거북을 놓아주면서 말했다. 새끼는 머리를 쑥 집어넣었다가 다시 수줍게 밖으로 내민 다음 이쪽저쪽 고갯짓을 하더니 심오한 깨달음을 얻은 듯 물속으로 황급히 들어가 버렸다.

두 번째 거북은 좀 더 자신감이 있었다. 잠깐 주위를 둘러보 더니 세일 품목을 발견한 쇼핑객처럼 얕은 물속으로 신나게 행 진했다. "저마다 상황을 받아들이는 모습이 달라요. 정말 신기 하고 재밌지요." 너태샤가 말했다. "어떤 거북은 즉각 시식코너 로 가요. 어떤 거북은 숨고, 어떤 거북은 탐색해요." 맷이 처음 풀 어준 거북은 물가에 바위처럼 앉아만 있었다. 1분쯤 기다린 다음 맷이 몇 발짝 옆으로 옮겨 놓았는데도 여전히 꼼짝하지 않았다. 그가 풀어준 다른 거북은 손에서 쏜살같이 내려가 수영 선수 마 이클 펠프스처럼 힘차게 헤엄쳐 나갔다. 내가 맡은 거북은 가장 작았다. 갑자기 얻게 된 자유가 부담스러운지 머리와 다리를 등 딱지에 집어넣고 영 나오지 않았다. 나는 거북을 두어 번 다른 곳 으로 옮겨주었다. 결국에는 이 수줍고 작은 아기 거북도 자기가 살아가야 할 새로운 세상을 받아들였다.

인간 세상이 혼돈 속에서 분노하고 겁에 질린 이 시기에 이 새끼 거북들은 어떻게 이토록 강인하고 용감해 보이는 걸까? 어 떻게 이들은 이토록 위험하고 경이로운 세계를 용감하게 끌어안 는 걸까? 데이비드 캐럴에게 물었을 때 그는 이렇게 답했다. "그 들의 작은 뇌는 수억 년의 역사 속에서 프로그래밍되었어요. 저 들은 토양학자, 식물학자, 수문학자 못지않게 지식이 풍부하고 자기가 뭘 해야 하는지 누구보다 잘 알고 있어요. 그만큼 이 땅에 서 오래 살아왔으니까요."

누군가는 새끼 거북이 자기에게 닥칠 비운을 미처 깨닫지 못 하기에 용감한 거라고 말할지도 모른다. 그러나 데이비드, 알렉시아, 너태샤, 미카엘라, 토링턴의 터틀레이디들, 맷, 그리고 내가 보는 관점은 좀 다르다. 이 어린 거북은 수억 년간 이어온 지혜가 몸에 배어 있기에 용감하다. 고작 몇천 년 전에 인간이 지어낸 신조 같은 것이 아니라 그보다 훨씬 더 오래전에 시작된 지혜다. 이 땅에서 살아가기 위해 진정으로 필요한 용기와 지혜를 이끌어내려면 우리 역시 거북의 앞으로, 멀고 먼 과거의 원천으로 돌아가야 한다.

이제 새끼 거북들은 모두 진흙과 이파리 속으로 들어가 보이지 않는다. 그들은 지난봄 어미가 나왔던 야생의 물로 돌아갔다. 새들의 노랫소리가 축복처럼 쏟아져 내린다. 수컷 늪참새가 물 흐르듯 감탄스러운 곡조로 지저귄다. 가마새 한 마리가 "티처, 티처, 티처!"(선생님, 선생님, 선생님!) 하며 노래한다. 은둔지빠귀는 휘파람과 소용돌이치는 노래를 연이어 뱉어낸다. 조류도감에 이 새의 노랫말은 "오, 홀리홀리, 오, 퓨리티 퓨리티, 에, 스위틀리 스위틀리"라고 적혀 있다. 우리는 새들의 공연을 뒤로 하고 발길을 돌렸다.

짧은 탐험을 마치고 금세 다시 주간고속도로 갓길의 뜨겁게 달궈진 차로 돌아왔다. 단꿈에서 깨어난 기분이었다.

과연 어떤 게 꿈이고 어떤 게 현실일까? 근대 서구문화에서 꿈은 수면 중 뇌에서 무작위적으로 생성하는 이야기에 불과하다. 그러나 다른 문화에서 꿈은 각별하다. 고대 세계에서 꿈은 신의 메시지를 전달하는 수단이었다. 메소포타미아 왕들은 꿈에 특별한 관심을 기울였다. 고대 그리스와 로마의 종교에서는 꿈으로 앞일을 점쳤다. 아마존의 채집 수렵인부터 성경의 저자까지, 고대인들에게 꿈은 심오한 의미였다. 평범한 사람들이 특별한 의식 변화를 통해 현재의 속박에서 벗어나 시간여행을 떠났다. 꿈은 미래를 예언한다.

오스트레일리아 토착민은 예술과 문화, 종교 행사에서 영어로 '드림타임dreamtime(몽환시, 추쿠르파)'●이라고 번역되는 개념을 환기한다. 드림타임은 외부인이 이해하기 어려운 개념이다. 서오스트레일리아 쿠누누라의 토착민 갤러리 '아트랜디시Artlandish' 웹사이트에서는 드림타임을 "끝이 없는 시작"이라고 설명한다. 이 사이트에 따르면 꿈이란 동물과 식물, 경관, 흙 등의 영혼이 창조되고 활동하는 시점인데, 이는 계속해서 지속되는 시간(과정)이다. 또 "드림타임이란 과거와 현재와 미래가 연속되는 기간"이다. 물론 드림타임이라는 단어 자체는 서양인들이 만든 것이다. 오스트레일리아 앨리스스프링스에 살고 있는 한 백인이 처음 떠올린 이 단어는 그가 생각해 낼 수 있는 최고의 번역어였고, 이후 영국 출신 인류학자 월터 볼드윈 스펜서가 사용하면서 대중화되었다. 그러나 역사적으로 오스트레일리아 토착민이 사용하는 수백 가지 언어에 '시간'을 직접적으로 나타내는 단어는 없다.

오스트레일리아 토착문화의 우주론에서 드림타임은 선형

● 오스트레일리아 토착민과 토레스해협 섬 원주민의 창조 신화와 영적 믿음을 포함하는 중요한 문화적 개념. 세상의 창조 시기를 가리키며, 오스트레일리아 원주민들은 이 시기에 강, 산, 동물, 인간, 식물 등이 형성되었다고 믿는다. 알처링가alcheringa라고도 불린다.

의 시간을 초월하는 세계다. 기독교에서 그 영역은 '영겁'으로 알려졌다. 또 힌두교에서는 '모크샤moksha(해탈)', 불교에서는 '니르바나nirvana(열반)'라고 부른다. 그리스에서는 신성한 시간이라는 뜻에서 '카이로스kairos'라고 하는데 이는 연대기적 직선에서 벗어난 무한의 나선으로 그려진다. 많은 물리학자와 철학자가 이런 종교적 개념이 옳다고 인정한다. 그들도 과거와 미래를 분리하는 것 자체가 허구라고 본다. 존재'하고' 존재'했던' 모든 것은 "팽창하기만 할 뿐 움직이지 않는 방대한 영원의 우주에 포함된다."라고 루이스 라팜이 《라팜의 계간지Lapham's Quarterly》의 시간을 다룬 호에 썼다. 아인슈타인도 이에 동의했다. 고다드 우주비행센터에서 과학 커뮤니케이션 부소장을 맡고 있는 천문학자 미셸 살러가 설명한 대로 아인슈타인은 "빅뱅은 모든 공간과 시간을 동시에 창조했다. 따라서 과거의 모든 점과 미래의 모든 점은 바로 지금 당신이 자신을 느끼는 시간의 점과 똑같이 실재한다."라고 믿었다. 다시 말해서 "현재의 당신은 수조 년 전에 죽었고 [……] 또 아직 태어나지 않았으며 [……] 당신에게 일어난 모든 일은, 우주에서 올바른 관측점만 찾을 수 있다면 모두 한 번에 볼 수도 있다."라는 의미다. 살러가 말하길 아인슈타인은 시간을 일종의 풍경으로 여겼다. 과거, 현재, 미래는 당신 앞에 하나의 장면으로 펼쳐져 있으며 "과거, 현재, 미래라는 구분 따위는 (고집스러운) 착각에 불과하다."라고 아인슈타인은 주장했다. 또 살러에 따르면 본질적으로 시간이 존재하지 않는 상태가 있다. "빛의 속도에서 시간은 나아가지 않는다. 빛은 시간을 경험하지 않는다."

한편 **시간**은 영어에서 가장 흔히 쓰이는 명사다. 시간은 돈처럼 셀 수 있고 돈처럼 바닥나기도 한다. 인간이 만든 시계와 달력에서 시간은 벗어날 수 없는 비운을 향해 날아가는 화살이다. 60대인 내게 전에 없던 주름과 관절통이 생기면서 이 말이 점점 더 와닿는다. 남편이나 나보다 나이가 훨씬 많은 지인들의 걸음이 부자연스러워지고 자리에서 일어날 때 오래 걸리고 예전보다 자주 잊는 것을 보면 더 그렇다. 그들도 한때는 나이를 초월한 것처럼 혈기 왕성했다. 나는 내가 죽는 것은 두렵지 않다.(그곳이 평화로운 무無의 세계든, 천국이든, 아니면 전혀 다른 차원의 세계든, 나보다 먼저 그곳으로 간 개와 흰담비와 새와 돼지와 거북과 문어를 만날 테니까.) 그러나 내가 사랑하는 이들의 죽음은 무척이나 두렵다. 하지만 피할 길은 없다. 누구도 같은 강물에 두 번 들어갈 수 없다는 그리스 철학자 헤라클레이토스의 유명한 말처럼, 또 죄 없는 거북 로빈후드의 목에 악의적으로 꽂힌 화살처럼, 시간은 한 방향으로만 흘러가니까.

그러나 시간은 또한 치유하고 복원한다. 요즘 새벽에 나를 깨우는 것은 남편이 미리 켜지도록 맞춰둔 내셔널퍼블릭 라디오 뉴스가 아니다. 나를 꿈에서 깨어나게 하는 것은 침실 창문 밖에서 울어대는 굴뚝새 노랫소리다. 끝없는 세월, 봄마다 제 영역을 선포하는 새의 노래다.

세상에는 두 종류의 시간이 나란히 존재한다. 주간고속도로의 차들처럼 광란에 휩싸인 채 내달리다 순식간에 강탈당한 시간. 그리고 계절의 순환처럼 영원히 반복되며 갱신되는 시간. 거북은 두 세계를 자유롭게 넘나든다. 그들의 뒤를 쫓아 고속도로 가드레일 바깥의 세계를 따라가면서 우리는 야생의 품으로, 자연의 뛰는 가슴으로 들어가 시간의 함정에서 벗어났다.

우리는 모든 새끼 거북의 어미가 어디에서 왔는지 정확히 알 수 없다. 담수거북은 예상보다 훨씬 더 멀리 여행한다. 2008년 원격 추적 결과 인도네시아에서 미국 오리건주까지 2만 킬로미터의 이동 거리를 기록한 장수거북에 비할 바는 못 되지만, 암컷 늑대 거북은 자기가 살던 연못에서 최대 16킬로미터 떨어진 곳까지 이동한다고 보고된 바 있다. 1983년에 서스캐처원 남부에서 비단 거북을 원격 추적한 결과 하루에 약 6킬로미터씩 움직인다는 사실이 밝혀졌다. 거북은 자신의 목적지를 어떻게 찾을까?

장거리 바다 여행 중에 길을 찾기 위해 바다거북은 자기나침반을, 그것도 두 개나 사용한다. 노스캐롤라이나대학교 연구자들이 밝힌 바에 따르면 바다거북은 태어날 때부터 지구 자기장의 선이 지구 표면과 만나는 각도를 감지하는 감각 하나, 그리고 이 자기장의 세기 차이를 감지하는 또 다른 감각 하나를 소유한다. 이 두 감각이 뱃사람이 사용하는 경도, 위도에 해당하는 정보를 거북에게 전달한다. 바다 위의 모든 지점은 이 둘의 고유한 조합으로 표시된다.

모든 거북이 이런 식으로 길을 찾는지, 아니면 다른 감각을 사용하는지는 알려지지 않았다. 그러나 우리는 되도록 새끼 거북을 어미가 발견되었던 장소로 돌려보내려고 한다. 그 위치는 거북에게 중요하며, 우리 역시 자연의 유전자풀을 교란할 생각이 없다. 다만 동일한 지역 안에서는 여러 장소에, 또 조금씩 다른 서식 환경에 골고루 풀어놓아 위험을 분산한다.

　다음으로 너태샤는 우리를 대저택 개발지로 데려갔다. 막다른 길에 들어서는 바람에 어쩔 수 없이 남의 집 진입로에 차를 세워야 했다. 이때 집주인으로 보이는 한 남성이 차에서 나왔다. 그가 의문의 커다란 상자를 든 세 명의 외지인을 어찌 생각할까 싶어 먼저 가서 소개하고 양해를 구하려고 했으나 그는 우리를 쳐다보지도 않았다.

　새로 지어진 집들은 마치 뒤편에 아무것도 없다는 듯 하나같이 시더cedar가 우거진 습지로부터 등을 돌리고 있었다. "비밀의 세계가 버젓이 나와 있지만, 수많은 생명이 탄생하는 저 경이로운 장소를 쳐다보지도 않아요." 너태샤가 말했다.

　막대 씨의 도움을 받아 너태샤는 시더 습지의 가장자리로 우리를 데려갔다. 침엽수가 숲의 지붕을 이루고 습지의 대성당이 된 그곳에는 연필 부스러기에서 나는 향이 자욱했다. 바닥에 깔린 물이끼 때문에 쿠션을 밟는 것처럼 걸음이 푹신하고 질벅거렸다. 우리는 곧 종아리까지 올라오는 산성의 찻빛 물속에 들어갔다. 물 위에 떠 있던 이끼 섬이 발 아래로 가라앉았다. 개구리밥과 하트 모양의 수련잎이 검은 수면에 무지갯빛 반점을 흩뿌렸다. 우리는 여기에 다섯 마리를 더 놔주었다.

　마지막으로 오번 마을로 향했다. 면적이 42제곱킬로미터인 마을의 중심부를 X자 형태로 교차하는 90번 도로와 290번 도로를 포함해 네 개의 주간고속도로가 지나간다. 너태샤는 우리를 이끌고 식재된 보라색 진달래속 식물과 노란색 독일붓꽃이 흐드러진 한 교외 지역으로 갔다. 그리고 마지막 다섯 마리를 풀어줄 완벽한 장소를 찾았다. 일광욕을 즐길 바위와 쓰러진 통나무가 널려 있고 물로 가는 경사로는 완만한 곳이었다. 너태샤의 거북들은 손에서 잠시 쉬다가 따뜻한 공기 냄새를 맡고는 검은 눈을 반짝거렸다. "얘들아, 집에 온 걸 환영한다." 너태샤가 말했다. 그리고 맷이 나에게 다시금 말해주었다. "우리가 노력하지 않았다면 이 작은 아이들은 그냥 썩은 알이 되었을 거예요."

　허무하게 썩어 소멸되는 대신, 이 작은 거북들은 우리 손바닥 밖으로 발을 내디디며 수억 년 전 전통으로 이어지는 삶을 시작한다. 적어도 오늘 이들에게 세상은 제자리를 찾았다.

너태샤가 문자메시지를 확인했다. 메시지가 쌓여가고 있었다. 다친 거북에 대한 신고가 여러 건인데 일부는 다른 주에서 왔다. 가깝게는 49번 도로에서 임신 가능성이 있는 비단거북이 자동차에 치여 심각한 상태였다. 그 도로는 여러 습지를 가로지르는 고속도로다. 자원봉사자 한 사람이 거북을 데려오고 있는 중이었다. 미카엘라가 다른 곳에서 알을 구조하고 돌아오면 얼추 시간이 맞을 것이다. 한편 우리는 팀스터스 조합으로 돌아갔다. 스콧이 이미 둥지 한 곳을 발견했고, 우리가 도착할 무렵이면 몇 군데 더 찾아놓을지도 모른다.

　주차장에 차를 세웠을 때가 오후 3시 반이었다. 우리는 "거북 산란기 시작!", "모두 조심!" 같은 인쇄물이 붙은 주황색 트래픽콘 여러 개를 보았다. "스콧은 이 일에 정말 진지해요. 그래서 정말 고맙고 사랑스러운 사람이에요." 너태샤가 말했다. 스콧이 만든 경고판에는 상자거북이 그려져 있었다. 거북의 돔형 등딱지가 껍데기를 벗긴 호두알 반쪽처럼 보였고 배딱지는 굳게 달린 경첩 모양이었다. 상자거북이 사람들에게 친숙하긴 하지만 사실 상자거북은 이곳에 알을 낳지 않는다. 이곳에서 산란하는 거북은 늑대거북과 비단거북이다.

우리는 스콧이 철망을 덮어 표시한 지점을 확인하기 위해 주차장 뒤편에 차를 댔다. 주차장 아스팔트 도로에서 고작 15센티미터밖에 떨어지지 않은 곳이었다. 게다가 2미터 떨어진 곳에서 비단거북 한 마리가 대기 중이었다. 육질의 커다란 목덜미가 망토처럼 얼굴 대부분을 감싼 모습이 인상적이었다. 그런데 이 거북이 신경을 쏟고 있는 곳은 앞이 아닌 뒤였다. 처음에는 오른쪽으로, 다음에는 왼쪽으로 고개를 갸우뚱하더니 서서히 좌우로 꼬리를 흔들었다. "산란 댄스를 추고 있어요." 맷이 속삭였다.

우리는 최대한 소리를 내지 않고 다가갔다. 나 때문에 이 암거북이 임무를 중단하는 건 원치 않았으니까. 에밀리가 일전에 알을 낳는 어미 거북이 '산란의 무아경nesting trace'에 들어간다고 말한 적이 있다. 이런 상태는 특히 바다거북에게서 잘 나타난다고 기록되었다. 1979년에 출간된 『거북의 시간Time of the Turtle』에서 잭 러들로는 "알을 낳기 시작한 거북은 주변에서 일어나는 일을 전혀 의식하지 못한다. 얼굴에 대고 플래시를 터트리고 밝은 조명을 비춰도 알지 못한다. 심지어 등딱지를 내리쳐도 멈추지 않는다."라고 썼다.

이때 거북은 어떤 기분일까? 캐나다의 산파 스테퍼니 온드랙이 코스타리카의 어느 해변에서 대형 푸른바다거북 한 마리가 힘겹게 구멍을 파고 알을 낳는 장면을 목격한 후, 이에 대한 흥미로운 답을 떠올렸다. 산파는 집에서 출산하는 여성의 분만을 돕는 사람이다. 온드랙은 "분만 중인 여성 역시 특정 호르몬이 서서히 뇌에 침투하면서 거북처럼 무아경에 가까운 상태로 빠져든다."라고 썼다. 그녀에 따르면 이 호르몬은 "지각의 가장자리를 희미하게 만들고 생각을 흐리게 하여 평소에 발휘되지 않는 대처 능력을 불어넣는다." 호르몬이 자연이 정한 수치에 이르면 출산 중인 여성은 일방적인 시간의 흐름에서 벗어나 방에 있는 다른 이들을 인식하지 못한다. 말을 걸어도 대답하지 못하고, 희미한 조명과 조용한 환경을 원한다. 이런 무아경은 산모가 자기의 내적 상태에 몰두해 아기를 낳는 과정에만 오롯이 집중하게 한다.

산란의 무아경에 빠진 거북은 어떨까? 거북의 말을 듣지 못하니 당연히 우리는 알 수 없다. 그러나 인간의 어머니들은 말할 수 있다. 온드랙이 출산을 도왔던 많은 산모가 나중에 그녀에게 말하기를 그들은 마치 "마라톤에서 우승했을 때, 높은 산의 정상에 올랐을 때, 노벨상을 탔을 때, 진짜 사랑하는 사람과 잠자리를 했을 때, 종교적 기적을 경험했을 때의 감정이 뒤섞여 성공, 권력, 환희, 열정, 신성함, 눈부신 사랑의 감각이 합쳐진 듯한" 황홀경을 느꼈다고 묘사했다. 이는 지적인 경험이 아니라 전적으로 호르몬에 의해 통제되는 경험이며, 이때 호르몬은 산란 중인 거북의 몸에 흐르는 것과 같다.

온드랙은 오늘날 대다수의 여성이 분만 중에 이런 환희를 경험하지 못하는 이유는 현재의 의료화된 산과 병동에서는 출산 과정과 그 안에서 벌어지는 호르몬의 연쇄 작용이 계속해서 훼방받기 때문이라고 했다. 마찬가지로, 어미 거북 역시 알을 다 낳기 전에 방해를 받으면 심한 경우 아예 출산을 포기할 수도 있다. 그래서 우리는 거북에게 혼자만의 시간을 주어야 한다. "산란을 마치기까지 몇 시간이 걸릴 수 있어요. 하지만 어미가 제 일을 마치기 전에는 절대 개입하면 안 됩니다." 너태샤가 당부했다.

우리는 어미 거북과 적절한 거리를 유지하면서 다른 거북을 찾아 잡초가 자라는 모래 경사로를 살폈다. 근처 고속도로에서 달리는 트럭의 굉음과 구급차의 사이렌, 열린 차창 사이로 쩌렁쩌렁 울리는 랩 음악 소리가 요란했다.

"잠깐만요." 맷이 속삭였다. "거북이 걸어가는 소리를 들은 것 같아요."

우리는 비탈길에 마구 자란 풀과 키 큰 잡초를 유심히 보았다. 팀스터스 부지와 근처 보전 지대를 구분하는 철조망 울타리에서 몇 미터 떨어진 곳에 약 13센티미터 길이의 낮고 둥근 물체가 있었다. 거북일까? 나는 저쪽에서 땅을 파고 있는 어미의 시야에 들지 않게 주의하면서 천천히 두근거리는 가슴을 안고 발끝으로 걸어서 다가갔다.

아니, 그건 바위였다.

한편 어미 비단거북은 여전히 산란 댄스 삼매경에 빠져 있었다. 힘들게 최면을 거는 동작이었다. "땅을 파는 건지, 흙을 다지는 건지 알겠어요?" 너태샤가 물었다.

"흙을 다지고 있어요." 맷이 자신 있게 대답했다. 그는 둥지를 짓는 거북을 수십 번도 넘게 보았다. 땅을 파는 과정이 더 힘든 일이다. 그때는 사방에 흙이 날아다닌다. 인류의 다양한 문화권에서 사람들이 육체노동, 고통, 춤을 통해 무아의 경지에 빠져드는 것처럼, 거북의 경우도 노동을 하면서 산란의 무아경에 빠진다는 이론이 있다. 그러나 지금 우리가 보고 있는 움직임은 훨씬 섬세하고 부드럽다. 처음에는 강한 뒷발로, 그다음에는 다른 발로 귀중한 알 위에 흙을 덮고 누른다. 흙을 다지기 위해 방광에서 나오는 액체로 둥지를 적신다는 게 너태샤의 설명이다. 그래서 전에 길을 건너는 암거북을 도울 때는 아주 부드럽게 대해야 한다고 당부한 것이다. 거북이 위협을 감지하면 포식자를 놀라게 하거나 내쫓으려고 소변을 분비하는데, 둥지터로 가는 길에 이런 일이 일어나면 어미 거북은 물을 마시러 다시 물가로 돌아가야 한다.

드디어 어미 거북이 일을 마치고 자리를 떠났다. 소수의 종을 제외하면 거북은 대부분의 어미 뱀처럼 알 품는 일을 대지의 어머니에게 맡기고 다시는 돌아오지 않는다. 알을 낳는 것만으로 노동은 충분하다. 어미는 상당히 지쳤고 이런 상태는 포식자의 공격에 취약하다. "제가 강까지 데려다주고 올게요." 맷이 자원했다. 맷은 평소처럼 맨발로 다가가 암거북을 살짝 들어올려 물가로 데려갔다. 가는 길에 맷은 다른 거북을 보았는데 아까 걸음소리를 냈던 그 거북이었다. 이 비단거북도 달콤한 소나무 그늘에서 쉬고 있었다.

두 둥지 모두 주차장에서 너무 가까워서 안전하지 않았다. 경사면에서 스콧이 표시한 둥지의 아래쪽에 있으려면 뜨거운 아스팔트 위에 앉아야 했다. 얇은 바지 속으로 살이 익는 느낌이었다. 섭씨 25도인 한낮에 아스팔트의 온도는 52도에 이른다. 30도일 때 검은색 아스팔트 표면은 60도가 넘는다. 알 속 배아가 견디기 어려운 무시무시한 열기다. 거북의 경우 주변 온도가 새끼의 성을 결정해 상대적으로 시원한 온도에서는 수컷이, 높은 온도에서는 암컷이 태어난다. 그러나 어느 정도 이상으로 온도가 높아지면 알은 그대로 익어버린다. 코스타리카 오스티오날해변의 유명한 거북 산란지에서 수행된 연구 결과에 따르면, 기온이 35도이상으로 솟구쳤을 때 수만 개의 올리브바다거북알 중에서 부화에 성공한 알은 단 하나도 없었다.

맷이 비단거북의 알을 파내는 동안 너태샤는 내게 낮은 쪽의 둥지를 파라고 했다. 맷은 이 작업을 여러 번 해봤다. 그의 민첩하고 예술가다운 손가락은 비단거북이 플라스크 형태로 파놓은 땅속 굴의 윤곽을 기억하고 있다. 비단거북은 보통 10센티미터 깊이의 땅을 판 뒤 네다섯 개의 알을 낳는다. 맷은 알의 시원하고 매끄러운 곡선을 감지한 다음, 조심스럽게 척척 알을 꺼내어 안을 푹신하게 덧댄 계란판에 옮겼다.

그에 비해 나는 확실히 긴장했다. 너태샤 말이 내 것은 늑대거북의 둥지여서 가장 위쪽에 있는 알에 닿으려면 바위와 뿌리와 흙과 모래를 뚫고 15센티미터 이상 파야 한단다. 나는 혹시라도 알을 깨뜨릴까 봐 겁이 났다. 모래, 흙, 돌멩이가 다져진 단단한 층을 뚫고 손가락이 마침내 알이 쌓여 있는 공간으로 쑤욱 들어가는 순간에 가장 일어나기 쉬운 사고다. "그냥 단순한 구덩이가 아니라 벽과 지붕이 확실하게 갖춰진 구조물이에요. 그 경계에 도달하는 순간 바로 알 수 있을 거예요." 너태샤가 설명했다. 나는 13센티미터를 파 내려갔고, 그때부터는 손가락 끝만 사용해서 한 번에 5밀리미터 정도씩 모래를 쓸어냈다.

이윽고 알이 나타났다. 그때까지 나는 알이 정말 있을 거라고 믿지 않았던 것 같다. 알은 새하얀 색이었고 탁구공 크기에 완벽하게 둥글었다. 나는 잠시 아무 생각 없이 알을 멍하니 바라보았다. 밤하늘을 한 번도 본 적 없는 사람이 처음 눈앞에서 보름달을 보았을 때의 기분이랄까.

나는 알을 살살 들어올렸다. 혹시 내용물이 흔들려 앞으로 한 세기 넘게 살 수 있는 생물이 죽게 될까 봐 완벽하게 수평을 유지하면서 조심조심 통에 옮겼다. 그 옆에서 두 번째 알이, 또 그다음 알이 모습을 드러냈다.

서로 다른 시대와 문화의 신화에서 알을 숭배하는 전통을 이어왔다. 알은 새로운 시작이고, 매끄러운 껍질은 자기충족의 우주를 둘러싸며, 둥근 곡선은 생명의 순환을 떠올리게 한다. 오늘날에도 기독교인들은 부활절에 달걀을 주고받으며 예수의 부활을 축하하는데, 이는 종교보다 앞서서 알에 새겨진 진화적 전통을 기념하는 행위다. (동시에 이는 적절한 은유인 것 같다. 예수가 알에서 태어나지는 않았지만 거북처럼 땅에 파놓은 무덤에서 일어났다고 전해지기 때문이다.)

어미 늑대거북은 줄 지어 쌓아놓은 장작더미처럼 견고하고 조심스럽게 땅속에 알을 쌓아두었다. 일곱 번째 알이 나왔다. 그러나 아직 끝나지 않았다. "몇 개나 될 것 같아요?" 너태샤가 물었다. 나는 잠깐 생각한 다음 대답했다. "열 개쯤?" 그녀가 웃었다. "계속 파보아요."

이런 엄숙한 순간에 손이 떨리지 않아서 감사할 따름이었다. 산스크리트 경전에 따르면 모든 존재는 알에서 시작되었다. 이집트 신화에서 질서와 지하 세계의 지배자이자, 모든 왕과 하늘의 지배자인 태양신 '라'는 알에서 부화했다. 한편 지구 반 바퀴를 돌아 오스트레일리아에서도 토착민들은 드림타임에 하늘로 던져진 알에서 태양이 만들어졌다고 믿었다. 또 오르페우스교에서도 고대의 신 파네스는 운명과 시간으로부터 창조된 최초의 알에서 부화했다.

현대의 우주학자들도 우주의 시작을 과학적으로 설명하면서 알을 내세웠다. 약 140억 년 전에 무한한 밀도의 '시간-공간 특이점'으로 압축되었던 우주가 폭발하면서 공간, 행성, 태양, 물질, 거북, 사람, 그리고 시간까지 우리가 아는 모든 것이 탄생했다. 그러나 이 이론이 빅뱅이라는 명칭을 얻기 훨씬 이전에(원래 '빅뱅'은 이 이론에 반대하던 이들이 조롱할 의도로 사용했던 용어다.) 조르주 르메트르라는 벨기에 사제가 1927년 학술지 《네이처》에 팽창하는 우주 개념을 설명하면서, 모든 것이 시작된 무한한 밀도의 특이점을 '우주의 알'이라고 썼다.

나는 20개를 꺼내고도 계속해서 땅을 팠다. 주차장 가장자리에서 엉덩이와 허벅지가 햇빛에 구워지고 있었다. 코에서는 땀이 줄줄 떨어졌다. 개미가 손을 타고 팔뚝으로, 셔츠 속으로 기어 올라 왔다. "개미 때문에라도 이 알들을 꺼내 가야 해요." 너태샤가 말했다. 이상하게도 그녀의 목소리가 아득하게 느껴지는 것이 마치 내가 역逆산란의 무아경에 빠져든 것 같았다. 세상에서 이 알들을 파내는 것보다 더 중요하고 보람되고 기쁨을 주는 일은 없는 것 같았다.

마침내 나는 마지막 알을 꺼내 들었다. 모두 31개였다.

"다들 수고하셨어요!" 너태샤가 말했다. 알로 가득 찬 통 하나, 습지에 거북을 풀어주고 비어버린 다른 통 하나를 들고 우리는 승리의 기분을 만끽하며 병원으로 돌아왔다.

거북구조연맹 진입로에 들어섰을 때 내 뒤로 파란색 프리우스 한 대가 멈췄다. 어느 젊은 남성이 길이 15센티미터의 검은색 등딱지를 양손으로 붙잡고 차에서 나왔다. 동네 주민인 그는 지나가다가 거북구조연맹이라고 쓰인 차가 주차된 밝은 초록색 집을 보았다고 했다. 우리를 보고 아주 안심하는 눈치였다.

주황빛 붉은 배딱지와 어둡고 둥근 등딱지를 보니 그가 데려온 건 비단거북이었고, 노란 줄무늬 팔 끝의 짧은 앞 발톱을 보니 암컷이었다. 다친 데가 있는 것 같지는 않은데 왜 데려온 걸까?

"길을 건너고 있더라고요." 그는 버둥대는 거북을 들고 말했다. "하지만 어디로 데려가야 할지 몰라서요. 물도, 풀도 없고 그냥 포장된 도로였거든요⋯⋯."

그는 인간이 지각하는 영역 바로 옆에 존재하는 오아시스를 눈치채지 못했다.(하지만 누가 그를 탓하겠는가?) 주택 단지 뒤뜰 바로 뒤편에서, 그러니까 아스팔트 주차장으로부터 고작 몇 미터 떨어진 이곳에서 고대의 척추동물은 세계를 다시 살아나게 하는 기적을 이어오고 있다.

너태샤는 친절한 남성의 손에서 거북을 받아들며 고맙다고 말했다. "걱정마세요. 저희가 좋은 곳으로 잘 데려다줄게요." 너태샤가 그를 안심시켰다. 그날 오후 너태샤와 알렉시아는 문을 열고 걸어 나가 뒤쪽 습지에 거북을 풀어주었다.

따뜻한 햇볕 아래에서 일광욕 중인 비단거북.

7장

고장난 시간을 되살리다

청키칩, 연못을 되찾다.

밥 가필드가 우는 모습에 나도 가슴이 저며왔다. 그는 공동 앵커 브룩 글래드스톤과 함께 내셔널퍼블릭 라디오 프로그램 「온 더 미디어On the Media」를 진행한다. 언론인으로 훈련받은 우리 부부가 일요일마다 자주 듣는 프로그램이다. "팬데믹이 우리의 현재를 아수라장으로 만들면서 적어도 저한테는 이런 일이 일어났습니다." 그해 봄 가필드가 청취자에게 말했다. "어떤 시간의 국면이 닥칠지 알 수 없어 불안정하고, 내면의 자이로스코프가 고장나 허공에서 하염없이 돌고 있어요."

"시간은 단순한 측정 기준이 아닙니다. 우리를 세상에 속박시키는 중력 같은 것이에요." 가필드는 시간과 단절되면서 길을 잃은 기분이 든다고 했다. "미래에 대한 감각은 물론이고, 현재까지 잃었어요……. 솔직히 말씀드리면 저는 울었습니다. 그것도 아주 많이요."

나는 항상 가필드가 강인한 사람이라고 생각했다. 적어도 정신이 굳건한 기자 같았다. 그런 사람이 울었다고 생각하니 두 배로 고통스러웠다. 더욱 처참한 것은 많은 시민이 똑같이 절망하며 괴로워하고 있다는 사실이다. 일요일 자《뉴욕 타임스》머리기사는 "온 세상이 흐리멍덩하다."였으며 "격리와 단조로움, 만성 스트레스가 어떻게 시간 감각을 파괴하고 있는지"를 다루었다. 이어서 "2020년의 역설: 너무 대단한 일이 벌어져서 실은 아무 일도 일어나지 못한 한 해."라고 단언했다. 심리학자들은 이 기사를 쓴 앨릭 윌리엄스에게 여러 가지 이유를 설명했다. 정체불명의 바이러스로 인한 불확실성, 정치적 혼돈, 환경 재난, 인종 문제의 불안 등이 일으킨 만성 스트레스가 너무 심해서 기억을 형성하는 능력이 망가졌다는 진단이다. 코로나 감염 후유증으로 고통받는 사람들이 겪는 브레인 포그● 현상과 크게 다르지 않다. 기억은 우리가 시간과 변화라는 중대한 경험을 조직하는 방법이자, 시간의 흐름 속에서 자아를 정박하는 방식이다. 그러나 하루가 지나도, 일주일이 지나도, 몇 달이 지나도 변하는 것이 없다면 그때는 어떻게 해야 하나? 이런 상황에서는 "자신의 삶이 질서정연하게 진행되고 있다는 느낌이 붕괴된다." 인간의 정신적

● brain fog. 머리가 혼란스럽고 안개같이 뿌예서 분명하게 생각하거나 표현하지 못하는 상태.

안정에 꼭 필요한 감정이 무너지면서 몸이 뒤집어진 힘없는 거북이 되는 것이다.

이제 막 세상에 나서려는 젊은이들이 졸업무도회와 졸업식 등 중요한 이정표를 생략해야 했다. 봉쇄 기간에는 취직과 인턴의 기회가 거의 없었다. 많은 사람들이 집에서 부모와 함께 지내며 어린 시절을 반복했다. 열여덟 살인 미카엘라는 고등학교를 졸업한 지 1년이 채 안 되었는데 시간이 얼어붙었다고 했다. "전 고등학생도 아니었고 대학교에도 다니지 않았어요. 그저 집에서 할머니, 사촌과 함께 지냈어요."

요양시설의 노인들은 상황이 더 열악했다. 가족과 친구의 방문이 제한되어 우울하고 답답한 하루가 계속되었다. "기록된 시간의 마지막 순간까지 / 매일매일 이처럼 조금씩 기어가고 / 우리의 모든 어제는 / 티끌로 돌아가는 어리석은 자들의 죽음을 비추어왔구나." 왕비의 죽음을 알게 된 맥베스의 속절없는 독백과 같은 나날이었다. 재난이 끝나기를 기다리는 많은 이들에게 시간의 경계는 사라졌고 삶은 의미를 상실했다.

그러나 거북과 함께 있을 때 우리가 경험하는 시간은(사실상 모든 것에 대한 경험은) 다른 사람들과 완전히 달랐다. 예를 들어 미카엘라의 여자 친구 앤디는 팬데믹이 일으킨 시간 왜곡에 붙잡혀 있는 것 같다고 말했다. 원래 대학교에서 사진을 전공할 생각이었지만 줌 수업은 부실했고, 이제는 앞으로 무엇을 하며 살아야 할지 막막하다고 했다. 반면에 미카엘라는 거북과 일하면서 차분함, 안정감, 목적의식을 얻었다. "살아 있는 생물을 돕는다는 뜻깊은 일에 뛰어들었어요."

거북 덕분에 우리는 전진하는 봄에 빠져들었고 거북이 주인 공인 일상 드라마에 깊이 개입했다.

너태샤의 튼튼한 팔이 청키칩을 꼭 붙잡고 있으려고 안간힘을 썼다. "지금까지 본 늑대거북 중에서 세 번째로 큰 놈이에요." 청키칩은 몸무게가 22킬로그램이나 나가고 덩치만큼 기운도 세서 알렉시아와 너태샤가 그를 대형 수조에 넣고 뚜껑을 닫으려면 전동 드릴로 나사를 박아야 한다.

너태샤는 수술대 근처 회전 스툴에 앉아 거북을 붙들고 있었다. 갑옷을 두른 38센티미터의 꼬리가 그녀의 다리 사이로 축 늘어졌다. 꼬리 아래쪽에서 곤봉 모양의 18센티미터짜리 커다란 보라색 관모양 부속지附屬肢가 밀려 나왔다. 화성에서나 자랄 법한 상상 속 길쭉한 버섯을 닮았다.

이 거북의 음경이었다. "상당한 구경거리다. 초심자든 노련한 전문가든 파충류 사육사들이 보면 깜짝 놀랄 광경이다."라고 《사이언티픽 아메리칸》의 블로그 '네발동물학Tetrapod Zoology'에 "거북 수컷의 어마무시한 성기"라는 제목으로 게시된 글에서 인용한 M. 혼다의 말이다. 이 말은 사실이다. 모든 거북의 음경이 충격적일 정도로 크고, 등딱지 길이의 절반이나 되는 경우도 있다. 고동물학자 대런 네이시는 "거북의 몸에서 딱지가 진화하면서 수놈과 암놈이 서로 생식기를 접촉하려면 음경이 획기적으로 발달해야 했을 것이다."라고 썼다. 그러나 알 수 없는 이유로 거북은 간혹 사람의 손을 탈 때도 음경을 내뻗는다.

반면 알렉시아는 청키칩의 훨씬 더 날카로운 반대쪽 끝에 관심이 있었다. 너태샤가 청키칩을 붙잡고 있는 동안, 알렉시아는 오른손으로 산부인과 도구를 사용해 그의 턱을 벌리고 왼손으로 샴페인 코르크 마개를 집어넣었다. 거북은 대사가 느리기 때문에 가능하면 마취하지 않는다. 효과가 있기까지 시간이 오래 걸리고 마취에서 깨어나는 데도 적잖은 시간이 걸리기 때문이다. 그래서 거북의 입을 벌린 채로 유지하고 또 거북에게 물리지 않으려고 코르크를 입에 물린다.

이때 알렉시아의 휴대전화가 울렸다. 그녀가 전화를 어깨에 올리고 고개를 기울여 고정하며 말했다. "엄마!" 수화기 반대편에서 알렉시아 엄마의 쾌활한 목소리가 들렸다. 엄마들은 바빠서 전화를 끊어야 한다는 다 큰 딸들의 말에 익숙하다. 그러나 지금 알렉시아에게는 정말 좋은 핑계가 있다. 몸집이 크고 언제 덤벼들지 모르는 늑대거북의 구강 수술 중이니까.

어제 알렉시아는 치과 도구를 사용해 청키칩의 아래턱에서 낚싯바늘이 남긴 상처의 고름을 빼냈다. 입안에도 고름 주머니가 몇 개 더 있었다. 그중 하나를 건드린 순간 청키칩이 달려드는 바람에 코르크가 빠질 뻔했다. "엄마, 저 지금 거북 수술 중이에요. 나중에 다시 전화할게요." 알렉시아가 말했다.

일주일 내내 거북구조연맹의 전화가 쉴 새 없이 울렸다. "어젯밤에는 지쳐서 결국 나가떨어졌어요." 6월 초의 어느 날 아침, 우리가 도착했을 때 마스크를 쓴 너태샤가 말했다. 고작 며칠 만에 돌아온 것인데도 그새 많은 일이 있었던 모양이다.

죽은 거북까지 포함해 올해 새로운 환자는 53마리로 늘었다. 개에게 물려서 온 비단거북 타코스는 상태가 별로 좋지 않았다. 딱지 뒤쪽에서 더러운 발냄새가 났는데 상처가 감염되었다는 뜻이다. 그러나 차에 치인 채로 끌려갔던 커다란 늑대거북 스키드 플레이트는 순조롭게 회복 중이었다. 배딱지, 꼬리, 총배설강에 이르는 큰 부상에도 불구하고 그의 소화계는 다시 제 역할을 하기 시작했다. 사고당하기 전에 먹었던 먹이와 솔잎이 가득 찬 똥이 나오면서 그 사실을 알 수 있었다. 스크래치스라고 이름 지은 또 다른 대형 늑대거북은 저번 주에 왔는데 지난밤에 총 72개의 알을 낳았다. 밤 9시, 너태샤와 알렉시아가 지켜보는 가운데 무사히 마지막 알 12개를 산란했다. 밤 11시 30분에는 운전 중에 늑대거북을 쳤는데 무서워서 만지지 못하겠다는 전화가 걸려왔다. "그 지역 재활치료사 연락처를 줬어요." 너태샤가 말했다. "하지만 아침에 치료사한테 물어보니 연락을 못 받았다고 하더라고요." 운전자가 다친 거북을 그냥 도로에 두고 가버린 것 같았다. 거북은 그 자리에서 계속 다른 차에 치이거나 아픈 몸으로 돌아다니다가 제때 구조되지 못해 죽을 것이다. 너태샤는 혹시 짬이 나면 오늘 우리와 함께 인근 숲속을 다니며 그 거북을 찾아보겠다고 했다.

오늘의 첫 임무는 알렉시아가 출근해서 제품을 수리하고 미카엘라가 로드아일랜드의 어느 집 화단에 늑대거북이 낳은 알을 수거해 오는 동안, 9개월 된 늑대거북들을 방류하는 것이다.

그들에게 새 삶을 선물하기 위해 우리는 묘지로 갔다.

추모공원은 보전 지역에 인접해 있었다. 두 곳 모두 같은 사람이 마을에 기증한 땅이다. 추모공원은 겨울을 난 아기 거북들에게 완벽한 서식지였다. 우리는 흰지팡이를 두드리며 앞장선 너태샤를 따라 손질된 잔디밭을 지났고 곧 블랙베리 덤불로 들어갔다. 사람들이 버리고 간 조화와 술병들을 뒤로 하고 비탈길을 내려가 19세기에 버려진 농지에 제멋대로 자란 독미나리밭을 지났다. 다육식물인 녹탑과 건초 향이 풍기는 고사리 덕분에 바닥은 푹신했고, 축축한 아침 공기에는 짓이겨진 고사리잎에서 나온 알싸한 냄새가 가득 스며 있었다. 우리는 석벽을 따라 깊이가 얕은 커다란 연못으로 갔다. 비버들이 지어놓은 집의 통나무들이 양지바른 곳에서 거북을 기다리고 있었다. 맷은 이내 일광욕 중인 비단거북의 윤기 나는 검은 등딱지를 발견하고 좋아했다. 수줍은 파충류는 우리를 보고 물속으로 들어가 버렸다. "우리의 시선이 느껴지나 봐요." 맷이 말했다.

나무개구리 울음소리와 황소개구리의 트림 소리를 들으며 우리는 1.5미터씩 떨어져서 나란히 섰고 각자 한 마리씩 새끼를 풀어주었다. 내가 맡은 거북은 10센티미터에 가까워 제일 컸는데 물속으로 급히 들어가 물장구를 다섯 번쯤 치더니 진흙 속에 숨어버렸다. 맷의 거북은 덥수룩하게 자란 풀밭에서 잠시 쉬다가 그 아래로 파고들어 갔다. 너태샤의 거북은 '만물을 있는 그대로 받아들인 사색가'였다. 너태샤가 잠시 눈을 돌린 사이 어느 틈에 사라져 버렸다.

우리는 발길을 돌려 다시 의기양양하게 어린 숲을 지났다. 그런데 그늘을 채 벗어나기도 전에 너태샤의 휴대전화가 울렸다.

"거북구조연맹입니다. 무엇을 도와드릴까요?"

로드아일랜드주에서 스케이트보드를 타던 사람인데 도로 근처에서 땅을 파는 어미 늑대거북을 발견했다고 했다. 그는 어미도 걱정, 알도 걱정이었다. 자신이 무엇을 하면 좋겠느냐고 물었다.

"알이 구덩이 안에 있나요, 아니면 바깥에 흩어져 있나요?" 너태샤가 한 손에 전화기를 들고 다른 손으로 흰지팡이를 휘둘러 쓰러진 통나무를 넘어갈 길을 찾으며 물었다.

"지금 할 수 있는 최선은 주변에 흩어진 흙을 모아서 알을 덮고 손으로 살살 눌러주는 거예요." 너태샤의 말에 전화를 건 남성은 기꺼이 그렇게 하겠다고 했다. "거북을 도와주어 고마워요!" 너태샤가 따뜻하게 답했다.

우리는 차에 올랐다. 그런데 공원을 떠나기도 전에 전화벨이 또 울렸다.

"거북구조연맹입니다. 무슨 일이신가요?"

"네, 네, 물론이죠." 너태샤가 말했다. 스케이트보드 청년이 다시 전화한 모양이다. 이제 거북은 자전거 도로로 나왔단다. 그는 거북이 차에 치일까 봐 안절부절못했다. "그곳에서 가장 가까운 물가가 어딨는지 아세요?" 아마 그곳이 어미 거북이 향하는 곳일 테니까. "물릴까 봐 걱정되면 굵고 뭉툭한 나뭇가지를 찾아서 그걸로 거북을 자전거 도로에서 조금씩 밀어내세요. 막 산란을 마친 뒤라 어미가 숨을 돌릴 곳이 필요해요." 너태샤가 접시 들기 방식을 설명한 다음 시도해 볼 수 있겠느냐고 물었지만 그는 그건 못 하겠다고 했다.

"괜찮아요. 전혀 문제없습니다." 너태샤가 인내심 있게 격려했다. 그는 자신이 타던 스케이트보드를 이용해서 거북을 움직였다. "아마 지금 거북은 너무 집에 가고 싶을 거예요." 너태샤가 말했다. "오늘 거북들의 영웅은 선생님이에요! 정말 고마워요!"

거북구조연맹 본부로 돌아가는 중에 너태샤는 연맹의 페이스북을 확인했다. 각종 연락과 메시지가 잔뜩 쌓여 있었다. 도움이 필요한 거북의 소식이 다른 주에서, 다른 나라에서, 다른 대륙에서 와 있었다. 길에서 다친 고퍼거북을 도울 방법을 묻는 전화가 매년 온다. 고퍼거북은 루이지애나주 남서부에서 플로리다주까지 서식하는 미국 남부 자생종이다. 한편 유럽의 알바니아에서도 메시지가 도착했다. 관광객 몇몇이 다친 거북을 발견했는데 수의사가 고쳐줄 수 없다고 했단다. 그들은 그 거북이 어떤 종인지 몰랐다. 이렇게 사람들은 다친 거북, 아픈 거북, 둥지 짓는 거북을 보면 신고하고 전화한다. 때로는 그저 거북을 보고 놀라서 연락하는 사람도 있다. 벨몬트주에서 한 남성이 다급한 목소리로 전화를 해서는 자기가 창고 문을 열었는데 거북 한 마리가 '급하게' 안에 들어가는 바람에 식겁했다고 말했다. 그는 무서워서 거북을 밖으로 내보낼 수가 없다고 했다.

12시 40분. "거북구조연맹입니다!" 스케이트보드 청년이 또다시 전화를 걸어왔다. "네, 거북을 물가까지 데려다줄 필요는 없어요." 너태샤가 그 열성적인 거북 지킴이를 안심시켰다. "일단 도로에서 벗어났으면 사람들이 괴롭히지 않을 테니 됐습니다. 이제 거북의 행운을 빌어주고 스스로 남은 여정을 마치게 두시면 됩니다. 이상 사건 종료!"

12시 52분. "거북구조연맹입니다. 어떤 일이시죠?" 건설 현장에 운반된 흙더미에 종을 알 수 없는 거북이 알을 낳은 모양이다. "거북이 오늘 알을 낳았나요? 문자메시지로 주소를 보내주세요. 사람을 보내겠습니다. 몇 시간 걸릴 거예요." 그곳은 매사추세츠주 서쪽 끝에 있는 레이즈버러로 차로 두 시간 거리였다. 너태샤가 미카엘라에게 문자를 보냈고 그녀가 임무를 맡기로 했다. 그러나 그전에 미카엘라는 브룩필드 도로변에 차에 치인 거북이 있다는 신고 내용을 확인하러 가야 한다.

2시 19분. "거북구조연맹입니다. 무엇을 도와드릴까요?" 윌밍턴 마을에서 동물통제관이 걸어온 전화였다. 거북 한 마리가 차에 받히면서 알이 도로에 사방으로 흩어졌다고 했다. "마침 20분 거리에 있는 뉴버리포트에 자원봉사자가 있어요." 로빈후드를 데려온 마이크 헨리를 말하는 것이다. 너태샤는 그를 현장에 보내 거북의 사체에 알이 남아 있는지 확인하게 했다. 마이크는 구할 수 있는 최대로 알을 가져다가 자기 집 부화기에 넣을 것이다. 거북구조연맹에는 부화기가 다섯 대 있다. 각각은 114리터짜리 콜맨 아이스박스를 개조한 것으로, 멸균된 흙 위에 계란판 형태의 플라스틱 용기가 들어 있다. 용기 뚜껑에 빨래집게를 꽂아 비스듬하게 열어두었다. 온도 조절이 가능한 어항 가열기로 내부를 따뜻하게 데워 27~30도 사이를 유지하고 바닥에는 2.5센티미터 높이로 물을 부어 습도를 조절한다. 부화기 다섯 대 안에 총 1000개의 알을 보관할 수 있는데 지금은 거의 다 채워진 상태다. 마이크의 집에 부화기가 있어서 다행이다.

2시 30분. 미카엘라가 문자메시지를 보냈다. 너태샤가 휴대전화 음성 지원 서비스로 문자 내용을 들었다. 너태샤는 빠른 음성 처리가 가능하기 때문에 두 배속으로 듣는다. 곤충 로봇의 단조로운 목소리 같은 기계음이 이모티콘 내용까지 전달했다. "거북-이-도로-에-완전히-죽어-있었어요-하마터면-토할-뻔-했어요-찡그린-표정."

2시 39분. 연맹과 오래 함께해 온 자원봉사자 다이앤 도허티가 더들리 근처에 교통사고를 당한 거북이 있다며 신고했다. 타맥으로 포장된 도로에 적어도 알 한 개가 보인다고 했다.

2시 46분. 다이앤이 빨간색 포드를 거북구조연맹 주차장에 세우고 들어왔다. "아주 박살이 났어요." 그녀가 마스크를 쓴 채로 중얼거렸다. 종이 상자 안을 들여다보니 환자가 분홍색 수건 위에 올려져 있었다. 비단거북이었다. 배딱지가 부서지고 브리지⁎도 바스러졌다. 붉은 피와 노란 난황이 수건을 물들였다. 하지만 거북은 머리를 내민 채 눈을 뜨고 있었다.

너태샤가 근무 중인 알렉시아에게 음성 지원으로 문자를 보냈다. "다이앤이 데려온 거북 상태가 너무 안 좋아." 우리는 거북

거북의 시간

을 지하로 데려가 깨끗한 수건을 깐 상자에 옮겼다.

2시 58분. 구조 요청을 받은 알렉시아가 기록적인 속도로 달려왔다. 매끈한 검은 라이크라에 군화 같은 하이부츠를 신었고 권총집에 꽂은 총처럼 휴대전화를 부츠 밴드에 차고 있었다. 꼭 액션 만화 속 등장인물처럼 보였다. 알렉시아가 거북이 들어 있는 상자 뚜껑을 들어올렸다. "안녕, 작은 원숭이."

"오, 아프지. 너를 어쩌면 좋니." 그녀는 거북을 들어 진찰대에 올려놓고 조명을 비췄다. 그런 다음 왼손으로 거북의 목을 잡아 뽑고 오른손으로 치과 도구로 입을 벌려서 혈전이 있는지 확인했다.

"착하지, 꼬마 아가씨." 알렉시아가 거북을 비스듬히 들고 으스러진 브리지를 따라 수액을 뿌려 상처를 씻으면서 말했다. 그런 다음 다른 치과 도구로 부러진 브리지 사이로 삐져나온 분홍색 살을 밀어 넣었다. 그리고 금이 간 부위를 양쪽으로 살짝 벌려 초강력 접착제를 바르고 알루미늄 포일 테이프로 붙였다.

"살 수 있을까요?" 내가 조심스레 물었다.

"솔직히 말하면 가망은 없어요." 알렉시아가 대답했다. "기적의 힘으로 어찌 할 수 있는 수준까지라도 가보려고 노력하는 중이에요. 이곳에서는 모두에게 기회가 있어요."

3시 15분. 진통제, 항생제, 수액을 모두 맞은 비단거북은 몸무게 370그램, 54번이라 쓰인 상자 속에 들어가 깨끗한 수건 위

● bridge. 등딱지와 배딱지를 연결하는 부위.

에서 쉬었다. 이제 진찰대 주위에 5층으로 쌓인 입원 상자 안에서 진찰과 투약을 기다리는 거북들 차례였다. 알렉시아는 제일 먼저 스펑키(머리에 외상을 입은 커다란 늑대거북)부터 꺼내 시멘트 바닥 위에 내려놓았다. 나는 의학 기자로 활동하던 시절이 떠올랐다. 그때도 종종 수술실에 들어가 참관하곤 했지만 수술실 바닥에 대형 파충류가 돌아다닌 적은 없었다.

"긴장 풀렴." 알렉시아가 거북에게 말을 건넸다. 그리고 머리를 토닥였는데, 확실히 거북의 머리가 오른쪽으로 기울어 있었다. 이 커다란 늑대거북은 건망증 심한 교수의 분위기를 풍기며 계단을 향해 출발했다.

알렉시아의 설명에 따르면 걷는 연습은 방향감각을 되찾는 데 도움이 된다. "계속 움직이게 하고 자극할수록 더 잘 회복되거든요." 알렉시아가 스펑키의 발과 꼬리를 지그시 눌러 가던 길을 멈춰 세웠다. 발을 떼자 거북은 다시 연습을 이어갔고 알렉시아도 자기 할 일을 했다.

4시 10분. 층층이 쌓인 상자 속 환자들 모두 꼼꼼히 검진과 치료를 받았다. 비단거북인 36번 거북은 세프타지딤 항생제 주사를 맞고 알렉시아가 두 손에 담아서 준 물을 마셨다. 이틀 전, 껍데기 뒤쪽 절반에 금이 가서 실려 온 52번 늑대거북은 수액을 맞았다. 47번 비단거북은 반창고를 갈았는데 마치 아기에게 새 기저귀를 채운 것 같았다. 53번 거북은 브리지에 금이 간 아주 크고 나이 든 비단거북인데 알렉시아가 손으로 떠온 물을 스스로 마셨다. 그렇다면 이제 굳이 수분 보충을 위해 주사를 맞지 않아도 된다. 머리에 외상을 입은 44번 늑대거북은 항생제 주사를 맞았다.

　4시 30분. 알렉시아가 진찰대 밑에서 아주 큰 통 하나를 쑥 꺼냈다. 27번 거북 스키드플레이트다. 너태샤가 운전대 잡기 방식으로 자신의 무릎에 올려놓자 알렉시아가 긁힌 배딱지를 진찰했다. 차에 받힌 직후 바퀴에 깔려 아스팔트 도로에 끌려가면서 거북의 배딱지와 꼬리, 뒷다리는 '도로 크레파스'가 되었다. 종이 위에 색칠한 크레파스처럼 도로에 길게 남은 살점의 흔적을 두고 알렉시아와 같은 오토바이 운전자들이 쓰는 표현이다.

　"아주 잘하고 있네요!" 알렉시아가 커다란 꼬리에 묻은 똥을 기분 좋게 치우면서 말했다. "똥이 제대로 나오니 좋네요. 꼬리 상처가 정말 걱정됐었거든요." 늑대거북이 뒤집어졌을 때 혼자서 몸을 돌리려면 꼬리의 힘이 필요하다. 그러나 당장 걱정되는 건 소화관이 손상되었을 가능성이다. 소화기관이 꼬리 기부의 바로 밑에서 끝나는 포유류와 달리, 거북은 소화관이 꼬리까지 이어져 항문과 생식기가 꼬리의 아랫면에 위치한다. "스키드플레이트, 용하다 용해! 이런 환자는 정말로 애착이 가요." 알렉시아가 말했다.

　"이미 모두의 마음을 훔쳤어요." 너태샤가 동의했다.

거북들은 여름내 우리 마음을 훔쳤다. 매력적인 레드풋육지거북

피자맨과 그의 친구 스프로키츠는 계속해서 우리를 놀라게도 기쁘게도 했다. 이제 둘은 맷과 나를 알아보고 우리가 머리를 쓰다듬어주는 것을 즐긴다. 우리는 지하 병원에 내려가면 항상 상자거북 퍼시를 확인한다. 백 살이 되었어도 투지는 그대로다. 집을 청소하고 물을 갈아줄 때는 매번 밖에 내놓고 우리 뒤를 따라다니게 둔다. 우리가 파자마 씨라고 부르는 점박이거북도 있다. 교통사고로 노란색 반점이 박힌 등딱지의 3분의 1이 사라졌다. 살이 붙어 있는 곳에서는 껍데기가 다시 아름답게 자라났지만 그 너머는 아니다. 그리고 아직 등딱지 대부분에 분홍기가 돈다. 짙은 색 다리는 배딱지 없이 볼품없이 노출되어 옷을 제대로 갖춰 입지 못한 사람처럼 보인다.

남다른 외모 때문에, 뛰어난 개성 때문에, 그들이 겪어온 모든 고난 때문에 우리는 이곳의 거북들을 완전히 사랑하게 되었다. 그중에서도 나는 스노볼, 스크래치스, 스펑키처럼 머리를 다친 거북들에게 유난히 마음이 더 쓰였다. 대형 붉은귀거북들은 개성이 넘친다. 그중 우리는 다이아몬드테라핀diamondback terrapin 콘독을 아주 좋아한다. 이 거북은 살이 너무 쪄서 딱지 밖으로 터져 나올 정도다. 맷이 좋아하는 거북은 애프리컷이다. 이 엘롱가타육지거북elongated tortoise은 미카엘라의 최애인 페퍼로니와 잘 어울려 지낸다. "애프리컷의 얼굴은 정말 다정해요." 맷이 말했다. 그는 애프리컷을 붙잡고 들어올리는 장난을 좋아한다. 맷을 바라보는 깊디깊은 시선을 보고 있으면 애프리컷이 그를 알아보고 또 그의 관심을 즐긴다는 것을 분명히 알 수 있다.

그러나 그 누구보다 맷과 내가 제일 마음을 많이 준 거북은 파이어치프다. 우리는 선반 높이 올려진 대형 수조에 있는 이 거대하고 나이 든 늑대거북을 언제나 꼭 살핀다. 사실 나는 매번 좀 난감했다. 키가 180센티미터인 맷은 수조를 보는 데 아무 문제가 없다. 알렉시아와 너태샤도 키가 크다. 하지만 나는 키가 167센티미터라서 파이어치프를 보려면 수조에 얼굴을 바짝 대야 하고, 그러면 그가 바나나를 덥석 물 때 그랬듯이 언제든 악어처럼 달려들 수 있는 거리에 있게 된다. 그러나 파이어치프는 한 번도 내게 그런 적이 없다.

　　"거북 천지인 이 방에서도 그는 유난히 특별해요." 맷이 의미심장하게 말했다. 무엇이 파이어치프를 그토록 남다르게 만드는 걸까?

　　파이어치프가 우리를 쳐다보았다. 그의 눈은 우리가 움직이는 쪽으로 따라갔다. 관심이 있다는 뜻이다. 사고로 딱지가 심하게 부서지고 다리와 꼬리도 마비되었지만 머리는 다치지 않았다. 그의 정신은 완벽하다. 그는 절대적인 위엄을 자랑하는 위대한 노거북이고 자신도 그것을 알고 있다. 비록 이곳에서 2년째 입원 중이지만 아직 완벽하게 야생성을 유지하고 있다. 맷은 그에게 거친 매력이 있다고 했다.

　　그런 파이어치프가 황송하게도 우리에게 관심을 베푼 것이다. 맷과 나는 7월 초 산란철이 끝나는 대로 파이어치프의 물리치료를 도울 생각에 몹시 들떴다. 어쩌면 뒷다리와 꼬리를 다시 쓸 수 있을지도 모른다. 물론 알렉시아는 그가 완벽하게 회복할 미래를 쉽게 기대하지 않는다. 그러나 모두 동의하는 사실이 하나 있다. 파이어치프를 비롯해 이곳 거북구조연맹의 모든 거북은 원래 살던 자연의 집으로 돌아갈 자격이 있다는 점이다. 잘살든 못살든 그들에게 원래 주어진 한 세기를 살아갈 기회가 주어져야 한다.

어느 날 아침, 우리는 에밀리의 집 근처 거북 둥지터에서 발견한 암컷 비단거북을 데리고 비통한 마음으로 연맹에 도착했다. 건너편에 사는 개가 강아지용 콩Kong 장난감처럼 갖고 놀다가 버린 거북이었다. 개의 눈에 거북의 단단한 딱지는 즐거운 씹을 거리로 보였을 것이다. 게다가 다 씹고 나면 덤으로 육질의 간식까지 기대할 수 있으니 일석이조 아니었겠는가.

이 조그만 암컷은 등딱지가 너덜너덜해졌다. 앞뒤 딱지가 모두 물어뜯겨서 살이 보일 정도였다. 배딱지는 여러 군데 깨져서 조각나 있었다. 그러나 여전히 혈기 왕성해서 알렉시아가 치료하는 내내 몸부림쳤고 결국 알렉시아의 엄지를 피가 날 정도로 물었다. "아야, 그러면 아프잖아!" 알렉시아가 소리쳤다.

"삶의 의지가 대단하네요." 맷이 속삭였다.

"나는 싸움꾼이 좋더라." 미카엘라가 말했다.

하지만 알렉시아는 이런 거북은 가망이 별로 없다고 했다. "목숨을 건지기가 어려워요. 상처 부위가 너무 넓고 개의 입에서 세균이 옮았을 테니까요."

하지만 알렉시아는 치료를 계속했다. 국소 진통제 리도카인을 주사하고 상처를 씻어냈다. 물어뜯기고 으스러진 껍데기의 남은 부분을 제자리로 맞췄다. 수액을 놓았고 항생제를 다량 주입했다. 퍼시의 주인이었던 바버라 보너 박사는 숨이 거의 넘어가는 거북을 몇 시간 동안 차가운 곳에 두어 살려낸 적이 있었다. 알렉시아가 이 방법을 시도할 것이다.

"70번째 거북이네요." 알렉시아가 거북을 넣은 상자 뚜껑을 닫으면서 말했다. "내일 깨어나는지 봅시다. 개한테 물린 거북이 이 정도 버틴 것도 용해요."

너태샤는 늘 그렇듯 분위기를 북돋으려고 했다. "좋은 소식도 있어요. 스키드플레이트가 아직 잘 견디고 있다는 거죠!" 이 암거북이 사고를 당한 지 한 달이 지났다. 그사이 그녀는 가장 힘든 시기를 버텨냈다. 알렉시아와 너태샤는 거북 환자에게 보통은 3일, 3주, 3개월째에 죽을 고비가 찾아온다고 했다. 스키드플레이트는 이미 중요한 두 번의 고비를 넘겼다.

"전 정말 이 거북과 깊이 교감하게 되었어요. 그래서 바이트릴을 주사할 때면 앞발을 붙잡고 있죠. 거북은 제어할 수 없는 근육 경련으로 통증 반응을 보이는데 전 느낄 수 있어요. 그럴 때는 이렇게 말해줍니다. '꼬마야, 지금 우리는 최선을 다하고 있으니 괜찮아질 거야.' 거북도 제 마음을 이해할 거라고 생각해요. 그게 큰 위로가 됩니다." 너태샤가 말했다.

스키드플레이트는 곧 이 고통스러운 주사를 더는 맞지 않아도 될 것이다. 4주 동안 항생제를 투약한 결과 이제 상처가 잘 아물고 있다. 그러면 수건을 두른 상자를 떠나 원래 살던 곳처럼 물이 있는 환경으로 옮겨 갈 수 있다. "일주일쯤 지나면 물에 들어가도 될 거 같아요." 알렉시아가 말했다.

진찰대 밑에서 큰 상자를 끌어낸 알렉시아가 기분 좋게 뚜껑을 열었다.

"안녕, 귀염둥이!"

그런데 웬일인지 스키드플레이트가 움직이지 않았다. 눈이 감겨 있었다. 도플러에서도 심장박동이 확인되지 않았다. 너태샤가 거북의 발을 쓰다듬으며 탄식했다. "이럴 수가, 꼬마야……"

"죽은 지 얼마 안 된 것 같아요." 알렉시아가 말했다. "아…… 너도 우리의 기적의 아이가 되었어야 했는데……."

우리는 모두 아무 말도 하지 않았다. 나는 울고 싶었지만 참았다. 지금 이 자리에서 눈물은 손님인 우리가 아니라 그동안 그를 돌봐온 너태샤와 알렉시아와 미카엘라의 몫이다. 그러나 맷과 나에게도 스키드플레이트가 끝까지 버텨주어야 할 이유가 있었다. 70번 거북을 비롯해 세상이 많은 거북을 잃어가는 가운데 그가 완충 역할을 해주길 바랐다. 역병과 폭력의 시대에, 기후를 위기에 몰아넣는 오염의 시대에, 탐욕과 인구 폭발의 시대에, 진정한 문제 해결책이 고의로 무시되는 시대에 적어도 이 거북만은 역경을 이기고 승리해야만 했다.

시인 매기 스미스는 「굿 본즈Good Bones」에 다음과 같이 썼다. "새 한 마리가 있는가. / 그렇다면 그 새에게 던지는 돌멩이도 하나 있다. / 모든 새마다 그 새에게 던져지는 돌이 있다. / 사랑받는 아이 하나가 있는가. / 그렇다면 부러지고 주머니에 담겨 / 호수에 가라앉는 아이도 하나 있다. / 생명은 짧고 세상은, 적어도 절반은 끔찍하다."

그러나 슬픔의 나열이 끝나면 도전적인 후렴구가 나온다. "나는 이 사실을 내 아이들에게 숨긴다." 왜일까? 스미스는 이렇게 쓴다. "그래도 나는 내 아이들에게 세상을 팔아보려 한다."

시인은 이 멋지고 끔찍하고 가슴 아픈 세상을 사랑하기로 마음먹는다. 너무 사랑한 나머지, 자신의 몸으로 빚어낸 피조물을 고통 속에서 낳고 세상에 놓아준다. 언젠가는, 그리고 앞으로 여러 번 그녀의 마음을 아프게 할 자식이다.(성장하면 부모를 떠나는 것이 아이들이 해야 할 도리가 아닌가?) 그러나 그녀는 아이들을 낳고 사랑하고 최선을 다해 지킨다. 그들에게도 슬픔과 함께 기적을 목격할 기회를 주기 위해서.

알렉시아는 매년 적어도 한 마리의 "기적의 아이"가 찾아온다고 말했다. 스키드플레이트가 떠나고 불과 일주일 만에 우리는 그 기적의 아이를 자연으로 돌려보내려고 왔다.

맷과 알렉시아와 너태샤와 나는 돌담을 가까스로 가로질러 마침내 흰색 수련이 만개한 보호구역 연못 근처의 통나무에 앉았다. 우리가 풀어준 거북이 다시 세상을 탐험하는 모습을 지켜보기에 완벽한 장소다. 오늘 자연으로 돌아갈 거북은 바로 처트니. 머리 외상이 너무 심해서 수의사들이 안락사를 권했던 그 '굴림대' 거북.

4개월 동안 그는 위아래를 구분하지 못해 계속해서 몸을 뒤집었고 그때마다 알렉시아가 그의 부러진 턱을 다시 맞춰주어야 했다. 드디어 오늘, 이 가망 없던 환자가 온전히 치유되어 풀려난다. 처트니는 머리를 조금도 기울이지 않고 똑바로 걷는다. 연못 속에서 그의 부드럽고 주름진 목이 부드럽게 뻗어 나온다. 그 의지가 어찌나 강렬한지 다른 생물처럼 보일 정도다. 벌레를 보더니 냉큼 잡아서 삼킨다. 3년 만에 처음 먹는 야생에서의 식사. 얼마나 맛이 있을까?

2020년 7월 7일, 미국에서 코로나19 확진자 수가 300만 명을 넘었고 하루에 800명씩 목숨을 잃었다. 이로써 기록은 또다시 바뀌었다. 9일 만에 다섯 번째 기록 경신이다. 그러나 다음 날 우리는 팬데믹에서 관심을 거두고 거북의 시간으로 빠져들었다.

　　병원 지하실 바닥에 저마다 다른 정도로 회복 중인 늑대거북들이 사방을 기어다녔다. 나는 맷이 청키칩을 수조에서 빼내어 190리터짜리 운반 상자로 옮길 수 있게 동거 거북인 스펑키를 다른 곳으로 옮겼다. 청키칩의 5센티미터짜리 발톱이 맷의 주먹을 할퀴는 바람에 피가 났다. 그가 일부러 그런 것은 아니다. 거북은 몸이 들리면 포식자에게서 도망치기 위해 반사적으로 공중 발차기를 한다.

　　운반 상자는 내 차 트렁크를 꽉 채웠다. 신축성 있는 밧줄로 뚜껑을 단단히 고정했지만 상자를 밀어넣을 때부터 불안하게 흔들렸고 곧이어 금방이라도 뚜껑이 열릴 것처럼 덜거덕대는 소리가 들렸다. 맷이 운전대를 잡았고 너태샤는 조수석에 앉아 있으니 만약 이 거대한 입이 달린 머리와 튼튼한 갑옷으로 무장한 앞

발이 트렁크에서 나와 승객석을 덮친다면 최전선에서 막아내야 하는 사람은 나였다. "실제로 그랬던 적이 있어요." 너태샤가 말했다. 너태샤는 운전을 한 적이 없으니 통에서 빠져나온 거북을 붙잡아 최대한 빨리 상자에 넣는 것은 언제나 그녀의 몫이었다. 한번은 방류하러 가는 길에 통에서 탈출한 늑대거북이 상자 뚜껑 위에 올라가 자동차 여행을 즐겼다는 이야기를 해주었다. 거북은 차 뒷유리를 통해 지나가는 풍경을 신기한 듯 바라보았고, 뒤에서 오던 운전자와 승객은 거북을 보고 반갑게 손을 흔들어주었다.

다행히 매스파이크에 도착할 무렵 청키칩은 많이 차분해진 상태였지만 우리는 아니었다. 우리는 잔뜩 신이 나 있었다. 청키칩의 몸이 다 나아 100년을 살았던 집으로 귀환하는 순간이 아니던가. 그런 한편 불안하기도 했다. 누군가의 악의에 의해 2년 동안 세 번씩이나 다친 곳으로 돌려보내는 일이니 말이다. 이런 행위를 법적으로 막을 방법은 없을까? 너태샤의 말에 따르면 안타깝게도 매사추세츠주에서 다른 토종거북은 법으로 보호받지만 늑대거북은 1년 중 언제든 덫, 낚싯바늘, 창, 총, 심지어 화살로 포획하거나 죽여도 아무 문제가 없다. "여러분이 이렇게 오랫동안 정성껏 보살피고 건강을 찾아준 거북을 또 누군가 죽일 수도 있다니 정말 끔찍하죠." 맷이 말했다.

다행히 그곳에는 청키칩의 친구가 더 많았다. 마블헤드에서 그는 토르질라라는 이름으로 불렸고 나름 팬클럽까지 있었다. 동네 사람들은 그가 집으로 돌아오기만을 고대했다. 토르질라의 안타까운 사고와 회복의 이야기가 지역신문에 실리기도 했다. 한 가족은 거북구조연맹에 주기적으로 전화해 토르질라의 안부를 물었다. 지난주에는 연못에 다른 커다란 거북이 나타났다며 평화가 깨질까 염려하는 전화가 왔다. 자세히 보니 두 마리처럼 보였고 한 마리가 다른 거북 위에 올라와 있었단다. 그들은 새로운 수컷 늑대거북이 토르질라의 영역을 차지하고 그의 여자친구에게 접근하면 어쩌나 걱정이 태산이었다. 너태샤가 그들에게 어떤 연못이든 대부분 여러 마리의 늑대거북이 살고, 암거북이 한 번에 낳은 알들에 최대 다섯 마리의 아빠가 있기도 하다는 DNA 연구 결과를 설명해 주었다.

목적지에 도착하자 낸시와 필이 마중 나와 있었다. 두 사람은 토르질라가 머물렀던 8000제곱미터 크기의 연못을 둘러싼 대저택 중 한 곳에 살고 있었다. "매일 이곳에 와서 놀았어요. 머리를 물 위로 들어 제 눈을 쳐다보곤 했죠." 낸시가 마스크 위로 파란 눈에 주름을 지으며 말했다. 이 은퇴한 부부는 곧 읍내의 작은 집으로 이사 갈 예정이다. 그 전에 오랜 친구를 보고 싶어 했다. 그리고 그의 보금자리를 되도록 안전하게 지켜주려고 했다. 필과 낸시가 사는 집 쪽의 물가에서는 사람들이 낚시를 별로 하지 않지만 반대편에는 사람들이 낚시를 하러 종종 오는 모양이었다. 필은 사람들이 낚싯줄을 던지지 못하게 하려고 물가와 인접한 공터에 커다란 나뭇가지를 끌고 와 막아둘 계획이다. 또 아이들이 그곳에서 노는 소리를 자주 들었다며 아이들에게 거북을 지키는 방법을 알려줄 생각이라고 했다.

곧 또 다른 이웃들이 나타났다. 우아한 드레스를 입고 프랑스 억양으로 말하는 브리지트와 남편인 폴도 이 늑대거북의 친구다. 그들은 도심에 살지만 낸시와 필에게 들어서 토르질라에 대해 잘 알았다. 그래서 이 뜻깊은 행사에 참여하러 달려온 것이다. 곧 토르질라의 또 다른 팬인 피터가 와서 사진을 찍고 이 순간을 영상으로 담을 것이다.

맷과 나는 운반 상자를 들고 뒷마당 돌계단에 심어진 비비추와 수국을 지나 물가로 갔다. 피터를 기다리는 동안 우리는 토르질라 이야기를 좀 더 들었다.

필과 낸시가 13년 전 처음 이곳에 이사 왔을 때 가끔 두 사람은 작은 선착장에서 이 늑대거북을 만나곤 했다. 토르질라는 새로운 사람들이 누군지 조사라도 하려는 것처럼 바위 위로 올라오곤 했단다. "처음에는 우리를 공격하려는 건 줄 알았어요. 그래서 좀 무서웠죠." 낸시가 말했다. 그러나 이 파충류의 집요한 호기심이 결국 그들을 자기편으로 만들었다. "토르질라는 우리를 알아봤어요. 그리고 전 토르질라를 사랑하게 되었죠!" 5년 전부터 그들은 토르질라에게 바나나를 주기 시작했고 그는 아주 잘 받아먹었다. 그러나 낸시는 꼭 간식을 들고 오지 않아도 토르질라가 모습을 드러낸다는 걸 알게 되었다. "바나나 때문이 아니었더라고요. 저를 아주 좋아했죠." 어느 해에는 그들이 "토르질라 부인"이라고 부른 커다란 암컷이 석조 진입로 옆에서 흙을 파고 알을 낳았다. 알에서 27마리의 새끼 거북이 태어나자 낸시는 그들을 연못에 풀어주었다. 마치 가족의 일을 함께 돕는 것처럼.

"정말 놀라운 거북이에요. 호기심이 정말 많죠. 우리가 치료하느라 매번 아프게 했어도 자기를 찾아오는 사람을 보고 싶어 늘 안달이었어요." 너태샤가 낸시의 말에 맞장구치며 말했다. 지난여름 낸시와 필은 토르질라의 턱에서 처음으로 낚싯바늘을 발견했다. 마침 집에 놀러 온 젊은 부부의 도움으로 거북을 가까스로 물 밖으로 끌어내 통에 넣고 거북구조연맹으로 데려갔다. 꽤 큰 낚싯바늘이었다. 어린이용이 아니라 밀렵꾼의 장비였다. 토르질라가 회복하는 데 3주가 걸렸다. 그는 연못으로 돌아와 폭우가 쏟아지는 가운데 방류되었고, 너태샤와 미카엘라는 필, 낸시, 그리고 다른 손님들과 함께 시원한 음료와 치즈와 크래커를 먹으며 축하했다. 하지만 불과 2주 뒤, 낸시는 또다시 구조대에 전화해야 했다. 얼굴에 매달린 낚시용 찌를 보고 토르질라의 목에 박힌 작은 낚싯바늘을 발견했기 때문이다. 다행히 토르질라를 다시 붙잡기 전에 낚싯바늘이 알아서 제거되었지만 낚싯바늘과 찌, 그리고 거기에 달린 낚싯줄에 목구멍이 찢기는 바람에 겨우내 상처가 심하게 곪고 말았다. 낸시와 필은 토르질라가 메모리얼데이 며칠 전에 동면에서 깬 것을 보았고, 며칠 뒤 그의 입에서 또다시 새로운 낚싯바늘을 찾아냈다. "만약 우리가 그를 데려가지 않았다면 지금까지 살아 있기는 힘들었을까요?" 낸시가 너태샤에게 물었다.

작은 낚싯바늘은 토르질라의 입에서 저절로 빠져나갔을 테지만 1년 전 상처의 감염을 치료하지 않았다면 그는 죽었을지도 모른다고 너태샤가 말했다.

그러나 거북은 감염과 싸우는 능력이 탁월하다. 몸이 아프면 스스로 낫기 위한 행동을 한다. 질병과 싸우는 거북은 더 많은 시간을 물 밖에서 보내는데, 햇볕을 받아 체온을 올려 병균과 맞서려는 것이다. 병든 거북은 심지어 동면 중에도 바깥에 나와서 일광욕을 한다.

"토르질라가 또 다치지 않으려면 어떻게 해야 할까요?" 필이 물었다. "토르질라가 사람들을 좀 더 경계해야 해요." 너태샤가 대답했다. "그걸 알려주려면 간식을 덜 주는 게 좋겠어요."

"새로 이사 오는 분들에게 말해서 너무 친절하게 대하지 않게 할게요." 필이 약속했다.

팜스프링스 티셔츠를 입은 젊은이 피터가 카메라를 들고 나타났다. 맷이 토르질라를 통에서 꺼내어 물가의 풀밭에 내려놓았다.

"청키칩, 제발 조심해서 살아다오!"

커다란 거북은 연못에 들어갔다. 그러더니 바로 차갑고 어두운 물속에 삼켜져 모습을 감추었다.

"드디어 병실에서 나와 이곳까지 왔네요." 맷이 속삭였다.

우리 여덟 명은 물가에 조용히 서 있었다. "저기 보입니다!" 필이 소리쳤다. "네, 저쪽에 있네요. 물거품이 나는 곳이요." 맷이 물을 가리키며 말했다. "집에 잘 왔어!" 브리지트가 외쳤다. "돌아와서 정말 좋네요." 낸시가 말했다. 우리는 서로 마주 보며 마스크 아래로 미소 지었다.

때마침 웨스트 하일랜드 화이트테리어를 데리고 할머니 한

분이 우리를 보러 왔다. 낸시가 가서 몇 마디 나눴는데 말소리가 들리지는 않았지만 유쾌한 대화는 아닌 것 같았다. 낸시가 돌아와서 말했다. "늑대거북이 싫으시대요." 할머니 부부는 늑대거북이 새끼 오리와 거위를 잡아먹는다고 믿었다.

"하지만 청키칩은 청소동물인데!" 너태샤가 분한 듯 말했다. "연못 바닥에 가라앉은 것들만 먹고도 살 수 있다고요. 거위를 잡아먹지 않아요. 사냥하는 게 더 힘드니까요." 늑대거북이 단백질을 즐기는 건 사실이고 어린 거북은 벌레, 유충, 작은 물고기를 많이 잡아먹지만 다 큰 성체는 주로 사체를 먹는다. 그러면서 연못을 깨끗하게 청소한다.

낸시는 할머니 남편이 토르질라를 쏘고 싶어 하는 것 같다고 했다. 나는 주택가에서 함부로 총을 쐈다가는 체포될 테니 염려할 것 없다고 말했지만 걱정되는 건 어쩔 수 없었다.

너태샤가 나중에 차 안에서 말했다. "작년에 처음 토르질라를 풀어주었을 때 우린 대단한 승리라고 생각했어요. 그래서 기분 좋게 돌아왔지요. 그런데 고작 2주 뒤에 또 낚싯바늘이 박혔다는 소식을 들으니 정말 참담했어요. 바늘이 저절로 빠졌다길래 좀 스친 정도인 줄 알았는데……."

너태샤는 계속해서 말했다. "오늘 이렇게 함께 토르질라를 집으로 돌려보내며 기쁨을 나누었지만, 세상이 점점 더 무서운 곳이 되어가고 있다는 우울한 말을 안 할 수가 없네요. 연못은 훨씬 더 작아 보이지만 방류할 때는 늘 불안불안하죠."

그러나 연못 가장자리에 선 순간만큼은 너태샤는 혼자 두려움을 간직하려 했다. 거품을 보니 토르질라가 이미 연못 한복판에 도착한 모양이다. "그가 기지와 재주로 자신을 잘 지켜내기를 바랍니다." 그녀가 말했다.

　　이 말에 대답이라도 하듯 물수리 한 마리가 연못을 가로질렀다. 물고기매라고도 불리는 이 맹금류는 거위보다 크고, 좁은 날개와 긴 다리는 물고기를 낚아채기 적합하게 진화했다. 너태샤가 물수리를 보더니 "대자연이 보내는 좋은 계시라고 생각할래요."라고 말했다. "나이는 백 살이지만 청키칩, 아니 토르질라는 아직 중년에 불과해요. 우리가 세상을 떠난 후에도 이 거북이 오랫동안 살아남아 이 아름다운 연못을 지배할 거라 믿고 싶어요."

8장

다시 첫걸음을 떼다

비단거북이 둥지를 파고 있다.

에밀리, 진, 맷, 에린, 그리고 나는 그늘진 강둑의 푹신한 솔잎 더미에 앉아 토링턴의 천국과도 같은 거북 산란지를 내려다보고 있었다. 아침에 다 함께 거북 둥지에 물을 주고 와서 기분 좋게 쉬는 참이었다.

강에서 건물 2층 높이 아래로, 비버 가족이 댐을 건설할 때 쓰러뜨린 통나무가 다 자란 비단거북과 제법 큰 북미숲남생이에게 안전한 발판을 제공했다. 거북들은 그 위에 올라 여름 햇살을 만끽했다. 완벽하게 파랗던 하늘에서도 생명이 아른거렸다. 팅커벨처럼 등에 날개를 단 물잠자리가 모랫둑 위를 날았고, 청미래 덩굴은 바늘 같은 덩굴손을 펼쳤다. 갈색머리멧새가 길고 메마른 소리로 지저귀며 우리를 둘러쌌고, 큰왜가리가 1.8미터의 날개를 펼쳐 하늘에서 노를 저었다.

일광욕을 즐기던 비단거북이 물속으로 시원하게 잠수했다. 쌍안경으로 보니 피라미 떼를 뒤쫓고 있었다. 수영 중인 다른 거북 두 마리도 눈에 띄었다. 북미숲남생이다. 에밀리가 한눈에 알아보았다. "한 마리가 우리 쪽으로 오고 있어요!" 맷이 말했다. 멀지 않은 곳에서 또 다른 거북이 찻빛 강바닥을 열심히 탐험 중이었다. "정말 큰 늑대거북이네요!" 진이 감탄하며 말했다.

"여기가 거북을 구경하기 좋은 명당이네요." 에린의 말이다. "저도 거북이 되고 싶어요."

북반구 전체가 전례 없이 더운 7월을 보냈다. 뉴잉글랜드주의 이쪽 지역에선 가장 건조한 철이기도 했다. 거북알이 익어버리거나 마르지 않게 하려면 누군가 3일마다 한 번씩 3.5리터짜리 물병 열 개를 짊어진 채 무자비한 햇빛 아래 가파른 경사를 오르고 모래땅을 지나야 했다. 토링턴의 거북 둥지터 10만 제곱미터에 흩어진 46개 둥지를 확인하면서 말이다.

이번 번식철은 유난히 정신이 없었다. 처음부터 그런 것은 아니었다. 6월의 어느 날 비가 넉넉히 내리자마자 거북들이 갑자기 몰려들어 천지가 다 거북이었다고 에밀리가 회상했다. "북미숲남생이, 늑대거북, 비단거북, 심지어 블랜딩스거북까지요!"

"쥐라기 공원이 따로 없었다니까요." 진의 남편 브라이언이 말했다. 어느 밤에는 거북 30마리가 몰려들었고 머리 위로는 큰왜가리들이 익룡처럼 날아다녔단다. 그날 밤 진은 암거북들이 알을 다 낳을 때까지 꼬박 열 시간을 밖에서 기다렸고 그 후 둥지에 보호대를 설치했다. ("나중에는 삭신이 다 쑤시더라고요. 속으로 몇 번을 소리 질렀죠. '제발 집에 좀 가자!'") 에밀리도 그 자리에 있었다. 그들은 수많은 밤을 그렇게 보냈다. 어떨 때 자기가 지켜보던 거북이 돌로 변한 것은 아닌지 의심될 정도였다. 한번은 블랜딩스거북이 45분 동안 둥지를 팠다. 곧이어 네 개의 구덩이를 더 팠다. 하지만 그중 어디에도 알을 낳지 않았다.

전에도 보기 좋게 속은 적이 있다. 6월의 어느 일요일 아침, 나는 우리를 돕고 싶다는 열두 살 된 친구 하이디 벨을 데리고 둥지터에 갔다. 내리막길에서 4.5킬로그램 정도 되는 늑대거북이 머리 위에 모래를 얹고 한창 땅을 파는 중이었다. 주변의 다른 둥지들을 확인하고 30분 뒤에 왔더니 거북은 알을 낳은 구덩이에서 몇 걸음 떨어져 지쳤는지 쉬고 있었다.

"애썼어!" 진이 말했다. "올해의 열한 번째 늑대거북 둥지가 될 거예요." 터틀레이디들은 여느 때처럼 보호망을 씌우기 전에 알을 직접 확인했다. 괜히 빈 둥지에 장비를 낭비하지 않고 또 알이 제대로 쌓아졌는지 확인하기 위해서다.

그토록 애써서 알을 낳은 둥지를 사람 일곱이 둘러싸고 있는데도 어미 거북은 개의치 않았다. 오전 9시 56분. 성체 늑대거북을 이렇게 가까이에서 본 적 없는 하이디가 경이로운 눈으로 거북을 관찰하는 동안 나는 에밀리, 맷과 함께 땅을 파기 시작했다. 알을 깨뜨리지 않게 손가락만 사용하면서 조심스레 8센티미터, 10센티미터, 13센티미터를 파 내려갔다. 이윽고 15센티미터까지

팠을 때는 일곱 명 모두 팔을 걷고 나섰다.

오전 10시 15분. 마침내 우리는 길이 90센티미터, 깊이 45센티미터의 거대한 구덩이를 만들어냈다. "제가 들어가서 누워도 될 것 같아요!" 하이디가 말했다. 하지만 알은 없었다. 어미 거북은 여전히 1미터쯤 떨어진 곳에 스핑크스처럼 알 수 없는 표정을 하고 앉아 있었다. "지금 저 거북이 우리와 장난치는 걸까요?" 맷이 물었다. "이럴 순 없잖아요. 아무래도 수상해……."

"가진통이었다는 거예요?" 하이디가 물었다.(하이디의 어머니는 간호사다.)

"말도 안 돼. 그럼 이제 그만 할까요?" 브라이언이 말했다.

오전 10시 20분. 에밀리와 진이 이 둥지는 함정이라고 공식적으로 선언했다. "어머님, 뒤통수를 제대로 치셨군요." 망부석처럼 앉아 있는 어미 늑대거북에게 내가 말했다. 맷이 왼쪽 뒷발에서 커다란 거머리 한 마리를 뜯어내는데도 거북은 미동도 하지 않았다.

다음 날 아침, 진은 알이 가득한 새로운 늑대거북 둥지를 발견했다. 우리가 30분이나 고생해서 팠던 구덩이에서 고작 몇 미터 떨어진 장소였다. 우리는 이 둥지가 전날의 영리한 어미 늑대거북이 만든 작품이라고 확신했다. 그녀의 유인책은 지구에서 가장 치명적인 포식종을 완벽하게 속여넘겼다.

"거북은 항상 우리를 깜짝 놀래주려고 애쓰는 것 같아요." 축복 같은 바람이 땀을 식혀주며 수면에 주름을 일으킬 때 에밀리가 말했다. "이런 게 다 재미죠." 17년 동안 거북의 둥지를 지켜오며 에밀리, 진, 그리고 많은 봉사자가 경이로운 순간을 수없이 목격했다. 몸집이 작아 어미가 되지 못할 것 같은 거북이 알을 낳았고, 가파른 언덕에 둥지를 지은 거북이 두 발로 서다시피 한 상태로 알을 낳았고, 너무 작아서 곧 죽을 것 같았던 새끼 거북이 살아남았다.

거북은 봉사자들을 다른 세계로 안내하기도 했다. 어느 밤, 에밀리가 거북 둥지를 찾아 경사면을 확인하던 중 야구장 근처에서 반원 모양으로 배열된 돌멩이들과 찢어진 단풍나무 이파리들을 발견했다. "저절로 이렇게 되지는 않았을 텐데 말이죠." 그녀가 말했다. 에밀리는 잎을 들춰보았다. 그리고 그 밑에서 갓 부화해 아직 민둥 몸인 새끼 새 한 마리가 추위에 떨고 있는 것을 보았다. 새가 죽지 않기를 바라며 집으로 데려가는데, 야구장에서 놀던 한 소년의 목소리가 들렸다. "사라졌어!"

에밀리는 그날 밤 전기방석 위에 새끼를 눕혀 따뜻하게 해주었고, 으깬 블루베리를 점안기로 먹였다. 아침이 되자마자 야생동물 재활치료사에게 전화를 걸었지만 무슨 새인지 알 수 없었다. 울새인가? 재활치료사는 울새를 치료할 허가증이 없었다. 그럼 참새일까? 그에게 참새 치료 허가증은 있었다. 그가 이 어미 잃은 새를 데려갔다.

4일 뒤, 새끼가 눈을 떴다. 그리고 밥을 달라고 삐약삐약댔다. 이윽고 깃털이 자랐는데 파란색이었다. 알고 보니 그 새는 파랑새였다. 평화와 만족감의 상징이자 행복의 전령, 새로운 봄을 약속하며 널리 사랑받는 새. 재활치료사는 이 새에게 글리●라는 이름을 지어주었다. 글리는 건강하게 잘 자라서 야생으로 돌아갔다.

에밀리는 글리를 발견한 운동장에 쪽지 한 장을 두고 돌로 눌러놓았다. 종이에는 이렇게 쓰여 있었다. "나를 구해준 소년들에게. 난 잘 지내고 있어. 나는 파랑새야. 날 구해줘서 고마워."

정신없던 산란철이 끝나면 거북구조연맹의 형광초록색 집에도 평온함이 찾아온다. 맷과 내가 도착했을 때 피자맨은 아침 10시인데도 욕실의 제 침대에서 자고 있었다. 스프로키츠는 욕조에서 놀고 있는 자신을 너태샤가 너무 일찍 꺼낸 바람에 한참 언짢아하다가 막 기분이 풀린 참이었다. (육지거북의 목욕은 충분한 수분 섭취와 방광 결석 예방에 좋다. 그리고 육지거북도 물속에 들어가는 걸 좋아한다.) 너태샤 말이, 욕조에서 쫓겨난 스프로키츠는 화가 나서 몇 시간이나 쿵쿵대고 여기저기 다니면서 물건을 넘어뜨리고 구석으로 파고들었단다. 다행히 지금은 원래의 느긋한 모습으로 돌아왔다. 대신 이웃 농장에서 준 삶은 오리알(무정란)로 야구를 즐겼다. 스프로키츠가 알을 집으려고 하자 뾰족한 부리가 매끄러운 표면에서 미끄러지면서 타원형 알이 멀리 튕겨 나가 회전하기 시작했다. 분홍색과 파란색 타일 바닥을 크게 한 바퀴 돌더니 신기하게도 다시 제자리에 돌아왔다. 스프로키츠의 눈이 반짝거렸다. 또 한 번 오리알을 물고 밟고 튕겨냈다. 알이 또 다른 궤도

•   Glee. 기쁨, 환호라는 뜻.

로 비틀거리며 돌았다. 거북은 같은 동작을 5분 28초 동안 계속했다. 다섯 번쯤 반복했을까. 마침내 알이 도망가지 못하게 붙잡았다. 그는 부리로 껍데기를 깬 뒤 고무질의 흰자와 커스터드 같은 노른자를 쪼았다. 엄청난 만족감이 우리 모두를 에워쌌다. 지켜보던 우리의 입에서 만족스럽다는듯 동시에 "으음!" 소리가 나왔다.

그러나 7월 하순의 어느 날인 오늘의 주인공은 파이어치프다. 드디어 파이어치프가 물리치료를 시작한다. 맷과 나는 수조로 갈 때마다 우리를 보려고 물에서 커다란 머리를 내미는 이 거북과 시선을 주고받으며 점점 더 좋아하게 되었다.

맷이 파이어치프를 수조에서 꺼내 운반 상자에 옮겼다. 몸집이 커서 상자가 꽉 찼다. 안전을 위해 뚜껑을 닫았지만 어느 틈에 커다란 머리가 비집고 나와 영화 「쥬라기 공원2」에 나오는 티라노사우르스처럼 보였다. 너태샤와 내가 그의 머리를 다시 집어넣고 힘껏 눌러 뚜껑을 닫았다. 맷이 통을 들고 지하실 계단을 올라 덱으로 나가서는 버둥대는 이 거대한 파충류를 통에서 꺼내어 90센티미터 높이의 울타리를 지나 터틀가든으로 향했다.

파이어치프는 물속보다 물 밖에서 훨씬 더 멋진 거북이다. 머리는 토르질라만큼 크고 목은 지방이 아닌 순 근육이다. 길이가 36센티미터인 꼬리에는 11개의 큰 적갈색 골편이 위엄 있게 돋아 있다. 골편은 이빨처럼 딱딱한 판이 위로 솟은 돌기를 말하는데, 스테고사우루스 꼬리 위에 달린 가시를 닮았지만 뾰족하지 않고 둥글넓적하다. 일부는 높이가 2.5센티미터에 이른다. 등딱지는 평범과는 거리가 먼 화려한 적갈색으로, 맷은 미술용 팔레트에서 본 번트시에나라는 색으로 알고 있다.(나는 1966년산 디럭스 크레욜라 크레용에서 본 적이 있다.)

파이어치프의 등딱지가 그를 이곳으로 데려온 끔찍한 사고를 말해주는 듯했다. 어느 착한 사마리아인이 트럭에 치인 파이어치프를 보고 신고했다. "그건 단순한 사고가 아니었어요." 너태샤가 말했다. 거북은 뒤집어지면서 둑 아래로 데굴데굴 굴러 연못에 떨어졌다. 그 연못은 파이어치프가 여름을 주로 보냈던 곳으로 거북구조연맹에서는 몇 시간 거리였다. 너태샤와 알렉시아가 카약을 싣고 사고 현장에 도착했을 때, 이미 소방서 직원 전체가 나와서 기다리고 있었다. 그들은 파이어치프를 걱정하면서도 이 거대한 친구가 두려워 섣불리 나서지 못하고 있었다. 남자들은 몸무게가 59킬로그램밖에 안 되는 알렉시아가 물속에 들어가 긴 씨름 끝에 상처입은 대형 거북을 카약에 태우는 모습을 경외심 어린 눈으로 지켜보았다.

파이어치프의 등딱지 앞쪽 3분의 1 지점은 여전히 혹이 난 것처럼 보였다. 마치 충돌한 대륙 지각판이 솟아오른 듯 쪼개진 경계 부분이 엉성하게 치유된 모습이다. 그러나 가장 심한 손상은 등딱지 밑의 훨씬 뒤쪽에 있다. 잘 보이지도 않는다. "등딱지가 부러지면서 척추와 척추뼈가 함께 바스러진 게 확실해요." 알렉시아의 말이다. 몇 달 동안 그의 뒷다리는 제구실을 못 하고 매달려만 있었다.

너태샤가 파이어치프의 뒤쪽을 긁자 엉덩이를 우스꽝스럽

게 흔들며 반응했다. 하지만 웃을 일은 아니다. 그건 오한과 비슷한 반사 반응이었다. 너태샤가 만졌을 때 이에 반응해 척추에서 신경이 점화되었지만, 신호를 체계적으로 전달하지 못하고 마치 핀볼이 여기저기 부딪히듯 무작위적으로 작동한 결과다. 사실 파이어치프가 다리를 움직일 수 있다는 것 자체가 작은 기적이고 고무적인 현상이다. 그러나 회복하려면 몇 달, 어쩌면 몇 년간 물리치료를 해야 할 것이다.

　"일단 오늘은 파이어치프가 중력을 온전히 느끼면서 혼자 돌아다니게 둘 겁니다." 너태샤가 말했다. 그도 몹시 원하는 것 같았다. 터틀가든은 초등학교 교실보다 조금 더 큰 크기의 공간인데 풀과 협죽도류, 양치식물류, 꽃, 낙엽, 뽕나무, 블루베리 덤불, 모래 깔린 터널, 터널 위의 올림포스산이라는 이름의 작은 언덕, 얕은 폭포와 개구리가 뛰어다니는 작은 웅덩이가 있다. 파이어치프는 목을 끝까지 뺀 채 비늘 덮인 강한 앞발로 다섯 걸음, 열 걸음, 열다섯 걸음, 스무 걸음씩 앞으로 나아가면서 울타리를 향해 몸뚱이를 끌어당겼다.

　그의 정신은 확실히 또렷하다. 머리는 다치지 않았으니까. 그는 호기심이 많고 적극적이고 집중력이 강하다. 정상적인 늑대거북은 배딱지가 땅에 닿지 않도록 다리를 높이 들고 걷는다. 그러나 파이어치프의 배딱지는 앞은 높이 들려 있지만 뒤쪽은 주저앉아 질질 끌렸다.

　어쨌거나 뒷다리가 움직인다는 것이 중요하다. 강한 앞발과 발톱이 땅을 붙잡으며 잡아당길 때 다친 뒷다리가 번갈아 가면서 제 육중한 몸을 앞쪽으로 밀어낸다. 다만 엉덩이를 완전히 들어올릴 정도로 힘을 내지 못할 뿐이다.

　스물다섯 걸음쯤 걸은 후에 파이어치프는 멈춰 서서 쉬었다. 그리고 2분 후에 다시 걷기 시작해 원목 울타리를 따라 탐험을 재개했다. 원래 늑대거북은 보통 목의 절반을 목덜미에 집어넣은 채 걷는데, 지금 파이어치프의 목이 지나치게 앞으로 뻗은 걸 보면 몸이 바쁜 마음을 미처 따라가지 못하는 것 같았다.

　"올해 첫 바깥나들이예요." 너태샤가 말했다. 너태샤는 파이어치프의 동작 하나하나를 신중하게 확인했다. 너태샤는 공식적으로 시각장애를 가진 사람이지만 망막은 여전히 움직임에 민감하며 건강한 늑대거북의 걸음걸이와 신경 손상이 있는 거북의 걸음걸이를 잘 구분할 수 있다. "확실히 마비되지는 않았어요. 하지만 척추에서 받는 신호가 제한된 것 같아요. 엉덩이를 더 들어올려야 해요. 근육이 약해진 게 분명해요." 그럴 수밖에 없다. 살과 껍데기의 상처가 치유된 이후에도 계속 물속에만 머무는 바람에 중력의 힘을 제대로 받지 못했기 때문이다.

　너태샤가 말했다. "야생으로 돌려보낼 수 있으면 정말 좋겠어요. 저 거북에게 어울릴 만큼 큰 수조를 갖출 수는 없거든요. 늑대거북의 세계는 수만 제곱미터 단위여야 해요. 그런데 치료가 길어지면서 비좁은 수조의 벽만 너무 오래 봐왔어요. 이제 정체기에 들어선 것 같아요. 치료법을 바꾸지 않으면 나아지지 않을 거예요."

　파이어치프는 울타리를 따라 천천히 걷다가 모퉁이를 돌고

5도 정도의 경사를 힘겹게 올라갔다. "잘하고 있어, 꼬마. 계속 걸어봐!" 너태샤가 아예 파티오의 야외용 의자에 자리 잡고 앉아 소리쳤다. 사실 그는 꼬마가 아니다. 너태샤도 알고 있다. 그는 현명한 노인이다. 근엄하고 완전하고 완성된 어르신이다. 사람으로 따지면 내 또래이거나 나보다 나이가 많다. 나보다 훨씬 어린 사람들에게 둘러싸여 있는 가운데, 내가 파이어치프와 공통점이 있다는 것이 문득 자랑스러워졌다. 우리는 둘 다 나이가 많다.

우리 문화에서 나이가 많다는 것은 그다지 축하할 일이 아니다. 1950년대에 나미비아의 산족과 함께 살았던 적이 있는 내 친구 엘리자베스는 사자나 호랑이, 퓨마의 공격 같은 것을 두려워할 일이 없는 시대와 장소에서는 결국 나이 듦 자체가 궁극의 포식자가 된다고 주장했다. 이런 이유로 사람들은 애써 나이를 감추기 위해 흰머리를 염색하고 주름에 보톡스를 맞고 늘어지는 턱과 뺨을 수술로 잡아당기며 죽음이 우리 뒤를 쫓지 못하게 한다.

산족은 다르다. 그들에게 '나이 듦'은 곧 영광이다. 그들의 언어로 '늙음'을 나타내는 말인 n!a는 신을 지칭할 때 쓰이며, 존경을 표하는 단어이기도 하다. 이런 문화에서는 노년에 이른 사람은 상을 받는다. 삶을 쇠하는 것이 아닌 쌓아가는 과정으로 보기 때문이다. 코끼리와 범고래, 기타 여러 동물들처럼 산족은 나이 든 이들이 보물상자와도 같은 이야기와 지혜를 지니고 있음을 안다. 젊은이들이 아무리 생기가 넘치고 열정적이라 해도 그만큼의 경험을 쌓았을 수는 없다. 맷은 인간의 활력이 30대에 절정에 이른다고 주장하는 어느 영상을 보면서 완전히 틀렸다고 생각했다. 신체적 역량이면 모를까, 적어도 영적인 삶에 대해서는 그렇지 않다고 확신했다. "제 예술은 전보다 더 나아졌어요. 10년 뒤에는 더 좋아질 거고요. 그건 선생님도 마찬가지예요." 그가 자신 있게 말했다. "우리는 모두 거북과 같습니다. 많이 경험할수록 더 나은 사람이 되는 거예요." 예술가에게 활력은 나이와 반비례하지 않는다. 작가도 마찬가지다. 거북은 말할 것도 없다.

"오래된 것이 새것보다 낫다."라고 작가 카미 가르시아가 자신의 고딕소설 『뷰티풀 크리처스』에서 강조했다. "오래된 것에는 스토리가 있기 때문이다." 파이어치프에게는 확실히 스토리가 있다. 그리고 지금 우리는 그가 새로운 장을 쓰도록 돕는다.

"얼마나 답답하겠어요." 너태샤가 말했다. "파이어치프는 전성기의 대형 거북이에요. 지금까지 60년, 아니 어쩌면 100년이나 강하고 자유롭게 살아왔죠. 하지만 지금의 세상은 거북이 살아가기 훨씬 어려워졌어요."

맷과 나는 거대한 늙은 거북 가까이에 서서 그의 비늘 덮인 큼직한 발과 2.5센티미터짜리 발톱이 땅을 움켜쥐는 것을 지켜보았다. 그리고 배딱지를 긁을 날카로운 물체가 있는지 먼저 가서 살펴보았다. 다친 다리와 꼬리로는 아직 스스로 몸을 돌려세우기 어렵기 때문에 우리는 그의 몸이 뒤집어지지 않게 조심했다. 지금까지는 부드럽고 무성한 풀과 낙엽 위를 걷고 있다. 거북치고는 대단히 빠른 걸음으로 성큼성큼 나아간다. 그러나 여전히 엉덩이 쪽은 땅에 끌린다. 그가 향하는 방향으로 앞쪽에 돌이 튀어나와 있었다. "내가 도와줄게!"라고 말하며 달려가던 순간,

애정과 감사의 감정에 휩싸이며 과거의 기억이 떠올랐다.

그때의 나는 일흔여섯의 아버지를 돕고 있다. 폐암으로 인한 항암치료로 쇠약해지신 아버지가 침실로 가는 계단을 오르고 계셨다. 육군 장교였던 아버지는 젊어서 죽음의 바탄 행진●과 일본군 전쟁 포로 생활에서 살아남았다. 어려서 나는 아버지 어깨에 올라탔고 그의 발등에서 사교댄스를 배웠다.

나는 또 다른 옛날로 돌아가 우리 집 노령의 보더콜리, 테스를 안아 올리고 있다. 한밤중에 잠이 깬 테스가 혼란스러워하며 몸을 일으키지 못할 때, 나는 그녀를 일으켜 방향을 잡아주고 함께 계단을 내려가 밖으로 나갔다. 우리 집에 오기 전에 테스는 훌륭한 구조견이었는데 유기된 후 큰 사고로 심하게 다쳤다. 그러나 그녀는 모두 극복해 나갔다. 테스는 영웅이었다. 내게 프리스비를 가르쳐주었고, 등산길에 다리가 긴 남편이 빠른 걸음으로 먼저 저만치 가버려도 내가 길을 잃지 않게 항상 기다려주었다. 이 개는 16년을 살면서 14년 동안 내게 끝없는 편안함과 기쁨을 준 반려견이다.

"내가 도와줄게!"라는 말은 아픈 이들에게 내가 던질 수 있는 유일한 무기였다. 또한 마음껏 휘두를 수 있어 지극히 감사한 특권이기도 했다.

노인을 돕는 행위에는 우는 아이를 달래거나 넘어진 아이를

● 제2차 세계 대전 당시인 1942년 4월, 일본군이 필리핀의 바탄반도에서 포로로 잡힌 약 7만 6000명의 미군과 필리핀군을 강제로 이동시키는 과정에서 구타와 가혹행위 등으로 1만여 명 이상이 사망하고 수만 명의 부상자가 나온 비극적인 사건.

일으켜 세울 때 받는 위안과는 다른, 모종의 만족감이 있다. 새로운 생명을 돕는 것은 곧 그 잠재력을 일깨우는 주문과 같다. 반면 나이 든 이를 돕는 것은 그 완성에 내리는 축복이다. 나를 키우고 격려했던 사람들에게 얼마간의 편안함을 돌려줄 수 있다면 그만한 영광이 또 있을까. 긴츠기 기술을 익히는 장인들도 같은 기분일지 모르겠다. 긴츠기는 깨진 도자기를 고치는 일본의 전통 기법으로 그릇을 새것처럼 고치거나 깨진 부위를 감쪽같이 감추는 대신, 깨진 가장자리를 금이나 은, 플래티넘을 섞은 봉합제로 이어 붙여 오히려 균열된 선을 강조한다. 낡음과 불완전성의 개념을 포용하고, 깨진 물건의 아름다움을 찬미하고, 시간의 결과를 존중하고, 수리의 기회를 주는 와비·사비의 철학을 반영한 기술이다. 이러한 긴츠기 기법을 보고 있으면 거북의 깨진 등딱지를 고치는 알렉시아의 돌봄과 사랑이 떠오르고, 파이어치프의 등에 있는 흉터가 떠오른다.

나는 정중하게 다가가 파이어치프의 배딱지 뒤쪽을 살짝 들어올려 돌에 긁히지 않게 했다. 그가 몇 걸음 더 가더니 멈추었다. 땅 위에서 걷는 일이 오랜만이라 힘에 부친 것 같았다. 맷과 나는 그가 정말 존경스러웠다.

2분쯤 쉬었을까. 파이어치프가 방향을 돌리더니 목을 내밀고 눈을 반짝거리면서 내리막길을 걸어가기 시작했다. 그는 모든 감각을 활짝 열고 바깥 세계의 친숙함과 새로움을 벌컥벌컥 들이마셨다.

"확실히 강단이 있어요." 너태샤가 말했다. 파이어치프는 이

제 터틀가든의 새로운 영역에 도착해 울타리를 따라 걸으며 바위와 더 많이 접촉했다. "조금 있다가 배딱지를 확인해 봅시다." 너태샤가 말했다.

그는 올림포스산의 가장 완만한 오르막길을 올라가다가 얕은 물에 빠졌다. 하지만 재빨리 기어 나와 다시 내리막길을 걸었다. 맷과 나는 헬리콥터부모처럼 그의 주위를 맴돌았다. 그는 다시 울타리 쪽으로 갔고 나는 그가 바위를 넘어가게 한 번 더 도왔다. 얼마 뒤 우리는 그를 멈춰 세우고 배딱지를 확인했다. 등딱지처럼 배딱지도 총 아홉 개의 뼈로 된 골질의 구조물이지만 긁히면 상처가 날 수 있다. 그래서 거북들이 걸을 때 되도록 바닥에 배딱지가 끌리지 않게 하는 것이다.

맷이 파이어치프를 들어올려 너태샤와 내게 배를 보여주었다. 다행히 별다른 상처 없이 매끄러웠다. 파이어치프는 이 중간 점검 시간을 놀라울 정도로 잘 참아내면서 입을 벌리지도, 달려들지도, 물려고 하지도 않았다. 맷이 땅에 내려놓자 거북은 잠시 그대로 서 있었다.

그때 맷과 나는 동시에 같은 충동을 느꼈다. 분별 있는 사람이라면 감히 시도하지 않을 일이다. 이 거대한 야생 늑대거북의 얼굴을 만져보고 싶어진 것이다.

파이어치프가 바나나를 한입에 집어삼키던 모습은 애써 머릿속에서 지웠다. 로빈후드가 치료를 받다가 알렉시아에게 달려든 장면도 굳이 떠올리지 않았다. 공항에서 돌아오는 길에 101번 도로에서 도와주었던 암거북이 씩씩거리며 입을 딱딱거리던 순간으로도 돌아가지 않았다. 그저 지금 이 순간, 이 거북만을 생각하며 맷과 내가 그를 얼마나 좋아하고 또 존경하는지에 집중했다. 파이어치프도 우리만큼이나 우리와 밖에서 보내는 시간을 즐겼다. 우리는 서로 교감했다.

맷과 나는 손을 내밀었다. 맷은 부드럽게 목을 쓰다듬었고 나는 겨드랑이 근처의 부드러운 피부를 만졌다. "선생님을 커다란 바나나 크림 파이라고 생각할지도 몰라요." 맷이 속삭였다. 마침내 우리는 손가락으로 그의 강인한 머리를 쓰다듬었다.

맷도 나도 작정하고 한 일이 아니었다. 그저 본능적으로 튀어나온 행동이었다. 왜 우리는 좋아하는 대상의 얼굴을 만지고 싶어 하는 걸까? 모든 동물의 얼굴은 감각수용기로 가득 차 있다. 최소 20개 종류의 신경 말단이 피부에서 식별되었는데, 이것들은 열, 냉기, 통증, 압력, 진동을 감지하는 것 이상의 역할을 한다. 최근의 발견에 따르면 인간에게는 c-촉각신경섬유라는 특별한 신경 말단이 있다. 이는 부드러운 접촉에만 반응한다. 그런데 이런 종류의 신경은 일찍이 1939년에 다른 동물에게서 발견된 적이 있다. 오늘날 이 신경은 '애무 감지기'로 이해된다. 인간을 비롯한 여러 동물에게서 부드럽게 어루만지는 접촉에 특화된 신경이 진화했다는 것은 그 행위의 중요성을 보여주는 강력한 증거다. 과학자들은 살살 쓰다듬는 행위가 신체의 화학적 쾌락 중추인 오피오이드 시스템을 자극한다는 사실을 여러 분류군에서 발견했다.

파이어치프의 눈에 어려 있던 밝은 기운이 몽환적으로 바뀌었다. 마치 눈에 보이는 것에서 벗어나 촉감에 집중하려는 것 같았다. 그는 확실히 우리와의 소통을 즐기고 있었다. 우리 영장류는 시각적 자극에 중독되어 다른 감각에 무심한 편이다. 그러나 우리도 맛을 음미할 때나 키스할 때, 기도할 때는 눈을 감는다. 눈을 감으면 뇌가 자유로워지면서 비시각적 경험에 집중하게 된다고 인지과학자들은 말한다. 내 생각에 눈을 감는 행위는 사람을 좀 더 취약하게 만들어 접촉과 신뢰라는, 인간이 최초에 공유한 언어에 좀 더 열려 있게 하는 것 같다.

그 순간 우리 셋은 모두 온전히 자신을 내어주었다. 맷과 나에게는 참으로 진귀한 평온의 순간이었다. 시계와 달력, 말과 걱정이 없는 세계로 입장한 우리는 거북의 시간 안에서 서로 다른 종의 피부가 맞닿는 즐거운 교감을 느끼며 그동안 잊고 있던 것을 찾아냈다.

우리는 함께 쉬었다. 그러다 이 큰 거북은 다시 힘을 모아 울타리를 따라 더 걸었다. 마침내 우리는 그토록 원했던 모습을 보았다. 파이어치프가 배딱지를 완전히 땅에서 뗀 것이다. 그는 몸을 돌려 블루베리 덤불 옆의 비비추를 짓밟더니 터널로 향했다. 하지만 들여다만 보고 안에 들어가지는 않았다. 우리에겐 다행인 일이었다. 잘못해서 터널 안에 몸이 끼이기라도 하면 빼내기가 여간 어렵지 않을 테니까. 그는 다시 방향을 바꿔 정원 한복판으로 가더니 그늘 밑에서 쉬었다.

"정기적으로 치료를 시도해도 좋겠어요." 너태샤가 말했다. 그리고 그 시간에 스노볼이나 스페셜 같은 다른 거북을 초대할 수도 있다.

너태샤는 스노볼이 큰 고비를 넘긴 것 같다고 말했다. 스노볼과 또 다른 늑대거북 스페셜은 친구가 되었다. 둘은 같은 집을 쓰면서 서로의 발에 발을 올려놓고 나란히 앉아 있거나, 야생의 수련잎을 대신해 물에 떠 있는 작은 천 밑에 같이 들어가 숨었다. 스페셜도 이 외출을 즐거워할 것이다.

거의 1년 동안 땅을 한 번도 밟지 못했던 파이어치프가 이날 45분을 걸었다. "좀 지친 것 같네요." 맷이 말했다. 수조로 돌아갈 시간이다. 이번에는 내가 들어올릴 차례다. 그를 들어올렸을 때 몸부림치거나 허우적대지 않아서 기분이 좋았다. 지친 뒷다리에 힘이 빠졌기 때문에 나는 쉽게 양손으로 등딱지와 배딱지 중앙을 붙들고 수평으로 들어올렸다. 왠지 모르게 그가 운전대 잡기 방식보다는 이렇게 드는 걸 더 좋아할 것 같다는 느낌이 들었다. 운반 상자에 넣는 대신 등딱지 뒷부분을 내 배에 딱 고정시킨 뒤 그가 앞을 볼 수 있는 각도를 유지한 채 계단을 내려갔다. "우리가 낫게 해줄게." 맷이 약속했다. 파이어치프도 우리의 목소리는 들었겠지만 무슨 말인지는 몰랐을 것이다. 하지만 분명 마음은 전달된 것 같았다. 그는 고개를 들어 우리의 얼굴을 보았고 우리는 그의 수조를 덮고 있는 철망을 교체했다. 맷과 나는 약속과 희망에 부풀어 집으로 돌아왔다.

"일어나서 가장 먼저 하는 일이 부화기를 확인하는 거예요." 미카엘라가 말했다. "작고 사랑스러운 새끼 거북을 보면서 하루를 시작하다니, 정말 근사하지 않나요?"

우리는 파이어치프를 다시 바깥으로 나오게 하는 일에 누구보다 열심이었지만 이 노거북과의 약속을 미뤄도 용서받을 일이 있다면 그건 새끼 거북이 알에서 나오는 장면을 지켜보는 일일 것이다.

8월 중순, 총 85마리의 늑대거북과 비단거북 새끼가 거북구조연맹의 부화기에서 태어났다. 맷과 내가 팀스터스 노동조합에서 파낸 알도 포함되었다. 이들은 멸균된 뿌리덮개로 채워진 아기방에서 지내며 방류될 날을 기다렸다. 일부는 땅을 파고들고 일부는 열심히 기거나 걷고, 또 어떤 거북들은 서로의 위에 올라가 거북 피라미드를 세웠다.

맷과 내가 구경하는 동안 미카엘라가 4번 부화기를 열고 계란판에 담긴 알 여섯 개를 확인했다. 모두 매사추세츠주 중부 지역에서 온 알들이다. "알에 작은 점이나 껍질 조각이 있는지 찾아주세요. 쭈그러들었거나 액체가 흘러나오는 알도요." 미카엘라가 우리에게 지시했다.

알에 찍힌 점은 알이 부화하고 있다는 첫 번째 증거다. 이는 새끼 거북이 '알 이빨'로 남긴 작은 구멍이다. 알 이빨은 부리에 임시로 생기는 날카로운 돌출 부위로, 나중에 저절로 몸에 흡수된다. 이어서 거북은 바늘 같은 작은 발톱으로 구멍을 넓히면서 알 조각을 떼어낸다. 쭈그러드는 알은 거북이 나오고 있다는 뜻이며, 종종 침이 흐르듯 점액질의 액체가 흘러나온다.

맷이 이내 구멍이 생긴 둥근 늑대거북알을 찾아서 들어올렸고, 그를 빤히 보는 작은 눈을 발견했다. "어서 와, 꼬맹이. 이렇게 만나게 되어 정말 반갑다!" 나는 이 거북이 태어나 처음 세상을 엿본 순간 무슨 생각을 했을지 궁금했다.

부화 과정에도 사건과 사고가 일어난다. 너태샤 왈, 한번은 새끼가 부화기 안에서 너무 일찍 나온 나머지 반투명한 상태였다. 다행히 축축한 수건 위에서 무사히 발달 과정을 마쳤다. 마이크의 부화기에서 부화한 한 비단거북은 알에서 나오는 데 24시간이 걸렸다. 머리가 나오는 데만 14시간이 걸렸다고 했다.

우리는 부화할 기미를 보이는 알을 부화기에서 꺼내 흙을 깔아둔 통으로 옮겼다. 흙에 작은 홈을 파고 알의 구멍이 위로 보이게 방향을 바꾸어 부화한 새끼가 흙을 붙잡고 쉽게 껍데기 밖으로 나올 수 있게 했다. 어떤 새끼는 비단거북의 특징인 노란 줄무늬 팔을 뻗어 기회를 잡았다. 하지만 어떤 거북은 껍데기에서 완전히 탈출하기도 전에 이미 지쳐 보였다. 어떤 거북은 기저귀처럼 알껍데기 절반을 엉덩이에 차고 있었다. 새끼가 다 나오기 전에 알 속의 액체가 말라버리면 껍질이 몸에 들러붙을 수 있다. 미카엘라는 주사기에 채운 수액을 거북과 알껍데기 사이에 살살 뿌려서 껍질이 떨어지게 해야 한다고 알려주었다.

그사이 내가 들고 있는 알에서 늑대거북 한 마리가 더 기다리지 못하고 갈라진 껍질 틈으로 앞발을 뻗더니 얼마 지나지 않아 또 다른 발을 뻗어냈다. 우리는 그 모습을 정신없이 지켜보았다. 아기 거북은 잠시 쉬었다. 하지만 이내 흘러나오는 양수 속에서 이 신생아(등딱지가 꼭 토르티야를 알에 꼭 맞게 접어놓은 것처럼 높이 솟아 있었다.)는 탄산칼슘 껍데기의 구속에서 벗어나 세상으로 나아갈 준비를 마쳤다.

제 미니어처 동족과 마찬가지로 파이프치프 역시 구속에서 벗어나는 데 열의를 보였다. "두 분과 물리치료를 시작한 후로 태도가 달라졌어요." 너태샤가 말했다. "잔뜩 흥분해서 수조 가장자리에서 아우성을 친답니다. 진정시키려고 바나나를 하나 더 줘야 했어요."

파이어치프는 흥분한 나머지 맷이 그를 데리고 터틀가든으로 가는 길에 맷의 주먹을 할퀴었다. 밖에 나가고 싶어서 몸이 참을 수 없이 근질거렸던 것이다. 목을 잠망경처럼 뻗어 올린 채로 땅에 닿자마자 울타리를 따라 행진하기 시작했다.

그가 가장 좋아하는 쉼터는 울타리에서 제일 먼 가장자리로 아직 마무리 짓지 못한 별채가 있고, 그 너머로 수백 제곱미터의 작은 습지가 보이는 곳이다. 파이어치프는 근처에 작은 습지가 있다는 것을 아는 듯했다. 그는 제자리에서 쉬면서 목과 다리 앞쪽까지 부풀어오르는 큰 숨을 쉬었다. 예전에 거북생존연합에서 크리스가 이런 행동에 대해 설명한 적이 있다. 모든 육지거북과 담수거북에게서 흔히 보이는 이 '목호흡gular pumping'은 단순한 호흡이 아니다. 냄새와 맛까지 모조리 들이마시며 말 그대로 주변 세계의 기운으로 자신을 채우는 행위다.

파이어치프는 뒷다리로 거의 서다시피 할 때까지 커다란 발톱으로 울타리를 긁으며 올라갔다. 그러다가 뒤로 벌러덩 넘어졌다. "몸이 뒤집어지고 나면 허탈해하는 것 같아요." 맷이 말했다. "뒤집어진 거북은 껍데기에서 나온 소라게처럼 무력해 보여요. 충격적인 모습이죠." 우리는 서둘러 달려가 그를 돌려놓았다. 파이어치프가 조금 진정된 뒤 맷과 나는 그의 머리와 목과 팔을 쓰다듬어주었다. 그는 다시 움직이기 시작했다.

이제 다른 거북들도 파이어치프의 물리치료 시간에 합류했다. 교통사고로 머리에 외상을 입고 들어온 거북은 입주일이 4월 15일이라 택스맨이라는 이름이 붙었다.[●] 터틀가든에 처음 나온 날, 그는 한 시간 동안 아예 움직이지 않았다. 10~15세 정도 되는 또 다른 거북은 아직 30번 거북이라고만 불리는데 등에 끈적한 이끼가 자라고 아주 뚱뚱하다. 땅에 내려놓는 순간 달려들어 입을 딱딱거렸다. "자기방어에 아주 뛰어나죠!" 너태샤가 자랑처럼 말했다.

스노볼은 종종 룸메이트인 스페셜의 치료 시간에 동행했다. 처음에 스노볼은 별로 움직이지 않았지만 곧 터널을 좋아한다는 것이 밝혀졌다. 한번은 30분 동안 가장 긴 터널 두 곳을 아홉 번이나 통과했다.

"파이어치프는 확실히 나아지고 있어요." 너태샤가 말했다. 몇 주가 지나자 그는 배딱지를 더 바짝 들어올린 채 튼튼해진 네 다리를 모두 이용해서 서고 걸었다. "파이어치프가 저희를 희망으로 채우고 있어요. 야생은 명실상부한 그의 집이에요. 곧 다시

●   4월 15일은 미국의 세금 보고 마감일이다.

그 연못의 왕이 될 수 있을 거예요!"

알렉시아도 파이어치프의 예후에 대해 낙관적이다. "다시 야생에 방류될 수 있을지는 모르겠지만 나아지고 있는 것만큼은 확실해요." 그녀는 가전제품을 고치느라 늦게까지 일하다 지친 날에도 터틀가든에서 몇 분만 있으면 기운이 솟는다고 했다. 특히 스노볼이 아주 잘하고 있어서 놀랍고 대견하단다.

"처음 이곳에 왔을 때 상태가 너무 안 좋아서 모두 안락사만이 방법이라고 했어요. 실제로 밤에 물에 빠져 죽은 적도 있었잖아요!" 알렉시아가 그때를 다시 떠올렸다. "하지만 제가 숨을 불어넣어서 살려냈죠. 다른 사람이었다면 왼쪽 앞발을 잘라냈겠지만 전 앞발도 고쳐냈어요." 그녀가 거북에게 말했다. "그렇지, 귀염둥이? 지난 한 해 이 거북이 걸어온 길을 돌아보면 여전히 놀라워요. 하지만 넌 아직도 좀 바보 같기는 해! 그치?" 그녀가 스노볼에게 몸을 돌리며 말했다. "그래도 괜찮아!"

너태샤와 알렉시아는 맷과 내가 파이어치프를 쓰다듬는 걸 보고 처음에 두 눈을 의심했다고 했다. "맷과 사이 선생님이 파이어치프의 머리를 만지고 있어." 알렉시아가 너태샤의 귀에 속삭였다. 우리는 그 말을 듣지 못했다. "그래도 된다고 얘기했어?"

"아니!" 너태샤가 답했다. "나는 **당신이** 말한 줄 알았는데!"

한참 후 맷과 나는 그 이야기를 듣고 웃었다. "그를 만져도 된다고 알려준 '사람'은 없어요. 파이어치프가 말해줬죠." 맷이 말했다.

"팀스터스에 다녀온 지 90일이나 되었다니 믿기지가 않아요." 미카엘라가 말했다. 늑대거북알이 부화하기까지 걸리는 시간을 따지면 실은 좀 더 오래되었다. 그리고 8월 18일, 우리는 다시 팀스터스 노동조합 주차장에 모였다. 75마리의 새끼 늑대거북이 얕은 흙 위를 기어다니는 통을 든 채로. 모두 이 주차장 인근에서 수집한 알에서 부화한 거북들이다. 새끼 비단거북은 보통 둥지에서 겨울을 나기 때문에 거북구조연맹에서 좀 더 머물다가 크고 튼튼하게 자라 덜 잡아먹히는 상태가 되면 그때 야생에 풀어줄 것이다. 오늘은 새끼 늑대거북들이 자연으로 돌아가는 날이다. 우리는 거북 둥지의 위치를 알려주었던 관리인 스콧을 만나서 함께 풀어주기로 했다.

주차장 가장자리 풀밭에 앉아 기다리는데 스콧이 마스크에 가려지지 않는 미소를 지으며 모습을 드러냈다. 나는 묵직한 플라스틱 통의 뚜껑을 열어 그에게 보여주었다. "**75마리**라고요? 믿을 수가 없네요!"

알 속에서 높게 솟아올라 있던 새끼 늑대거북의 등은 태어난 지 몇 시간만 지나도 금세 판판해진다. 약 4센티미터 길이인 새끼들은 성체의 완벽한 미니어처로 보였다. 발과 다리에 작은 혹이 달려 있고 긴 꼬리에는 작은 돌기가 솟아올랐다. 많은 이들이 새끼 거북을 사랑하는 이유가 이것일 것이다. 주름지고 울퉁불퉁하게 태어난 이 새 생명들은 꼭 아기 할머니, 할아버지처럼 생겼다. 나이가 들어 보이는 아기라는 모순에 우리는 즐겁게 웃었다.

"바로 물에 들어가서 살 수 있나요?" 스콧이 물었다.

"물론이죠." 너태샤가 확신에 차서 대답했다. "이 작은 거북들은 알아야 할 것들을 다 알고 있어요. 공룡 시대부터 전해진 지식을 갖고 태어나니까요."

새끼 거북들은 또한 첫 끼니를 들고 알에서 나온다. 미카엘라가 그들의 '고무 배꼽'을 가리켰다. 배딱지에 달린 노란 혹, 즉 난황은 몸속으로 흡수되어 양분이 되어준다. (비단거북 같은 종은 난황이 심상치 않은 붉은색이고 포도알만큼이나 커서 새끼가 끔찍한 탈장이나 종양이 있는 것처럼 보인다.) 너태샤는 엄마 거북이 아기들에게 도시락을 싸주었다는 재밌는 표현을 좋아한다.

미카엘라가 스콧에게 기회를 주었다. "새끼 한 마리 들어보실래요?"

물론 그는 기꺼이 응했다. 스콧이 손바닥을 펼쳤고 미카엘라가 그 위에 한 마리를 올려놓았다. 그는 거북이 달아나지 않게 손가락을 오므렸다.

"얼마나 오래 사나요?" 스콧이 물었다.

"완벽한 조건에서는 175년까지요." 너태샤가 말했다.

스콧의 갈색 눈이 놀라서 커졌다. "대단한데요!"

너태샤가 방류 계획을 설명했다. "우리는 '5-5' 규칙을 따릅니다. 한 번에 다섯 마리씩 풀어주는데, 다음 다섯 마리는 5미터 이상 떨어져서 풀어줘야 해요. 여러 마리를 같이 풀어주는 게 쉽긴 하지만 그렇다고 포식자들에게 거북 뷔페를 차려주고 싶지는 않으니까요."

우리는 통을 들고 주차장에서 언덕을 오른 다음 고사리가 우거진 숲속을 지났다. 그러자 곧 희미한 빛으로 일렁이는 습지에 도착했다. 새소리가 트럭의 소음과 뒤섞여서 들려왔다. 햇볕이 즐겁게 내리쬐고 있었다. 나비와 잠자리가 연못 위로 날아다니고 소금쟁이가 수면을 따라 스케이트를 탔다. 그 아래의 차갑고 어두운 물속에서 이 새끼 거북 가운데 몇몇은 파이어치프만큼 크게 자라, 지금 이 순간 존재하는 모든 인간이 사라진 뒤에도 살아갈 것이다.

너태샤가 말했다. "좋아요. 각자 다섯 마리씩 챙기세요."

미카엘라가 거북들을 나누어 주었고 우리는 중대한 임무를 완수하기 위해 흩어졌다. 야생 붓꽃의 칼날 같은 잎, 개구리밥의 주름, 평평한 수련잎, 해수화의 키 큰 보라색 꽃 사이에서 우리는 자동차와 아스팔트와 콘크리트가 깨뜨렸던 오랜 계약을 다시 이행했다.

모두에게 이 시간은 신성한 순간이었다. 우리 중 누구는 거북을 2.5센티미터 정도 깊이의 물에 두고 스스로 수영해서 떠나가게 했다. 누구는 물가에 풀어주고 기어서 물까지 가게 했다. 나는 거북이 내 손바닥에서 출발해 얕은 물로 가게 하고 싶었다.

"행운을 빈다, 친구야!" 스콧이 첫 번째 거북에게 말했다. "175년의 행복한 삶을 기원할게!"

새끼들을 모두 풀어주는 데 15분밖에 걸리지 않았다. "전 일개 배관공입니다. 이런 걸 본 적이 없어요. 정말 존경스러운 분들이시네요. 이런 일을 하시는 분들을 만난 건 처음입니다."

"선생님은 거북에게 마음을 많이 쓰셨어요. 그러니까 저희를 찾아내셨죠." 너태샤가 다정하게 말했다.

"정말 큰 역할을 해주셨어요." 맷이 스콧에게 말했다.

스콧이 말했다. "지금 우리가 사는 세상을 변화시키려면 또 어떤 일을 하면 될까요? 오늘 풀어준 거북들이 우리가 세상을 떠난 후에도 살아 있을 거라니 정말 놀라워요. 175년이라니요!"

물론 175년을 채우려면 여러 조건이 따라주어야 한다. '모든 상황이 완벽하다면.' 인종 간 폭력, 세계적인 전염병, 불타는 세상, 해양 오염, 미쳐 날뛰는 기후 속에서 모든 것이 늘 완벽할 수는 없으니까.

간신히 역경을 이겨내고 개구리, 물고기, 새, 너구리, 밍크, 스컹크, 여우, 개가 잡아먹지 못할 정도로 커버린 새끼들에게도 매번 새로운 어려움이 닥친다. 그들이 파이어치프만큼 나이를 먹고 강해져도 위험은 사라지지 않는다. "예순, 일흔, 어쩌면 백 살이 된 어느 날 파이어치프는 운수 나쁜 일을 겪었어요. 그리고 그날의 사고가 그에게서 거의 모든 것을 빼앗아가 버렸죠." 파이어치프의 물리치료 중에 맷이 혼잣말을 했다.

하지만 우리는 지금 여기 영광스러운 뉴잉글랜드 습지에서 완벽한 8월의 어느 날, 75마리의 아름답고 건강한 새끼 거북에게 야생에서의 생득권을 되찾아 주었다. "정말 최고입니다." 스콧이 주차장으로 돌아오는 길에 의기양양하게 말했다. "살면서 이렇게 기분 좋은 일이 몇 번이나 찾아올까요?"

그로부터 며칠 뒤, 맷과 나는 토링턴의 거북 산란지로 돌아가 둥지들을 확인했다. 우리는 최대한 자주 갔다. "이곳에 출동하는 거의 매일이 크리스마스 날 아침 같아요." 에밀리가 말했다. 그해 처음으로 우리는 새끼 거북을 굶주린 까마귀에게서 보호하려고 덮개를 설치했다. 에밀리는 뜨거운 태양에 노출된 새끼들에게 그늘이 되어줄 '커튼' 수십 개를 재봉했다. 덮개를 열고 커튼을 옆으로 젖혔더니 늑대거북, 비단거북, 북미숲남생이, 블랜딩스거북, 점박이거북 성체의 완벽한 복제품들이 있었다.

나는 새끼 거북을 둥지에서 물가로 데려다주는 일이 좋다. 한번은 내가 아는 어느 다섯 살 아이와 아이의 할머니를 이 행사에 초대했다. 어린 소녀에게는 거북, 낯선 바다생물을 닮은 방귀버섯, 곰팡이, 보라색 꽃그령과 마디풀속 식물까지 풍경 하나하나가 모두 환상 그 자체였다. 이웃인 열세 살 소녀 한나를 데려간 적도 있다. 그날 맷은 구덩이 속에서 작은 발톱이 흙을 긁으며 쟁탈전을 벌이는 소리를 들었다. 부화한 북미숲남생이들이었다. 한나와 나는 숨을 죽이고 지켜보았다. 네 마리가 나와서 둥지 보호대 가장자리를 기어오르려고 애를 썼다. 세 마리는 땅에서 기어나오고 있었다. "이 아이들의 어미가 둥지를 파면서 산란 댄스를 추던 것이 기억나네. 정말 멋진 아침이야!" 에밀리가 말했다.

열두 살 된 내 친구 하이디는 자주 우리를 따라왔다. 한번은 경찰인 그녀의 아버지도 같이 왔다. 우리는 하이디라는 이름을 붙인 늑대거북의 둥지를 다시 찾았고(하이디가 그 둥지에 보호망을 설치하는 것을 도왔다.) 이미 26마리의 아기 늑대거북이 알을 깨고 나온 걸 확인한 뒤 함께 기뻐했다. 다른 둥지에서도 더 많은 거북이 부화할 것이다. 지난밤에 새끼가 나오는 것을 확인한 둥지가 있는데 에밀리는 그게 끝이 아니라고 확신했다.

하이디가 둥지 보호망을 들어올리더니 "어머나, 세상에!"라고 외쳤다. 새끼 거북 세 마리가 있었다. "아니, 네 마리예요!" 하이디는 에밀리가 시키는 대로 탈출구 근처의 흙을 조심스럽게 털어냈다. "아니, 다섯 마리! 잠깐, 여섯, 어머, 와, 아니, 여덟 마리잖아!" 우리는 이 거북들을 진과 에밀리가 "빨간 버스"라고 부르는 붉은색 플라스틱 양동이 속에 넣었다. 처음에는 좀 졸린 듯했으나 강에 도착할 무렵에는 마치 양동이 속 물이 그들에게 엄청난 기운을 불어넣기라도 한 것처럼 서로 뒤엉켜 열심히 움직였다. 가파른 모래땅을 힘차게 오르다가 하이디가 그만 야생 장미 가시에 손가락을 베었는데 그녀의 아버지가 이렇게 말했다. "우리가 오늘 이곳에 있었다는 증거가 생겼구나." 하이디는 만족스러운 표정을 지었다. 이곳에서는 상처마저 이 아이를 기쁘게 한다. "이 상처가 아니었다면 아마 오늘이 꿈인 줄 알았을 거예요." 하이디가 말했다.

노동절 무렵이면 거북의 부화철은 거의 마무리된다. 9월 12일, 토링턴 산란지에서는 무려 713마리의 새끼 거북이 부화하며 새로운 기록을 세웠다. 늑대거북이 528마리, 점박이거북이 네 마리, 비단거북이 52마리, 멸종위기종인 블랜딩스거북이 33마리, 북미숲남생이가 96마리였다.

둥지를 확인하고 시간이 남을 때면 우리는 둔덕에 함께 앉아

거북의 시간

어미 거북이 알을 잔뜩 품은 몸으로 올라야 했던 가파른 언덕을 내려다보곤 했다. 에밀리는 한 어미 늑대거북이 거의 끝까지 올라왔다가 굴러떨어지는 것을 보았다고 했다. 그녀는 결국 다시 도전해 끝내 성공했다.

거북의 둥지와 알을 지키기 위해 이곳에 모였던 사람들은 (갓 부화한 새끼 거북이나 다름없는) 걸음마쟁이부터 60대(에밀리와 나는 파이어치프와 함께 노년층에 속한다.)까지 다양하다. 하지만 이 안에서 우리는 모두 하나였다. 뒤로는 산란지를, 앞에는 반짝이는 강물을 두고, 우리는 잠재력과 성취 사이에 서 있는 목격자로서 다시 한번 세상이 새로워지고 있음을 확인했다.

9장

기다림을 배우다

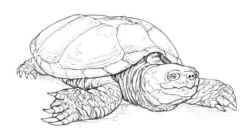

파이어치프.

"정말 **잘생겼다!**" 진이 쿵쾅대는 심장을 진정시키려는 듯 가슴에 손을 대고 외쳤다. 9월의 선선한 어느 날, 진은 거북구조연맹에서 처음으로 파이어치프를 만났다.

맷과 나는 예전부터 진과 에밀리에게 파이어치프의 사진과 영상을 수시로 보여주었다. 파이어치프의 사진은 점점 내 휴대전화에 쌓이며 SNS 계정을 도배했다. 맷과 나는 파이어치프가 물리치료를 받으면서 걸음걸이가 얼마나 나아졌는지 확인하기 위해 매번 영상을 찍었다. 그리고 우리가 그곳에 가지 못하는 날 그리운 마음을 달래기 위해 주로 꺼내 보곤 했다.

이 위대한 늑대거북을 영접한 진은 감동의 도가니에 빠졌다.

사진에 담긴 것보다 그의 몸집은 더 크고 머리는 강력했으며 목은 웅장하고 시선은 사람의 넋을 빼놓을 정도로 아름다웠으니 그럴 만도 하다. 물리치료를 위해 터틀가든으로 나올 때는 스웨터를 걸쳐야 할 정도로 날씨가 추웠지만 섭씨 26도의 수조에서 나온 파이어치프의 등딱지는 아직 따뜻했다. 그는 예상 외로 적극적이었다.

올림포스산에 올려놓자 파이어치프는 곧장 울타리로 향했다. 왼쪽으로 방향을 틀어 낙엽 더미를 통과하더니 완만한 경사를 씩씩하게 올랐다. 그러다 절반쯤 이르러서는 고개를 돌려 다시 언덕을 내려왔다. 이어서 습지에서 가장 가까운 가장자리로 가더니 울타리를 끌어안았다. 그는 종종 멈춰 서서 부리를 열었다 닫고는 했는데 습지의 물과 식물, 물고기, 다른 거북들의 맛과 냄새를 모두 남김없이 들이켜려는 것 같았다.

오늘은 스노볼과 스페셜이 야외에서 파이어치프와 만났다. 스페셜은 엉덩이를 높이 들어올린 채 등딱지의 날카로운 가장자리를 들이밀며 방어하는 것 외에는 거의 몸을 움직이지 않았다. 하지만 스노볼은 활달했다. 파이어치프의 반대쪽으로 가더니 이내 자기가 좋아하는 터널로 들어갔다. 머리는 거의 기울어지지 않았고, 확고한 의지와 목적의식을 갖고 움직였다.

이제 파이어치프가 몸을 돌려 스노볼이 있는 터널 쪽으로 갔다. 머리를 내놓고 목을 길게 뻗은 채로 자기보다 훨씬 작은 암컷을 향해 거침없이 전진했다. 이대로 가다가는 둘이 충돌할 것이 불을 보듯 뻔했다.

두 거북은 10센티미터 거리에서 대치했다. 나는 파이어치프가 스노볼을 밟고 갈까 봐 걱정했다. 쓸데없는 걱정이었다. 스노볼이 먼저 대담하게 한 걸음 앞으로 다가가더니 멈추었다. 파이어치프는 주둥이를 한 번, 두 번, 세 번 벌렸다가 닫았다.

"그가 그녀에게 메시지를 보내고 있어요." 너태샤의 설명이다. "아마 화학 정보를 주고받는 중일 거예요."

늑대거북은 보통 5월부터 9월까지 짝짓기한다. 그러나 번식철은 유동적인데, 암거북이 길게는 수년 동안 정자를 보관하기 때문이다. 혹시 지금 저들의 행동이 로맨틱한 관심의 표현일까?

진이 파이어치프의 목소리를 흉내 내며 말했다. "내 아이를 낳아주시오."

내가 즉석에서 맞장구쳤다. "그 알들 내가 낳고 싶네요!" 우리는 다 같이 웃었다.

실은 얼마 전 내 또래 친구가 올림픽에 출전한 잘생긴 남자 수영선수를 흠모한다고 고백했다. "하지만 그 사람 나이는 내 나이의 절반이야. 결혼도 했지."

"사실 나도 마음에 드는 남자가 있어. 강인하고 멋지고 나이도 적절한 데다가 싱글이야." 내가 대꾸했다.

"그래? 그럼 얼른 가서 고백해!" 친구가 신나서 다그쳤다.

나는 말했다. "근데 파충류야."

스노볼이 머리를 집어넣고 네 다리를 높게 뻗어 올렸다. 꼭 휴대용 발판처럼 보였다. 그녀는 뒤로 한 걸음 물러섰고, 파이어치프도 위로 몸을 늘렸다.

거북의 시간

마침내 스노볼이 앞으로 걸어가더니 파이어치프의 머리를 밟고 올라섰다. 거대한 등딱지를 지나 마지막 꼬리까지 밟으며 저벅저벅 내려왔다. 그런 다음 두 늑대거북은 서로 제 갈 길을 갔다. 그녀는 우리의 잘생긴 친구를 **남자**로 보지 않은 것 같다.

하지만 스노볼과 파이어치프의 행동은 우리에게 그들이 변화를 인식한다는 신호를 주었다. 물론 둘 다 몸이 나아졌기 때문에 좀 더 사교성을 발휘했는지도 모른다. 아니면 계절의 변화를 감지하면서 좀 더 활동적으로 바뀌었거나.

느리기로 유명하고 심지어 셋 중 하나는 거의 움직이지 않는다고 해도 파충류 세 마리를 돌보는 일이 의외로 어려운 과제임을 알고 있는가?

10월 초의 어느 날, 알렉시아는 서류 작업 중이었고 미카엘라는 상자거북 집을 청소하고 있었다. 너태샤와 맷은 또 다른 프로젝트로 바빴다. 그래서 내가 터틀가든에서 파이어치프, 스노볼, 그리고 스타킹스까지 세 늑대거북의 야외 운동을 감독했다.

스타킹스는 아직 머리 외상에서 회복 중이라 돌부처처럼 가만히 앉아 있기만 했다. 하지만 파이어치프와 스노볼은 가든에 도착한 순간 반대 방향으로 흩어졌다. 스노볼은 자기가 좋아하는 터널로 느릿느릿 걸어갔고, 파이어치프는 쿵쾅거리며 곧장 물로 향했다. 그러더니 금세 물에서 나와 빠르게 올림포스산의 가장 가파른 쪽으로 내려왔다. 나는 그가 뒤집어질 경우를 대비해 근처에서 대기했다.

스노볼은 육각형 가든의 한 변을 이루는 헛간 앞 시멘트 계단을 가로질렀다. 나는 스노볼이 굴러떨어질까 봐 서둘러 달려갔다.

스노볼은 무사히 계단을 건넌 뒤 다음 행로를 고민하며 잠시 쉬었다. 그런 다음 자기가 제일 좋아하는 터널로 다시 돌아갔다. 스타킹스가 여전히 움직이지 않는 가운데, 파이어치프는 올림포스산에서 안전하게 내려와 가장 낮은 모퉁이에 도착했다. 이곳은 참나무 낙엽이 깔려 있어 배딱지의 쿠션이 되어주었지만 그 대신 발톱이 힘을 받지 못했다. 따라서 낙엽 위를 걷는 것은 제대로 운동이 되었다. 파이어치프는 비록 다리 네 개를 모두 움직이고는 있었지만 여전히 엉덩이를 들어올리지 못했다. 그래서 좌우로 뒤뚱거리다 보니 배딱지의 날카로운 가장자리가 두 걸음에 한 번씩 왼편으로 내려와 그의 왼쪽 뒷 발가락에 상처를 냈다.

사실 파이어치프는 지난 몇 주 동안 밖에 나올 때마다 이런 식으로 뒷발이 딱지 가장자리에 조금씩 베였다. 처음에는 그저 우연한 사고이길 바랐다. 근육이 튼튼해져 다리를 제대로 세우게 되면 문제가 사라질 거라고 기대했다. 하지만 한두 시간 운동하고 나면 어김없이 같은 상처가 생겼다. 심하지는 않았지만 걱정스럽기는 했다. 그의 뒷다리가 완전히 회복하지 못할지도 모른다는 피의 메시지일지도 모르니까.

나는 눈을 돌려 스노볼과 스타킹스를 확인했다. 스타킹스는 여전히 움직이지 않았고 스노볼은 터널에서 나와 파이어치프에게로 향했다.

자기보다 몸집이 큰 거북과 가까워지자 스노볼은 몸을 돌렸다. 파이어치프는 앞으로 한 발 한 발 나아갔다. 그리고 걸음을 멈출 때마다 목을 길게 빼고 주변 습지에서 전달된 화학 메시지로 몸을 채웠다. 그는 울타리 밖으로 나가고 싶은 것 같았다. 그러다가 좋은 생각이 났는지 갑자기 격자무늬가 새겨진 나무 벽이 놓인 구석으로 갔다. 벽을 향해 두어 걸음 나아가더니 뒷다리로 벌떡 일어서서 거대한 앞 발톱으로 격자를 붙잡고 탈출용 사다리라도 만난 것처럼 기어올라가는 게 아닌가.

뉴잉글랜드의 야생거북에게 가을은 촉박한 계절이다. 파충류는 몸의 온도가 주변과 같아지는 변온동물이므로 추운 겨울을 지낼 안전한 장소를 찾아야 한다. 물이 깊어서 꽁꽁 얼지 않고 동면하는 동안 포식자의 눈에 띄지 않는 곳이어야 한다. 연구에 따르면 많은 늑대거북이 적절한 월동 장소를 찾아 여름 서식지를 벗어나 멀리 여행하며, 대개 (늘 그런 것은 아니지만) 매년 가을이 되면 다시 월동 장소로 돌아온다. 이 땅에서 반세기 넘게 살아오면서 파이어치프는 어려서부터 이 강력한 부름에 귀를 기울였다. 오늘 그는 그 소리를 확실히 들은 모양이다.

파이어치프의 거대한 발톱이 나무 격자를 파고드는 소리가 났다. 나는 그 앞다리의 힘에 경외심을 느꼈고 결연한 의지와 집중력에 절로 겸손해졌다. 그러나 그가 뒷다리만으로 몸을 지탱하는 것은 불가능했고, 체중이 온통 뒷발에 실리면서 배딱지의 날카로운 가장자리가 발가락의 살을 파고들어 갔다.

나는 그를 떼어냈다. 계속 매달리려고 하면서도 나를 물거나 할퀴지는 않았다. 땅에 내려놓자 시무룩해져서는 막힌 격자에 머리를 반쯤 집어넣고 주저앉았다. 안쓰러운 마음에 머리부터 꼬리까지 천천히 쓰다듬으며 말했다. "정말 미안해. 조금만 더 참아보자꾸나. 완전히 나아서 습지로 돌아갈 수 있게 최선을 다할게. 약속해. 실망시키지 않을 거야."

그는 목호흡을 하면서 2분 정도 가만히 앉아 있었다. 자기에게 어떤 선택권이 있는지 따져보는 것 같았다. 그러더니 결정을 내렸다. 한 번 더 도전이다.

파이어치프는 머리를 내밀고 굵은 목으로 안간힘을 쓰면서 격자를 붙잡고 올라가기 시작했다. 나는 그의 뒷발이 베이지 않게 딱지 밑을 받쳐 들었는데, 결국 그가 위로 올라가는 걸 돕는 꼴이 되었다. 거북의 무게를 다 받쳐내려면 두 손을 다 써야 했으므로 나무를 움켜쥔 발톱을 떼어내지 못했다. 만약 이렇게 꼭대기까지 올라가서 울타리 밖으로 넘어간다면? 내 짧은 팔로 그가 땅에 추락하는 걸 막지 못하면 어떡하지?

그때 수호천사가 나타났다. 맷은 내가 파이어치프의 발톱을 떼어내는 동안 그를 붙들고 있었다. 발가락 하나를 떼어내는 데도 두 손을 다 써야 했다. 하지만 한 발을 떼어내는 순간 그는 다른 발로 더 세게 매달렸다. 미카엘라까지 합세한 뒤에야 우리 셋은 거대한 거북을 가까스로 벽에서 떼어낼 수 있었다.

맷이 파이어치프를 붙잡아 올렸고 우리는 그의 배딱지를 살폈다. 피가 나지는 않았지만 긁힌 자국이 선명했다. 배딱지와 등딱지를 연결하는 왼쪽 브리지의 작은 상처에서 피가 배어 나왔다. 또한 발가락에 있는 상처(종이에 베었을 때 생기는 작은 상처였는데 아마 보는 우리의 마음이 더 아팠을 것이다.) 외에도 날카로운 각질판의 무게로 인해 오른쪽 뒷다리에 새로 베인 자국이 있었다.

다리의 힘을 키우는 동안 상처를 입지 않게 하려면 어떻게 해야 할까? 뒤쪽 각질판에 쿠션을 덧대면 어떨까? 배딱지에 일종의 방패를 만들어주면 좋지 않을까? "보행기 같은 게 필요할지도 모르겠어요." 맷이 제안했다.

힘센 내 인간 친구는 장갑을 낀 다음 저항하는 거북을 다시 수조에 넣었다. 이날 오후 우리에게는 더 시급한 일이 있었으니, 이 또한 다가오는 겨울 때문이다.

어제 너태샤는 구덩이를 파기 시작해 네 시간 동안 삽질을 했다. 땅이 너무 굳어서 콘크리트 바닥을 파는 것 같다고 했다. 오늘은 맷과 함께 한 시간에 걸쳐 마무리를 지었고 그렇게 깊이 90센티미터, 너비 90센티미터, 길이 90센티미터의 무덤 자리가 완성되었다.

산란기의 1차 이동이 끝나고 가을이 되면 거북들이 월동할 연못을 찾아다니는 2차 이동이 시작된다. 거북구조연맹에는 더 많은 환자와 부상자가 유입되는 때다. 72시간 전에 111번 거북(백 살은 족히 되었고 파이어치프보다 덩치가 큰 27킬로그램의 대형 수컷 늑대거북)이 길을 건너려고 차로에 들어선 모험을 시도한 것도 이런 이유에서였을 것이다.

그러나 파이어치프와 달리 이 거북은 살아남지 못했다.

알렉시아와 너태샤가 오후에 긴급 대량 매장 일정을 잡은 것도 이 거북 때문이다. 거북구조연맹의 140리터짜리 사체 보관 냉동고가 거의 다 찼다. 111번 거북은 너무 커서 냉동고에 들어가지 못했다. 사체에서 냄새가 나기 시작했다.

오후 4시부터 냉동고를 비우기 시작했다. 모두 비닐장갑을 꼈다. 죽은 거북은 다양한 크기의 비닐백에 보관되어 있었다. 미카엘라가 냉동고에서 거북 사체를 꺼내어 건네면 우리는 비닐백을 찢어서 사체를 꺼낸 다음 주머니는 휴지통에, 반창고는 의료 폐기물 통에 버리고, 거북은 영구차 역할을 하는 큰 검은색 통에 넣었다.

어떤 거북은 죽었다는 사실만 빼면 온전한 모습이었다. 또 어떤 거북은 등딱지에 금속판이나 은색 테이프가 붙어 있었다. 일부는 몸이 으스러진 상태였다. 너태샤는 지체하지 말고 서둘러달라고 부탁했다. "매장 의식 중에 각 거북을 기리는 시간을 가질 거예요."

알렉시아와 너태샤, 미카엘라는 그들이 맡았던 환자의 사체까지 존중한다. 나는 언젠가 미카엘라가 죽은 어미 거북의 몸에서 알을 꺼내 부화기에 넣는 장면을 지켜보면서 깊이 감동했다. 시간도 오래 걸리고 까다롭고 성가신 수술이었다. 어차피 죽었는데 왜 간편하게 배딱지를 열어 꺼내지 않느냐고 물었더니 미카엘라는 "필요 이상으로 몸에 칼을 대지 않으려고 해요. 제가 죽은 거북에게 존중을 표현하는 방법이에요. 작업이 끝나면 최대한 원상태로 복원해요."라고 말했다.

이 거북들은 이렇게 일찍 죽어서 여기 있으면 안 되는 존재들이다. "꽁꽁 얼어 있는 모습이 정말 어색하네요." 맷이 말했다. 가끔은 비닐백이 서로 들러붙어 드라이버를 찔러 넣어 떼어내야 한다. 환자를 냉동고에 넣을 당시 피가 흘렀다면 비닐에 붙은 채로 얼어버리기 때문에 사체를 떼어내기 어렵다. 턱이 비닐백 이음새에 박힌 거북도 있었다. 마치 이승을 떠나지 않으려는 몸짓 같았다.

부화하지 못한 알이 들어 있는 비닐백도 있었다. 태어나지 못한 새끼부터 크고 작은 거북까지 모조리 검은 통에 쏟아붓자니 마음이 영 불편했지만 양이 너무 많아서 서둘러야 했다. 그러지 않으면 어두워질 때까지 무덤에서 삽질을 해야 할 테니까.

우리는 우울한 과정을 빨리 마무리지었다. 너태샤와 알렉시아가 111번 거북이 든 통을 들고 앞뜰로 나갔고 맷과 나는 다른 통들을 들고 따라갔다.

무덤 자리는 어린 호두나무 아래였다. 알렉시아가 말없이 제일 먼저 111번 거북을 집어 들어 구덩이에 넣었다. "미안하다, 아이야." 너태샤가 나직하게 말했다. 이어서 각자 검은 통에서 한 마리씩 들고 등딱지가 위로 가게 똑바로 땅에 엎어놓았다. 죽어서도 뒤집어지는 걸 좋아하는 거북은 없을 테니까.

맷과 나는 많은 거북을 알아보았다. 개에게 물어뜯겨 실려온 암컷 비단거북 타코스, 우리가 봉사하러 오기 시작한 초기에 애시랜드애비뉴에서 동물통제관이 데려온 34번 거북, 야생에서 납치되어 수십 년간 애완용으로 길러지다 버려진 아름다운 상자

거북 윌로. 윌로는 이곳에서 다른 암컷 상자거북 코튼우드와 같이 지냈는데 원인 모를 이유로 윌로가 세상을 떠나자 코튼우드는 몇 주 동안 무기력하게 지냈다.

모든 거북에게는 자기만의 이야기가 있었다. 어떤 이야기는 길었고, 어떤 이야기는 짧았다. 이들의 사체를 보면서 각각의 거북들에게 다른 아픔을 느꼈다. 나는 알 속에 들어 있는 작은 새끼 거북을 집어 들었다. 머리와 한 손이 밖에 나와 있었다. 이 세상에서 고작 몇 분을 살다 간 생명이다.

맷이 검은 등딱지에 노란 점이 찍힌 거북을 들어올렸다. "아!" 맷이 거북을 보더니 통증이 느껴지는 것처럼 말했다. "점박이거북!" 이 생명이 이렇게 꺼져버린 것은 멸종 위기의 개체군에 크나큰 소실이다.

너태샤는 북미숲남생이를 집어 들었는데 도로 공사용 롤러에 깔린 것처럼 납작했다. "왜 여기까지 데려왔는지 모르겠어요. 알 하나도 살리지 못했거든요."

미카엘라는 장갑을 낀 두 손으로 큐리오를 집어 들었다. 미카엘라의 생일인 6월 5일에 거북구조연맹에 도착한 비단거북이었다. 미카엘라는 이 암거북과 수십 시간을 보내며 이야기하고 껴안고 또 함께 숨을 나누었다. "저는 큐리오와 깊은 대화를 나눴고, 깊이 호흡하며 함께 숨을 쉬었어요." 미카엘라가 나중에 나에게 말해주었다. "전 제가 그들을 도우려는 것이지 해치려는 게 아니라는 걸 전하려고 최선을 다했어요." Y자 모양으로 커다랗게 깨진 등딱지와 브리지, 머리의 상처에도 불구하고 큐리오는 마지막 순간까지 놀라울 정도로 호기심이 많고 자신감이 넘쳤다. 그는 8월 26일, 병실 상자에서 죽은 채로 발견되었다. "자, 들어가렴." 미카엘라가 친구에게 건네는 침착하고 따뜻한 목소리로 말했다.

다음으로 우리는 커다란 늑대거북을 들어올렸다.

스키드플레이트였다. 살아남기 위해 용감히 싸운 영웅! 이 거북은 한 주 한 주 힘든 치료를 견디며 역경과 싸웠다. 그때마다 너태샤는 앞발을 붙잡고 그가 주사의 통증을 참을 수 있게 도왔다. 우리는 모두 그가 살아날 줄 알았다.

"죽음은 저렇게 위엄 있는 동물에게서 품위를 빼앗아 가요." 너태샤가 말했다.

마침내 모든 냉동 거북이 무덤에 안치되었다. 모두 32마리였다. "우리가 최선을 다해 돌보았던 거북들이 누운 자리입니다." 너태샤가 말했다. "지금은 우리가 모두 함께 이들을 보는 처음이자 마지막 시간입니다. 우리는 한 마리 한 마리에게 성심을 다했습니다."

미카엘라가 말없이 흐느꼈다. 알렉시아가 미카엘라의 어깨를 감싸며 말했다. "네 덕분에 더 오래 살다가 갔어."

"여러분이 구한 생명을 자랑스럽게 여기세요." 맷이 다정한 위로를 건넸다.

너태샤가 무덤 위에서 추도사를 읊었다. "백 살의 어른에서 갓 태어난 새끼까지 이들은 모두 조금이나마 생을 살았고 삶을 맛보았습니다. 이들은 대자연의 온기를 느꼈습니다. 역경을 이겨내고 크고 강하게 성장한 거북도 있었습니다. 이들은 대자연의 품에서 기어다녔고, 이제 대자연의 품으로 돌아갑니다. 이 땅에서 이들에게 주어진 마지막 둥지를 지키며 마무리합시다. 여러분, 자유롭게 돌을 올려놓아 주세요."

우리는 현실적인 이유로 거북 사체 위에 돌을 덮었다. 사체를 파내어 끼니를 해결하려는 동물들을 막으려는 것이다. 그건 죽은 거북이 훼손되는 것을 원치 않기 때문이기도 하지만 재활 중인 환자의 운동 장소인 터틀가든이나 야생거북이 사는 근처 습지에 포식동물을 끌어들이지 않기 위해서이기도 하다. 돌을 올리고 있으니 무덤에 조약돌이나 돌멩이를 올려놓는 고대 유대인의 관습이 떠올랐다.

이 의례의 기원은 불분명하지만, 아마도 우리처럼 악마와 그 밖의 반갑지 않은 손님을 물리치기 위해 행했을 것이다. 영혼이 저승으로 떠나지 못하게 하고 영원히 이승에서 함께하기 위해 바위로 눌러놓는 것이라는 설명도 있다. 누군가는 이런 관습이 예루살렘 성전 시대로 거슬러 올라간다고 말한다. 당시 유대인들은 사제들에게 근처에 무덤이 있다고 경고하는 의미로 돌을 쌓아 표시했다. 코헨kohanim이라고도 불리는 유대교의 제사장은 제물을 바치는 사람이었는데, 죽은 자의 몸에서 1.2미터 이내로 가깝게 있으면 부정 탄다고 여겨졌기 때문이다. 돌이 꽃보다 낫다고 하는 이들도 있다. 돌은 영원한 기억을 상징하고 떠난 사람이 잊히지 않았음을 다음 방문객에게 상기해 주는 수단이 되었다.

기원이 어떻든 유대인은 망자의 무덤에 돌을 올리는 예를 미츠바^{mitzvah}(유대법의 계명을 지키기 위한 착한 행동, 친절과 공감의 행위)의 하나로 생각했다. 하시디즘의 가르침에 따르면 미츠바라는 단어는 연결이라는 뜻의 차우타^{tzauta}에서 유래했다. 그래서 우리가 무덤에 올리는 모든 돌은 아직 살아 있는 우리와, 우리보다 앞서 살았던 사람들이 여전히 연결되어 있고 죽음이 찾아와도 그 연결이 끊어지지 않는다는 사실을 알려준다.

우리는 차례대로 무덤에 한 삽 한 삽 흙을 던졌다. "죽으면 어떻게 될 것 같아요?" 내가 너태샤에게 물었다. "육신에서 자유로워지면서 최초의 불꽃이 되지 않을까요? 밤에 날아다니는 반딧불이처럼요. 누구나 죽으면 대자연으로, 모든 것의 원천으로 돌아갑니다. 우리는 모두 같은 재료로 만들어진 영혼이에요. 이 노령의 거북들을 대하다 보면 알 수밖에 없어요. 커다란 늑대거북들은 자신을 숨막히게 빛나도록 만드는 방법을 알아요. 우리는 포기할 때 많은 것을 잃지요. 하지만 거북은 절대 포기하지 않아요. 그래서 우리도 거북 앞에서 절대 포기하지 않습니다."

나는 알렉시아에게도 같은 질문을 던졌다. 그녀는 내가 마치 입자물리학에서 중성미자의 의의를 설명해 달라는 요청이나 한 것처럼 놀란 표정으로 내 얼굴을 쳐다보더니 "저도 모르죠."라고 대답하고는 집 안으로 들어갔다. 그녀의 관심이 필요한 수백 마리의 살아 있는 거북이 있는 곳으로.

손턴 와일더의 연극 「우리 읍내Our Town」 3막 무대에는 세 줄로 의자가 늘어선다. 각각의 의자는 그 자리에 앉은 영혼의 무덤을 나타낸다. 출산 중에 사망한 젊은 주인공 에밀리는 시어머니인 기브스 부인, 스스로 다락방에서 목을 매단 사이먼 스팀슨을 포함한 망자들에게 합류한다. 먼저 도착한 사람들은 차분히 앉아 그들이 살던 작은 마을인 그로버스코너스에서 다른 이들이 사는 삶을 무심히 내려다보며 인내심 있게…… 기다린다.

지금 여기 산 자의 세상에서 사람들은 모두 기다리는 중이다. 도무지 일어날 기미가 없는 일이 시작되기를 바라면서. 여름휴가는 없다. 가을에도 개학은 없다. 팬데믹은 계속 진행 중이다. 운동가들이 '흑인의 목숨은 중요하다Black Lives Matter'를 부르짖으며 연일 집회를 연다. 브라질 대통령 자이르 보우소나루와 미국 대통령 도널드 트럼프는 자신들의 나라가 화염에 휩싸이고 있는데도, 인간이 기후 변화를 야기했다는 차고 넘치는 증거를 외면한다. 1초, 1분, 1일의 길이는 작년과 똑같지만 지금의 시간은 마지못해 질질 끌려가듯 더디게 지나가고 있다.

기다림의 시간은 사람마다 다르게 느낀다. 독일의 심리학자 마르크 비트만은 할 일이 아무것도 없는 방에 피험자를 들여놓고 그곳에 머문 시간을 가늠하게 했다. 실제 실험은 7분 30초 동안 지속되었는데, 고작 2분 30초가 지났다고 생각한 사람도 있기는 했지만 대다수의 사람들은 20분 이상 지났다고 느꼈다.

거북의 시간

아마도 그해의 가장 긴 날은 2020년 대통령 선거일이었을 것이다. 결과가 나오기까지 실제로는 하루가 아니라 총 4일이 걸렸다. 맷과 나는 밤새 선거 방송을 보느라 몹시 피곤했다. 하지만 우리를 더 지치게 한 것은 확신할 수 없는 결과였다. 우편투표 결과가 남아 있어 당선자가 명확하지 않았다. 사우스브리지로 가는 차 안에서 우리는 긴장 속에 라디오 뉴스를 들었고 가끔은 동시에 비명을 지르기도 했다.

등딱지에 '투표 완료' 스티커를 붙인 스프로키츠가 문 앞에서 우리를 맞이했다. 그러고는 다시 들어가서 채소, 수박, 호박, 딸기가 수북한 아침식사를 즐겼다. 피자맨이 쿵쾅거리며 달려와 쓰다듬어 달라고 머리를 내밀었다. 이날 우리에겐 다른 축하할 일이 있었다. 맷이 특별히 아끼는 엘롱가타육지거북 애프리컷이 마침내 옥시토신을 맞고 엑스선으로만 보았던 거대한 네 개의 알을 낳은 것이다. 알이 몸속에서 빠져나오지 못할까 봐 걱정했는데 천만다행이었다. 우리는 수조의 필터를 갈고 상자거북의 식판으로 쓸 슬레이트판 위를 닦고 소독했다. 그런 다음, 햇살이 비치는 17도의 야외로 늑대거북 다섯 마리를 데리고 나갔다. 스노볼, 스팀펑크, 스펑키, 스페셜, 마지막으로 파이어치프까지. 등딱지의 날카로운 가장자리로부터 약한 뒷 발가락을 보호하려고 의료용 반창고처럼 생긴 파란 동물용 붕대로 등딱지 가장자리를 감쌌다. 그 위에는 '매력남'이라는 글씨로 장식했다.

모든 늑대거북이 부지런히 움직였다. 터틀가든에서 스펑키는 원을 그리며 돌았고 미카엘라가 등딱지를 긁자 쉬익거리는 소리로 화답했다. 스페셜은 처음으로 4.5미터를 걸었다. 스노볼은 동면할 연못을 찾으라는 조상의 지혜에 따라 11월의 태양에서 벗어나 얼음장 같은 웅덩이 속으로 **덥석** 들어갔다.

맷과 나는 파이어치프를 데리고 배딱지가 긁힐 위험이 없는 풀밭에 갔다. 그는 미역취와 찔레를 향해 걸었다. 오늘따라 뒷다리가 더욱 약해 보인다. 특히 왼쪽 다리는 발이 아닌 지느러미처럼 보일 정도로 더 질질 끌렸다.

다행히 동물용 붕대가 쿠션 역할을 해서 날카로운 각질판으로부터 뒷발을 보호해 주었다. 얼마 지나지 않아 힘을 회복했는지 파이어치프가 배딱지를 조금 더 높이 들었다. 걸음에도 속도가 붙었다.

그도 스노볼처럼 계절의 부름을 좇는 것처럼 보였다. 걸음을 멈추고 화학물질이 전달하는 세상 소식을 흡수하기 위해 공기를 한껏 들이마셨다. 우리가 차 안에서 들었던 답답한 뉴스와 달리, 이 소식은 파이어치프가 기꺼이 이해하고 받아들이려는 것이었고 두말할 것 없이 그는 적절하게 반응했다.

맷과 나는 선거의 결과가 너무나 궁금했지만 이 순간만큼은 시간과 함께 평화로웠다. 비명 따위는 지르고 싶지 않았다.

"무엇이나 다 정한 때가 있다. 하늘 아래서 벌어지는 무슨 일이나 다 때가 있다." 성경에서 내가 제일 좋아하는 「전도서」 3장 1절의 말씀이다. 태어나는 것도 죽는 것도 다 때가 있고, 치유되는 것도 애도하는 것도 다 때가 있다. 서둘러야 할 때가 있고 기다려야 할 때가 있다. 그러나 인간이라는 종에게 기다림은 몹시 고통스러운 일이다.

처음 「우리 읍내」를 봤을 때 내게는 기다림이 죽음의 가장 힘든 부분으로 와닿았다. 그래서 연극 속 나이 든 영혼의 침착함에 당황했다. 저들은 어떻게 그 기다림을, 끝이 보이지 않는 기다림을 견딘다는 말인가.

그러나 기다림에 있어서 거북을 따라올 자는 없다. 특히 북쪽 지역에 서식하는 거북은 매년 겨울 몇 개월씩 가사假死 상태를 지속한다.

거북의 휴면은 죽음을 모방함으로써 죽음을 속인다. 그들은 먹지 않는다. 숨 쉬지 않는다. 심장은 몇 분에 한 번씩만 뛴다. 신진대사는 99퍼센트까지 감소한다. 새끼 서부비단거북을 포함해 몇몇 거북 종은 꽁꽁 얼어 있다가도 살아난다.

휴면하는 대부분의 거북이 어는점 바로 위의 온도에서 겨울을 난다. (상자거북을 키우는 사람들은 겨울이 되면 흙을 깐 용기에 거북을 넣고 냉장고 안에 넣어두라는 조언을 받기도 한다.) 중앙아시아의 얼음 덮인 스텝초원에서도 살아남는 호스필드거북은 이런 목적으로 땅속에 1.8미터 깊이의 굴을 판다. 점박이거북은 풀밭에 숨거나, 튀어나온 바위 밑에 몸을 묻거나, 뿌리 사이에 끼워진 채로 부드러운 이끼를 쿠션 삼아 겨울을 난다. 북아메리카에서 월동하는 수생거북 대부분은 연못이나 개울에서 지내는데, 때로는 좀 더 조용한 곳을 찾아 여름을 지냈던 연못을 떠나기도 하고, 같은 습지의 다른 구역으로 이동하기도 한다. 늑대거북은 겨우내 흐르는 작은 개울의 통나무 밑에 몸을 파묻고 휴면한다. 호수에서는 호숫가 근처의 쓰러진 나무나 그루터기 아래에 틀어박힌다. 습지에서는 깊은 진흙 속에 들어가서 지낸다. 때로는 사향쥐가 지어놓은 집에서, 또 어떨 때는 늑대거북 여러 마리가 함께 모여서 겨울을 난다.

물속에서, 진흙 속에서, 100일 이상 수면이 얼어 있는 물에서 지내는 늑대거북과 기타 수생거북은 산소에 거의 접근하지 못한다. 그래도 상관없다. 엉덩이로 숨을 쉬기 때문이다. 이들은 허파가 아니더라도 피부에 가까운 혈관으로 산소를 흡수할 수 있다. 혈관이 가장 풍부한 곳 중 하나가 총배설강이다.

겨울철 휴면 중인 거북은 먹이를 먹지 않기 때문에 세포의 생명을 유지하기 위해 간과 근육에 저장된 에너지를 사용한다. 그러다 보면 젖산을 과도하게 생산해 몇 개월 후에는 치명적인 수준이 된다.(과도한 운동 후 근육이 경련을 일으키는 것도 비슷한 이유다.) 거북들은 산을 중화하려고 등딱지의 칼슘을 동원하는데, 이는 우리가 제산제를 먹는 것과 같은 원리다.

휴면 상태에 있을 때 거북의 신진대사는 완전히 달라지므로 거북이 죽었다고 착각하기 쉽지만 그렇다고 의식이 없는 건 아니다. 심지어 조금씩 움직이기도 한다. 얼어붙은 연못 위에 서 있으면 비단거북이나 늑대거북이 헤엄치는 모습을 볼 때가 있다. 거북은 비활성화 상태인 것 같지만 실은 깨어 있다. 2013년에 발표된 논문에서 덴마크 연구자들은 산소가 부족한 차가운 물속에서 움직이지 않고 휴면 중인 붉은귀거북의 뇌에 전극을 심어두고 관찰한 결과, 거북의 뇌는 빛과 온도 변화에 모두 반응했다고 밝혔다. 논문의 저자는 "동면 중인 거북은 혼수상태가 아니라 겨우내 깨어 있다."라고 썼다.

어떤 거북 종은 이런 상태로 217일이나 지낸 후에도 멀쩡하게 회복했다. 이런 상태에서 거북은 시간의 흐름을 어떤 식으로 받아들일까? 지루할까? 편안할까? 아니, 뭔가를 기다리는 중이라는 생각이 들기는 할까?

물론 우리는 알 수 없다. 우리는 타인의 경험이 어떠한지, 심지어 배우자, 연인, 제 자식의 감정조차 진정으로 이해하지 못한다. 하물며 사람과 너무 달라 박물학자 헨리 베스턴이 '다른 나라 other nations'라고 표현한 종은 어떻겠는가?

인간은 시간의 흐름을 제대로 인지하지 못하는 것으로 악명이 높다. 마르크 비트만에 따르면 대부분의 사람이 정확히 추적할 수 있는 시간은 고작 5초에 불과하다. 신체 부위와 감각의 종류에 따라 다르지만, 어떤 사건의 발생을 뇌가 인지하는 데 약 0.5초가 걸린다. 발에서 보내는 신호는 입에서 보내는 신호보다 뇌까지 가는 데 더 오래 걸린다. 결과적으로 우리는 모두 찰나의 차이로 과거를 사는 셈이다.

인간이 지닌 시각, 청각, 촉각의 결함이 시간에 대한 우리의 지각을 제한한다고 마이애미대학교 생물학과 교수 니컬러스 P. 머니가 『빠른 자연, 느린 자연 Nature Fast and Nature Slow』에서 말했다. "시간은 손에서 쉽게 벗어나며 우리가 관심을 기울일 때만 기록된다. 그러나 관심을 기울인다 한들 인지할 수 있는 것은 작은 조각에 불과하다.”

헨리 베스턴은 책『세상 끝의 집The Outermost House』에서 동물은 “우리가 잃어버렸거나 혹은 아예 가진 적이 없는 감각을 지니고 산다.”라고 썼다. 선견지명이 담긴 말이다. (이 책은 과학자들이 동물의 감각이 지닌 힘의 규모와 다양성을 거의 발견하지 못했던 1928년에 출간되었다. 그러나 거의 100년이 지난 지금도 여전히 많은 것들이 밝혀지지 않았다.) 예를 들어 개들은 주인이 돌아오길 기다리며 매일 특정한 시간에 문 앞에서 기다린다. 심지어 그들이 타고 오는 열차 시간을 맞히는 개들도 있다. 이들의 시간 감각은 기관차보다도 더 정확하다. (하치코라는 이름의 한 아키타개는 주인이 근무 중에 사망하여 돌아오지 않는데도 10년 동안 매일 오후 같은 시간에 기차를 맞이하러 나갔다.) 그들은 시간을 어떻게 알아낼까? 개의 인지능력 전문가인 컬럼비아대학교 알렉산드라 호로비츠 교수는 개가 시간의 흐름을 냄새로 인지한다고 믿는다. 향기 분자는 일정한 속도로 사라지기 때문에 냄새를 추적하는 개들은 흔적의 시작점을 찾으면 점점 강해지는 냄새를 따라 어렵지 않게 그 끝을 쫓을 수 있다.(그 반대가 아니다.)

우리는 시간의 냄새를 맡을 수 없다. 인간은 사물에 대한 인상의 80퍼센트를 시각을 통해 받아들인다. 그러나 우리는 벼룩이 뛰는 동작을 볼 수 없고, 벌새의 날갯짓 역시 흐릿해 보일 뿐이다. 머니에 따르면 인간은 초 단위로 살기 때문이다. 우리의 위胃는 20초마다 수축하고 장은 5초마다 꿈틀대며 심장은 약 1초에 한 번씩 뛴다. 대략 0.002초마다 점화되는 자극은 우리의 주의를

거북의 시간

끌지 못한다. 인간은 박쥐가 반향정위를 위해 1초에 200번씩 생산하는, 주파수 80킬로헤르츠의 음파를 듣지 못한다. 그러나 명주잠자리 유충처럼 일부 날개 달린 곤충의 포식성 유충은 박쥐 소리를 들을 수 있고, 그 소리가 들리면 모래로 들어가 숨는다.

곤충이 1초당 처리하는 이미지의 수는 우리의 것보다 월등하게 많다. 만약 잠자리에게 텔레비전을 보여준다면 1초에 200개 이상의 정지 화면을 볼 것이다. 고화질 텔레비전이 나오기 전까지는 개들도 스크린에서 검은 화면으로 분리되는 일련의 정지 화면을 보았을 것이다. 하지만 우리 인간의 눈에는 매끄럽게 이어지는 하나의 영상으로 보인다. 한 생물이 점멸하는 광원을 끊어진 것이 아닌, 연속적인 것으로 인지하는 최대 점멸 속도를 '점멸융합주파수flicker fusion frequency'라고 한다. 이는 인간을 비롯한 동물이 시간을 경험하는 방식을 측정하는 하나의 기준이다. 집파리의 점멸융합주파수는 **초당** 250번이다. 비둘기는 100번, 개는 80번, 인간은 60번이다. 테스트된 유일한 거북인 바다거북은 15번이다.

더블린의 트리니티대학교 과학자들이 주도한 한 국제 협력 연구에서는 동물 30종의 점멸융합주파수 측정 결과에 기초해 생물이 시간을 인지하는 능력은 삶의 전반적인 속도와 연관된다는 결론을 내렸다. 왜 그럴까? 시각 자극이 고도화될수록 이를 처리하는 데 에너지가 많이 들기 때문이다. 2013년 학술지《동물행동학Animal Behavior》에 출판된 한 연구에 따르면, 몸집이 작고 신진대사 속도가 빠른 생물은 신진대사 속도가 느린 동물에 비해 단위 시간당 더 많은 정보를 전달받는다. 따라서 시간을 더 느리게 경험한다. 초당 25번이라는 광적인 속도로 심장이 요동치는 사비왜소땃쥐는 우아하게 1분에 여덟 번씩 뛰는 갈라파고스거북보다 시간을 더 길게 경험한다. 나름 공평한 시스템이다. 땃쥐는 운이 좋아야 2년을 살지만 갈라파고스거북은 최소 175년 또는 그보다 오래 살기 때문이다.

그러나 두 동물 모두 천수를 누리는 것이 허락된다면 삶의 여정을 전부 경험하고 싶을 것이다. 그래서 자연은 느리게 살면서 장수하는 거북에게 「우리 읍내」에 등장하는 침착한 영혼의 인내심을 주었는지도 모르겠다. "세상에 영원한 것이 있음을 모든 이가 뼛속 깊이 알고 있다."라고 무대감독은 말한다. 죽은 자는 기다림 끝에 자신의 영원한 일부가 마치 봄이면 모습을 드러내는 거북처럼 다시 나타날 것을 알기에 평안하다.

"우리는 시간이 지나가는 것을 보지도 듣지도 만지지도 못한다." 『스탠퍼드 철학 백과사전The Stanford Encyclopedia of Philosophy』의 '시간의 경험과 지각' 항목에 쓰여 있는 글이다. "그러나 우리는 모든 감각이 기능을 멈추더라도 시간의 흐름을 알아차릴 수 있다."라는 설명이 그 뒤를 잇는다.

2019년에 마지막으로 업데이트된 이 항목에는 당시 아직 널리 알려지지 않은 새로운 발견이 추가되지 않았다. 그즈음 촉각, 후각, 청각, 시각과 함께 우리에게는 시간을 감지하는 감각기관이 있고, 시간을 감지하고 측정하는 특별한 세포가 존재한다는 가능성이 제시되었다. 옥스퍼드대학교 신경과학자 러셀 포스터는 앞이 보이는 생쥐와 날 때부터 앞이 보이지 않는 생쥐의 눈에서 멜라놉신이라는 색소를 발견했는데, 이 색소는 (빛이 보이지 않아도) 빛에 반응해 유기체의 생체시계에 밤과 낮을 연결하는 것으로 보인다. 시간을 감지하는 이런 세포로 들어온 정보는 시신경을 따라 움직이지만, 보통 망막의 간상세포와 추상세포에서 보내는 정보를 처리하는 시각피질을 거치지 않고 시상하부 내의 별도의 더 깊은 영역으로 전달된다. 이곳에서 시교차 상핵 suprachiasmatic nuclei이라고 알려진 한 쌍의 기관은 무의식적인, 그러나 반드시 필요한 일주리듬이 조율되는 구역일 가능성이 있다. 또 멜라놉신은 개구리의 피부에서도 발견된다. 비슷하지만 다른 종류의 옵신이 오징어와 문어의 피부에서도 발견되었다. 그 영향력이 지대하여 우리는 눈으로 시간을 감지하고, 다른 생물은 피부로 시간을 볼 수 있는지도 모른다.

거북의 정교한 감각에 대한 연구는 아직 시작되지도 않았다. 아직 발견되지 않은 것들을 포함해 긴 세월 연마된 거북의 능력은 그들의 삶을 지금까지 지구에서 발견된 그 어떤 육상 척추동물보다 더 오래 탄탄히 이끌어왔다. 그러나 이것만으로는 충분하지 않다. 어쩌면 거북에게는 시속 96킬로미터로 질주하는 차가 우리 눈에 보이는 벌새의 날갯짓처럼 흐릿하게 보일 것이다. 파이어치프, 스노볼, 111번 거북, 그리고 다른 많은 거북 환자들은 자신을 친 차를 제대로 보지도 못했을지도 모른다.

수억 년의 진화는, 지질학적 시간의 측면에서 눈 한 번 깜빡

할 사이에 인간이 초래한 격변에 거북을 대비시켜 주지 못했다. 한때 텍사스와 멕시코에서는 해변을 검게 물들일 정도로 새끼 바다거북이 많이 몰려들었다. 이들은 사르가소 순환 해류를 타고 대서양 한복판으로 갔다. 그리고 3~5년이 지나 여름철이 되면 북쪽의 케이프코드해변까지 헤엄쳐 와서 그곳에 풍부한 게, 해파리, 조류를 즐겼다. 가을이면 수온이 10도 미만으로 떨어지기 전에 남쪽의 따뜻한 물로 다시 돌아갔다. 그러나 지금의 기후 변화가 케이프코드, 그리고 북쪽의 메인만 전체를 그 어느 바다보다 빠르게 덥히고 있다. 따라서 많은 거북이 그곳에 너무 오래 머문다. 뒤늦게 남쪽으로의 이동을 마음먹은 무렵이면, 대서양의 물은 거북이 헤엄치지 못할 정도로 차가워진다. 결국 이 거북들은 갈고리 모양의 케이프(곶) 지형에 갇혀 추위를 견디지 못하고 '실신 상태cold stun'가 된다. 너무 추워서 생각할 수도, 움직일 수도 없고, 결국 살아남지도 못한다. 바람의 방향이 맞아떨어지면 표류목처럼 해안가로 떠밀려 오기도 한다.

1974년, 매사추세츠 오듀본 웰플리트 야생동물 보호구역 소장인 로버트 프레스콧은 냉기에 기절한 채 케이프해변으로 밀려 온 거북을 구조하기 시작했다. 현재는 매년 겨울 수백, 수천 마리의 거북이 발견된다.

12월의 둘째 날 우리가 방문했을 때 너태샤가 이 바다거북들의 곤경을 들려주었다. 너태샤는 '서프라인Surflin'이라는 웹사이트에서 지속적으로 날씨를 확인해 왔다. 3일 뒤면 그레이트아일랜드와 데니스를 가로질러 해안을 향해 불어오는 북서풍이 시속

56킬로미터를 넘을 것으로 예측된다. 추위에 실신한 거북들이 속수무책으로 해안에 실려올 조건이다.

　보통은 수백 명의 오듀본 자원봉사자들이 거북들을 구조하기 위해 해변을 샅샅이 훑는다. 구조된 거북은 매사추세츠 오듀본 웰플리트 야생동물 보호구역의 임시 바다거북병원으로 옮겨졌다가 뉴잉글랜드 아쿠아리움의 동물보호시설로 가서 재활한다. 그러나 지금은 평소와 다르다. 추수감사절 이후 미국에서는 코로나19가 40초마다 한 명의 목숨을 빼앗아 가고 있다. 매사추세츠주의 병원에는 병상이 부족해 야전병원을 설치했고, 안전을 이유로 일반적인 자원봉사자 모임은 취소되었다.

　그러나 우리는 일요일에 해변으로 간다.

비단거북이 얼음 밑에서 겨울을 보내고 있다.

10장

바다거북 구조 작전

켐프각시바다거북.

토요일 정오, 창밖은 스노글로브나 다름없었다. 폭설 경보가 매사추세츠주 중부에서 메인주 북부까지 확대되었다. 케이프에 자리 잡은 저기압 세력이 토요일 해안가에서 시속 96킬로미터의 북동풍을 일으켰다. 뉴햄프셔주와 매사추세츠주 중부에 30센티미터의 젖은 눈이 예보되었다. 이런 눈은 나무와 송전선을 쓰러뜨릴 정도로 무겁다. 연방 일기예보는 주말에 뉴잉글랜드 해안으로 올라가는 강한 북동풍 때문에 "이동이 위험하거나 아예 불가능할 수 있다."라면서 폭탄 사이클론bomb cyclone으로 발전할 가능성을 경고했다. 두 단어는 따로 보아도 공포를 일으키지만, 합쳐지면서 우리의 순찰 일정을 알고 있는 친구들의 걱정을 샀

다. 여러 지인이 나더러 가지 말라고 했고, 심지어 한 명은 기도까
지 써서 보냈다.

> 긴 밤의 순찰 중에
> 주의 천사들이 당신의 침상을 지키며
> 그 하얀 날개를 펼치게 하소서.

인터넷이 먹통이 되기 직전 나는 "일요일에 해변에 떠밀려
와 구조를 기다리는 가련한 바다거북을 위해 이 기도를 생각하
겠습니다."라고 답장했다.

일요일 아침에 일어나 보니 맷과 에린의 집을 포함해 뉴잉글
랜드에서 20만이 넘는 가구가 정전되었다. 추워서 좋은 일도 있
었다. 그날 아침 맷이 전화해서 명랑하게 말하길, 추위 덕분에 자
신의 노란쥐뱀 어니가 그 주 초에 오랜만에 은신처에서 나와 모
습을 드러냈다고 했다. 다행히 맷네 집에는 거북 온열등과 냉장
고를 위한 자가발전기가 있다. 맷과 에린은 전화를 끊고 밖에 나
가 진입로에 쓰러진 나무를 옮겼다.

오전 10시 30분. 해가 반짝 하고 나오자 맷의 집으로 가는 도
로를 따라 눈 쌓인 나무가 백색 대성당의 아치처럼 눈부시게 빛
났다. 온 세상이 크리스마스카드처럼 보였다. 대담하게 날아다니
는 박새류만 빼면 주위는 온통 고요하고 꽁꽁 얼어 있었다. 파충
류를 수색하기에 전혀 어울리지 않는 날이었다.

우리는 매사추세츠주 샌드위치 마을의 어느 문 닫은 커피숍 주차장에서 사람들을 만났다. "바다거북 순찰팀, 반갑습니다!" 검은 마스크 뒤로 알렉시아의 목소리가 들려왔다. 청록색 눈과 두 가닥 짙은 머리카락을 제외하고 얼굴과 머리 전체를 마스크와 우샨카 니트 모자로 꽁꽁 싸맸다.

순찰팀에 누가 또 있을까? 모두가 마스크를 쓰고 두꺼운 옷에 파묻혀 영락없이 멕시코 노상강도 버전의 미쉐린맨●으로 보였다. 나와 맷, 알렉시아, 너태샤, 미카엘라를 포함해 총 11명이 모였다. 마이크 헨리와 거북구조연맹 자원봉사자 마이크 웹스터가 왔고, 이전 원정에서 1.2미터짜리 죽은 뱀상어를 어깨에 둘러메고 오듀본 웰플리트 야생동물 보호구역까지 온 전설적인 영웅 댄 트레이시와 미카엘라의 여자 친구 앤디가 합류했다. 마지막으로 마이크 웹스터의 친구인 스코틀랜드 커플도 자원봉사하러 왔는데 매력적인 억양이 마스크에 가려 잘 들리지 않았다.

"오늘, 그러니까 오늘 밤 우리는 진짜 모험을 하게 될 거예요." 알렉시아가 비장하게 말했다. "날씨가 더 추워질 거예요. 주위가 깜깜하기도 할 테고요. 지금 우리가 가는 곳에는 길이 없습니다. 지름길은 말할 것도 없고요. 조명도, 재보급도, 구조대도 없습니다." 너태사가 덧붙였다. "화장실도 없어요."

현재 뉴욕 업스테이트의 겨울 별장에서 아늑하게 지내고 있는 인심 좋은 내 친구가 케이프 남단 사우스올리언스의 여름 별

● 프랑스의 유명한 타이어 브랜드 미쉐린의 마스코트. 타이어로 이루어진 사람 모양의 캐릭터다.

장에서 하루를 묵게 해주었다. 우리 순찰팀은 그곳에서 출격 준비를 했고 지금 이렇게 다시 모였다.

"오늘 우리는 가장 힘들고 어려운 거북 구조를 수행할 겁니다." 알렉시아가 반복했다. "휴대전화에서 지도를 켜보세요. 그레이트아일랜드는 만 중간에 있는 바늘처럼 작은 반도에 불과해요. 그런 곳에 와 있다는 게 좀 신기할 거예요."

"모래 해변을 이동하는 게 즐겁지는 않을 겁니다. 정말 추울 거고요. 그래서 지칠 때까지 걸으면 안 됩니다. 바람을 맞으며 다시 걸어서 돌아와야 한다는 사실을 염두에 두세요. 저는 거북 구조대가 되고 싶은 것이지 인간을 구조하고 싶은 건 아니니까요."

너태샤는 좋은 손전등의 중요성을 여러 번 언급했다. 휴대전화의 불빛으로는 감당할 수 없다고 강조했다. 게다가 추우면 휴대전화 배터리가 금방 닳기 때문에 외투 안쪽 주머니에 넣어두어야 한다고 당부했다. 거북을 발견하면 알렉시아에게 보고해야 하므로 배터리를 아껴야 한다. 그곳에서도 휴대전화 신호가 잡힌다면 말이다.

우리는 팀을 둘로 나누었다. 한 팀은 그레이트아일랜드의 앞쪽 부분을 순찰한다. 이곳은 거리가 짧은 대신 처음부터 끝까지 모래밭이라 이동하기가 좀 더 힘들다. 나와 맷, 알렉시아, 너태샤, 미카엘라, 앤디가 이쪽을 맡았다.

다른 쪽은 해변에 밀려오는 해양생물의 유골이 많아서 웰플리트 묘지라고 불리는 곳이다. 이곳은 걷기는 편하지만 장애물이 많다. 마이크 헨리, 마이크 웹스터, 댄 트레이시, 스코틀랜드 커플이 이 구역을 순찰한다. 작업을 마친 뒤 돌아오는 길에 우리를 만나 남은 영역을 지원할 것이다.

계획은 유동적이라 중간에 얼마든지 바뀔 수 있다. 웰플리트 야생동물 보호구역 담당자들이 해변의 다른 구역을 순찰해 달라고 요청할 수도 있다. 이미 다수의 좌초된 거북이 발견되었다고 했다. 지금 우리는 예정보다 늦게 출발하라는 연락을 받았다. 만조는 3시 30분이지만 우리는 4시 30분에 출발할 것이다. 빛과 온기가 더 부족할 거라는 뜻이다.

"몸이 젖지 않게 하세요." 너태샤가 말했다. 발이 젖으면 저체온증과 동상이 잇따른다. "절대 물에 들어가면 **안 됩니다**. 또 돌아오는 길에 거북이 더 많다는 걸 기억하세요."

알렉시아가 구조 작전의 개요를 설명했다. 해변에 좌초된 거북이 보이면 함께 데려가거나 파도가 닿지 않는 위쪽에 두었다가 오는 길에 데려온다. 거북을 발견하면 알렉시아에게 전화로 보고한다. 누구라도 지치면 바로 거북과 함께 주차장으로 돌아온다. 거북의 몸은 마른 해초로 덮어서 바람과 냉기와 포식동물로부터 보호한다. 절대 모래로 덮지 않는다. 또한 반드시 머리도 덮는다. 그래도 숨을 쉴 수 있으니 걱정은 하지 말고.

해변에 올라온 거북은 차가운 물속에 있을 때보다 더 무기력해진다. "물속이 단열 효과가 더 뛰어나요." 너태샤가 설명했다. 오늘 수온은 섭씨 10도 정도지만 바깥의 기온은 2.2도, 낮게는 영하 1도까지도 내려간다. 거북은 차가운 물속에서도 목숨을 잃기 쉽지만 구조하지 않으면 해변에서도 분명 죽게 될 것이다. 발견했을 때 거북이 죽어 있을 가능성도 염두에 두어야 한다.

　"죽었든 살았든 모든 거북이 일단 해변에서 나와야 합니다." 알렉시아가 말했다. "기억하세요. 우리는 세상에서 가장 귀한 바다거북을 찾고 있어요." 전 세계의 바다거북 7종 모두 기후 변화부터 시작해 쓰레기 비닐봉지(해파리로 착각해서 먹는다.)까지 많은 요인으로 인해 위협받지만, 그중에서도 켐프각시바다거북은 새우 저인망 어업, 자망, 연승어업, 통발어업, 형망어업에 의해 가장 많이 잡히는 종이라 더욱 멸종 가능성이 높다. 워낙 희귀하기 때문에 우리가 잃는 켐프각시바다거북 한 마리 한 마리가 종 전체의 위기이고 재난이다. "오늘 여러분은 살아 있는 바다거북을 발견할 가능성이 아주 높아요." 알렉시아가 말했다.

그레이트아일랜드 비치의 제레미포인트에 도착했을 때 노을이 하늘을 아름답게 물들이고 있었다. 은빛 바다와 사구의 녹회색 풀 위로 바닥이 핏빛에 가까운 주황색이고 위쪽은 보라색인 구름이 걸려 있었다. 나는 경치를 보려고 급하게 사구 꼭대기로 올라갔다. 바람이 채찍질한 모래가 눈에 들어왔다. 비틀거릴 정도로 바람이 거셌다.

　맷이 소형 트럭 '블랙팬서'에서 얼음낚시 썰매를 꺼내 왔다. 길이 120센티미터, 너비 75센티미터, 양쪽 높이가 5센티미터로 평소 얼음낚시용 캔버스 텐트와 장비, 맷의 개 몬테와 맷의 아버지까지 태우고도 남을 만큼 컸다. "거북을 아주 많이 데려올 수 있을 거예요." 그가 자신만만하게 소리쳤다. 마이크 헨리가 가져

온 것은 아이들이 눈 쌓인 언덕에서 미끄럼을 탈 때 쓰는 작고 가벼운 썰매였다. 우리는 모자와 장갑을 착용하고 마지막 방한복까지 껴입은 뒤 장비를 내렸다. 모두 손전등과 마른 양말, 에너지바, 물이 든 배낭을 짊어졌다. 등산용 스틱을 가져온 사람도 있었다. 오후 4시 30분, 우리는 사구의 둑에서 해변으로 미끄러져 내려왔고 두 팀으로 갈라졌다.

어두운 은빛 바다 위에 오렌지 셔벗색 노을의 잔상이 남아 있었다. 가시거리가 좋아서 손전등은 필요 없었다. 바람이 불었지만 모두 단단히 무장해서 생각보다 괜찮았다. 바람은 등 뒤에서 불었다. 해변에 눈은 없었고 전혀 춥지 않았다. 만조 후 한 시간을 기다려야 했던 이유를 알 것 같았다. 물이 해변의 경계까지 올라온 것을 보니 좀 더 일찍 왔다면 아예 걸어가지도 못했을 것이다.

마지막 태양이 모랫둑을 흠뻑 적셔 마치 내부에서부터 빛이 뿜어져 나오는 것 같았다. 맷은 '세상이 너무 아름답다. 이런 곳에서 나쁜 일이 일어날 리가 없다.'라고 생각했다. 거품이 이는 바다를 바라보며 알렉시아는 이렇게 생각했다. '저 안에 **거북**이 있다. 바다에 기도하자. 당신의 파도가 혹여 정신 잃은 거북을 품고 있다면 우리가 도울 수 있게 이리로 데려와 주세요.'

해변에 널브러져 있는 것들이 많았다. 빠르게 훑어보니 바위, 조개껍데기, 해초가 전부였다. 모래밭에 집중하느라 파도가 덮치는 줄도 몰랐다. 우리는 마지막 순간에야 물결을 피하면서 여름날 바닷가의 아이들처럼 깔깔거렸다. 하지만 겨울, 특히 겨울밤에 파도에 휩쓸리면 원치 않는 일이 일어날 수 있다. 물은 공기보다 체온을 25배나 빨리 빼앗기 때문에 겨울철 젖은 발은 응급상황으로 이어질 수 있다.

고작 10분 걸었는데 발이 바로 젖었다. 밀려온 파도가 넓게 파인 모래 구덩이로 모여들었다. 맷의 썰매를 이용해 깊은 웅덩이를 건넜지만 단단해 보이는 모래땅을 밟았는데도 부츠가 가라앉았고 금세 신발로 물이 들어오는 게 느껴졌다. 다행히 맷이 미리 준비해 준 양모 양말과 발열 깔창을 장착하고 있었다. 제발 이것들이 물을 잘 머금어 앞으로 세 시간 동안 문제없이 버틸 수 있길 기도했다.

어둠이 몰려왔다. 우리는 손전등을 켰다. 바위, 해초 뭉치, 죽은 갈매기까지, 이제는 해변의 모든 게 거북처럼 보인다. 지금부터는 빠르게 훑는 게 아니라 살살이 수색해야 한다. 우리는 신발로 해초를 밟아보고 등산용 스틱으로 찔렀다. 아무것도 없었다. 그러나 모든 것을 꼼꼼히 살펴야 한다. 놓치면 30~50년을 더 살 수 있는 어린 바다거북이 죽어버리는 것이니까.

알렉시아의 1만 1000루멘짜리 손전등이 해변 전체를 밝히다가 희끄무레한 덩어리 앞에서 멈추었다. 거북은 아니었다. 과연 무엇일까? 죽은 솜깃오리, 크고 육중한 바다오리였다. 이 오리의 수컷은 선명한 검은색, 흰색, 초록색 깃털을 자랑한다. 솜깃오리들은 이곳에서 2007년에 처음 식별된 바이러스 때문에 심각한 수준으로 죽어갔다. 이른바 국소적 '오리 팬데믹'이다. 이 오리도 바이러스 때문에 죽은 건지는 알 수 없지만 부검을 위해 가져가기엔 이미 너무 심하게 부패했다. 불과 30분 전에는 이곳에서

거북의 시간

나쁜 일 따위는 일어나지 않을 것처럼 보였지만, 바람과 어둠으로 둘러싸인 지금은 살아 있는 모든 생명을 작고 초라하게 만드는, 눈에 보이지 않는 거대한 힘이 느껴졌다.

알렉시아가 손전등을 휘두르며 앞장서서 걸었다. 3킬로미터쯤 걸었을까. 오후 5시가 되기 직전, 알렉시아가 갑자기 방향을 왼쪽으로 틀더니 성큼성큼 어느 바위를 향했다.

맙소사, 바위가 움직였다.

모래 늪에 빠져 허우적대는 모양새로, 40센티미터 길이의 눈물방울 모양 바위가 해변으로 조금씩 올라왔다. 가까이서 보니 바위는 천천히 오른쪽 앞지느러미와 왼쪽 뒷지느러미를 동시에 휘저었다. 그러고는 한 4초 뒤, 반대쪽 지느러미 두 짝이 아주 천천히 움직였는데 마치 배터리가 거의 방전된 장난감을 보는 것 같았다.

켐프각시바다거북이었다. 겉으로 보이는 상처는 없었다. 가장자리가 톱니 모양인 날렵한 녹회색 등딱지는, 뒤쪽 중간에 작은 홍합 하나가 마치 거리에서 택시를 잡는 사람처럼 부자연스럽게 선 자세로 매달린 것 말고는 깨끗했다. "넌 여기에서 뭐 하니?" 내가 홍합에게 물었다. "네가 지금 살아 있는 생물 위에 올라탄 거 알고 있니?"

문득 이 순간이 비현실적으로 느껴졌다. 한겨울에 파충류가 웬말인가. 땅에서 바다거북을 보면 안 되는 것 아닌가? 지금 우리는 사실상 불가능한 것을 찾고 있지만, 앞서 보았던 영상들 덕분에 반송장 상태의 거북을 현실로 받아들일 수 있었다.

"움직인다니 정말 좋은 징조네요." 알렉시아가 말했다.

우리는 이 거북이 살아 있어서 기뻤다. 그런데 왜 이 어린 거북은 삶의 터전인 바다에서 벗어나 해변으로 올라오는 걸까? 만약 이 거북이 암컷이라면 모래밭에 알을 낳으려고 다른 수백 마리와 함께 이 위험천만한 여행을 감행하는 것이라 이해할 수 있다. 하지만 그것도 10년 후에나 일어날 일이다. 또한 이곳 말고 멕시코에서, 그리고 지금이 아닌 여름이어야 한다. 겨울철 케이프코드는 바다거북이 해변으로 올라와 즐길 만한 장소가 결코 아니다. 이곳은 10도의 수온보다 훨씬 차고, 찬바람이 불면 체감온도는 더욱 낮아진다. 물이 단열 효과가 있다는 말이 떠올랐다. 물론 거북은 우리가 여기에서 지켜본다는 것을 알 길이 없다. 오늘 우리가 오지 않았다면, 또 우리가 찾아내지 못했다면, 이 거북은 죽은 목숨이 되었을 것이다.

이들 바다거북은 공룡의 지배가 끝날 즈음부터 지구의 바다에서 6500만 년 동안 살아왔다. 왜 고대의 지혜가 이제 와서 삐거덕대는 걸까? 왜 마지막 힘을 끌어모아 기어이 뭍으로 올라오려고 하는 걸까? 이 거북은 대체 무슨 생각인 걸까?

나는 그 답을 알 것 같았다. 예전에 파푸아뉴기니에 원정을 간 적이 있었다. 고원을 3킬로미터 오르는 긴 여정 끝에 나는 고산병 증상을 보였고, 비까지 맞게 되면서 저체온증으로 몹시 힘들었다. 속을 게워내려고 무리에서 잠시 벗어났다가 그만 운무림雲霧林 속에서 방향을 잃고 길을 헤맸다. 사람의 목소리는 물론이고 발자국까지 빗속에 지워지는 곳이었다. 다행히 한 대원이 내가 없어진 걸 알고 찾아서 구해주었는데 그러지 않았다면 나는 아무도 모르게 죽었을 것이다. 20대에 어느 수술 후에 한 번 더 비슷한 경험을 한 적이 있다. 마취에서 막 깨어났을 때 나는 뭔가 아주 잘못되었다는 생각에 그곳에서 벗어나려고 몸부림쳤다. 복도 타일 바닥에 엎드려 거북처럼 기고 있는 나를 간호사가 붙잡았다. 돌아보면 나는 어떤 광활함과 불가해함 속에서 철저히 혼자라고 느꼈지만(이 힘에 완전히 둘러싸여 나 아닌 다른 누군가가 나를 도와줄지 모른다는 생각 자체를 끊어버린 것 같았다.) 희한하게도 겁이 나지는 않았다. 그저 도망가야 한다는 본능적인 확신밖에 없었다. 그래서 나는 거북처럼 앞으로 나아갔다. 진화적 관점에서도 그럴 수밖에 없다. 지금 있는 곳이 절망뿐이라면 더 나은 기회를 찾아 어디로든 가는 게 맞다.

우리는 마른 해초를 모아 맷의 썰매 뒤쪽에 거북을 위한 아늑한 잠자리를 만들었다. 구불거리는 해초 위로 조개껍데기, 낚시찌, 작은 돌들이 크리스마스트리 장식품처럼 매달려 있었다. 우리는 썰매에 거북을 올려놓고 머리부터 지느러미 끝까지 모조리 해초로 덮었다. 30센티미터쯤 올라온 썰매 앞머리가 바람을 막아줄 것이다. 수첩에 시간을 기록하고 있는데 바람이 거세게 불자 종이가 찢어져 버렸다. 파도와 바다가 이렇게 말하는 것 같았다. **그딴 건 치워버려. 시계가 가리키는 시간 따위는 이곳에서 중요하지 않아. 너희는 지금 거북의 시간 속으로 들어와 있다.**

막상 살아 있는 거북을 구하고 나니 에너지 음료를 단숨에 들이켠 것처럼 기운이 넘쳤다. 놀라움, 괴로움, 기쁨, 애정, 긴급

함이 마치 버려진 낚시 도구들처럼 뒤엉켜 있었다. 맷과 나중에 이 순간에 관해 이야기했는데 맷도 이대로 밤새 걸을 수 있을 것 같은 기분이 들었다고 했다.

5시 15분. 미카엘라가 두 번째 거북을 발견했다. 이번에는 좀 더 작은 놈이었다. "바위인 줄 알았어요. 그런데 다리와 머리가 달렸고 게다가 움직이지 뭐예요!" 그녀가 경외심에 찬 목소리로 말했다. "보고도 믿기지 않더라고요." 이 거북은 등딱지 왼쪽 뒤편에 사람이 그려놓은 듯한 물린 자국이 있었다. 상어에게 물렸다가 치유된 흔적이다. 또 왼쪽 뒷지느러미에 베인 상처에서 피가 조금 새어 나왔다. 지치고 춥고 한동안 먹지도 못해 심장이 느려지면서 더는 헤엄칠 수 없는 상태가 되자 조수의 힘에 휩쓸려 해안까지 올라와 바위와 조개껍데기 사이에서 뒹굴다가 부딪치고 긁혀서 생긴 상처일 것이다.

"이 암거북을 친구한테 데려다줍시다." 알렉시아가 다정하게 말했다. 우리는 이 거북이 암놈인지 알 수 없었지만 딱히 수컷이라는 증거도 없었다. 그러니 지금까지 모든 거북을 자세히 식별했던 알렉시아가 이 어린 거북을 자연스럽게 자신과 같은 암거북이라고 생각한 것도 이상한 일은 아니다. 우리는 거북을 새 친구 옆에 태웠다. 구사일생으로 목숨을 구한 거북들이 서로를 보고 무슨 생각을 할지 궁금했다.

에너지 음료를 들이부은 듯한 기운이 또 한 번 솟아나 감각이 아주 예리해졌다. 나는 바짝 신경을 곤두세우고 주위를 둘러보았다. 저건 뭐지? 이건 뭐지? 해초, 바위, 표류목, 부표, 플라스틱 상자, 바닷가재 어망, 버려진 낚시 밧줄. 아! 이번엔 낯선 형체가 보였다. 거북은 아니지만 조사해 보는 게 좋겠다. 우리는 그 주위에 모였다. 모래 속에 파묻힌 여우의 유해였다. 닳아버린 욕실 깔개처럼 너덜너덜한 상태였다.

너태샤가 바다 쪽으로 좀 더 다가가자 알렉시아가 눈부신 손전등을 비춰주었다. 썰물이 시작되어 해변이 훨씬 넓어졌다. 이제 더 넓은 모래를 훑어야 한다. 미카엘라와 앤디는 파도에서 더 멀리 떨어진 마른 모래밭에 흩어져서 거북을 찾고 있었다. 맷과 나는 거북과 해초로 무거워진 썰매를 끄느라 좀 더 뒤처졌다.

저쪽 팀은 어떻게 하고 있을까? 아직 묘지 팀에서 소식을 듣지 못했다. 휴대전화 신호가 간헐적으로 잡히는 것을 보면 전화가 왔어도 받지 못했을 가능성이 있다. 나는 주기적으로 우리 팀에 발이 젖은 사람이 있는지 확인했다. 배낭에 여분의 발난로가 있었고, 지금 내 발난로는 젖은 발을 아주 따뜻하게 해주고 있었다. 에너지바 먹을 사람? 아몬드는요? 나는 알렉시아가 걱정되었다. 몸이 너무 말라서 추위를 잘 타기 때문이다. 너태샤의 몸은 달리기와 자전거로 잘 다져졌지만 앞이 거의 보이지 않는 사람이 밤바다를 걷는 게 쉬울 리 없다. 미카엘라와 앤디는 청춘이지만 가장 어려운 구역을 맡았다. 파도가 닿지 않아 땅이 푹푹 빠지는 모래땅이었다. 내 눈에는 미카엘라가 휘청대는 걸로 보였지만 그녀와 앤디는 괜찮다고 말했다. 바람이 그들의 목소리를 날려버리기 전에 내가 마지막으로 들은 말이었다.

환한 조명에 세 번째 거북이 드러났다. "살아 있는 거북이 또 있어요!" 알렉시아가 외쳤다. 첫 번째 거북만큼이나 컸고 눈에 보이는 상처는 없었다. "사이 선생님, 거북을 들고 오시겠어요?" 그녀가 내게 말했다. 이 거북은 비슷한 크기의 육지거북보다 훨씬 가볍게 느껴졌다. 나는 바다거북의 피부가 돌고래나 가오리 같은 고무질일 거라고 기대했지만 그렇지 않았다. 파이어치프의 겨드랑이 피부처럼 놀라울 정도로 부드러웠다. 이토록 부드러운 생명체가 파도에 내동댕이쳐진 후에도 이렇게 살아 있다는 게 놀랍기만 했다.

이제 맷은 거북의 무게를 제대로 느끼고 있다. 매 걸음 모래에 가라앉는 발을 빼내는 데 에너지가 많이 들기 때문에, 모래 위를 걷는 것은 딱딱한 표면을 걸을 때보다 두세 배의 힘이 든다. 게다가 총 14킬로그램의 거북과 4.5킬로그램의 해초가 실린 썰매까지 끌고 있지 않은가. 차가운 바람이 부는데도 땀이 쏟아져서 그는 잠시 멈춰 스웨터를 벗어야 했다. 내가 대신 몇십 걸음 끌어봤는데 그가 다시 가져가겠다고 고집해 줘서 내심 고마웠다.

이 무렵 우리는 각자 마음속으로 언제 해변이 끝나 다시 돌아갈 수 있을지 궁금해지기 시작했다. 최소 6.5킬로미터는 걸은 것 같았다. 알렉시아가 휴대전화에서 지도를 보더니 맞다고 했다. "우리가 지금 어디에 있는지 보실래요?" 그녀가 말했다. 우리는 해안에서 0.8킬로미터 떨어진 물속에 있었다. "말도 안 돼. 바닷속에 있다는 거잖아요!" 바닷물이 물러나면서 모래톱이 드러났고 우리는 그 위를 걷고 있다. "덤으로 얻은 구역이네요." 내가 명랑하게 말했다. 우리는 언제쯤 이 거북들을 데리고 돌아갈 수 있을까?

5시 40분. 알렉시아가 네 번째 거북을 발견했다. 파도가 끝나는 지점에 엎어져 있었다. 살아 있지만 거의 움직이지 않았고 세번째 거북과 비슷한 크기였다. 거북을 볼 때마다 나는 매번 충격에 빠졌다. 거북이 더 있을까? 다 데리고 갈 수는 있을까? 이 해변에 끝이 있기는 할까?

5시 55분. 너태샤의 조명이 닿는 가장 먼 곳에서 마침내 모래톱의 끝이 보였다. 그곳에 도달하기 전에 다섯 번째 거북을 발견했다. 목이 몸통과 만나는 지점에 붉은 핏자국이 보였다. 가벼운 찰과상 정도로 보였으므로 괜히 상처를 확인하느라 거북을 성가시게 하지 않았다. 살아 있으니 그걸로 되었다. 우리는 거북을 다른 거북과 함께 실었다. 맷은 여기에 썰매를 내려놓고, 땅이 끝나는 지점으로 향했다.

해변에서 쉬고 있던 갈매기들이 환한 불빛에 심기가 불편했는지 성질을 내며 우리를 맞아주었다. "끝까지 왔네요!" 알렉시아가 소리쳤다.

내가 외쳤다. 우리의 예언자 너태샤에게 박수를! 일기예보를 확인해 오늘 밤 도움이 필요한 바다거북이 있을 거라는 사실을 정확하게 예측했습니다. 알렉시아에게 박수를! 거북이 있는 곳으로 우리를 이끌고, 또 훌륭한 조명을 준비해 왔습니다. 미카엘라에게 박수를! 두 번째 거북을 발견했습니다. 맷에게 박수를! 지금껏 거북들을 끌고 왔고 또 돌아가는 길에도 끌고 갈 것입니다.

박수를 멈추고 우리는 잠시 조명을 끈 채 거세지기 시작한 바람 소리를 들으며 머리 위에 내려앉는 어둠의 손길을 느꼈다. 우리는 삼면이 물로 둘러싸인 이곳을 돌아보았다. 지금 우리가 서 있는 땅은 알렉시아의 지도가 보여줬듯이 몇 시간 전만 해도 바다로 덮여 있었다. 지도에서는 볼 수 없는 땅이다. 바다는 거북과 함께 모래톱을 드러내 보여주었다. 이런 경이는 폭풍 중에 물 위를 걸은 예수와 이스라엘 민족이 이집트를 탈출할 때 갈라진 홍해처럼 성경의 이야기 속에 들어온 기분이 들게 해주었다. 차디찬 해변에서 이 바다거북들을 만나고 죽음에서 구해낸 것은 그야말로 신의 뜻이었다.

우리 앞에서 솜깃오리 소함대가 은빛 파도에 내려앉은 채 완벽한 평화 속에서 한 편의 시처럼 울렁울렁 움직였다. 오리는 이곳의 일부이지만 우리는 그렇지 않다. 이곳의 어둠과 바람과 추위 속에서, 바다의 가장자리에서, 빛을 사랑하고 온기를 갈구하는 포유류는 자기가 있어야 할 자리에서 벗어난 상태였다. 폭풍의 힘에 의해 육지로 던져진 후 맷의 썰매에 태워져 해초에 둘러싸여 끌려가는 켐프각시바다거북도 마찬가지다.

우리는 방향을 돌려 맷이 끄는 썰매와 함께 바람을 맞으며 주차장으로 돌아갔다.

11장

커밍아웃

휠체어를 탄 파이어치프.

일주일 뒤, 원기를 회복한 우리는 거북구조연맹의 27도 지하실에서 다시 만났다. 상자거북의 아침으로 블랙베리, 캔털루프, 채소, 닭고기 반찬을 준비하면서 맷, 너태샤, 알렉시아와 나는 우리의 성공적인 바다거북 구조 작전의 뒷이야기를 나누었다.

맷은 거북을 잔뜩 태운 36킬로그램짜리 썰매를 끌고 얼굴에 바닷바람을 맞으며 끝없는 모래밭을 걷는 일이 정말 힘들었다고 고백했다.(불평은 아니었다.) 다행히 마지막 3킬로미터를 남기고 묘지 팀을 만나 썰매를 넘겼다. 묘지 팀은 좌초된 거북을 한 마리도 찾지 못했다.

바닷가에서의 그날 저녁 8시, 우리는 모두 지칠 대로 지쳐버렸다. 너태샤는 비틀거렸고, 알렉시아, 미카엘라, 앤디는 녹초가 되었고, 나 역시 막판에 바람을 거슬러 주차장으로 이어지는 가파른 모래 경사로를 올라가느라 죽을 뻔했다. 그러나 뿌듯함과 성취감에 마음만은 한없이 들떴다.

"우리는 세상에서 가장 심각한 멸종 위기에 처한 바다거북 다섯 마리를 구했어요." 알렉시아가 다시 한번 말했다. "우리가 오늘 나오지 않았다면 거북들은 분명 죽었을 테지만, 이제는 목숨을 구했어요." 이 거북들은 우리가 그 춥고 어두운 밤에 데려간 오듀본 웰플리트 야생동물 보호구역에서 퀸시의 뉴잉글랜드 아쿠아리움 내 동물보호시설로 이송되어 봄에 방류될 때까지 건강을 회복할 것이다.

봄은 아직 멀리 있는 것 같다. 거북구조연맹의 많은 것이 달라졌다. 모든 부화기가 텅 비었다. 치유된 거북과 부화한 새끼들은 전부 방류되었다. 1000마리쯤 있던 거북이 지금은 치료 중인 환자와 영구거주자를 포함해 250마리로 줄었다.

하지만 여전히 심심할 틈은 없다. 상자거북들은 어느새 장난꾸러기가 되었다. 아침을 주러 갔더니 주니퍼가 에이콘과 체리의 집에 가려고 필사적으로 벽을 기어오르고 있었다. 한편 스피디는 월넛을 만나기 위해 자기 집을 기어올랐다. 몇 년 전 퍼시가 탈출에 성공해 여러 암컷 이웃을 방문한 적이 있다. 그 결과 아름답고 수줍음 많은 상자거북 페이션스가 알을 낳았고, 거기서 일곱 마리의 건강한 거북들이 부화했다.

그러나 거북의 이런 일탈은 위험하다. 사람들은 거북이 얌전

한 줄로 알지만 이 동물도 싸운다. 때로는 무척 야만적으로. 거북은 패권, 먹이, 일광욕 장소, 그 밖에 알 수 없는 이유로 하나가 다른 하나를 싫어하면서 서로 다툰다. 가령, 오스트리아 파충류박물관에서 키우던 갈라파고스거북 부부가 115년을 해로하다가 어느 날 갑자기 암컷 비비가 수컷 폴디에게 성을 내며 사납게 공격하는 바람에 두 거북의 집을 분리하는 지경까지 갔다. 피비린내 나는 싸움을 방지하기 위해 우리도 재빨리 철망 울타리로 수조 사이의 벽을 높였다.

파이어치프도 갈수록 거침없어졌다. 우리는 지난주에 파이어치프가 자기 수조의 얕은 물에서 잠시 뒤집어졌었다는 안타까운 소식을 들었다. 하지만 너태샤는 그가 익사할 위험은 없다고 안심시키며 이는 사실 좋은 신호라고 했다. "체력이 돌아오면서 몸도 나아지고 점점 더 씩씩해지고 활기차게 지내고 있어요."

눈이 내리는 계절이 되면서 밖에서 운동을 할 수 없게 되자, 맷은 파이어치프를 수조에서 꺼내 위층으로 데려갔다. 바깥 날씨는 파충류에게 너무 춥지만 적어도 거실에서 돌아다닐 수는 있을 테니까.

처음에는 파이어치프도 수조에서 나와 몹시 들뜬 모습이었다. 머리를 앞으로 찔러대고 공룡 같은 다리를 뱅뱅 돌렸다. 그러나 정작 거실 바닥에 내려놓자 제대로 걷지 못했다. 미끄러운 마룻바닥에서 앞발은 연신 미끄러지고 뒷다리는 격렬하게 발버둥치며 배딱지 뒤쪽이 질질 끌렸다. 나는 딱지 뒤쪽을 받쳐주어 강한 앞발의 힘으로라도 걸어갈 수 있게 도왔지만, 터틀가든의 흙과 풀에서는 그렇게 강력하던 앞발의 발톱이 실내의 미끄러운 바닥에서는 전혀 힘을 쓰지 못했다. 내가 외바퀴 손수레처럼 그의 뒷다리를 붙들고 원하는 방향으로 슬쩍 밀어주었더니 곧장 벽으로 갔다.

알렉시아는 이런 행동을 "흰 벽 신드롬"이라고 불렀다. 야생에 사는 거북에게 크고 밝고 환한 공간은 연못을 암시하는 신호란다. 다음에 파이어치프는 흰색 상자로 향했다. 머리를 뻗어 코를 대보았지만 습지의 냄새도, 식물과 물고기와 다른 거북의 매혹적인 화학 메시지도 맡을 수 없었다. 그저 골판지 냄새만 날 뿐이었다.

파이어치프는 뒤쪽으로 방향을 돌리려고 했지만 그것도 마음처럼 되지 않았다. 내가 번쩍 들어서 위치를 바꾸어주었다. 이번에는 비틀거리며 붉은귀거북용 큰 수조가 올려진 탁자로 전진했다. 그런데 접이식 의자 아래에 딱지가 끼어버렸다. 내가 다시 몸을 돌려놓았더니 이번에는 뜨거운 장작 난로 밑으로 향했다. 내내 그의 뒷다리는 전혀 움직이지 않았다. 자기에게 뒷다리가 있다는 것도 잊은 것 같았다.

"엉덩이를 계속 질질 끌고 다니네요. 원하는 대로 움직이지 못해요." 알렉시아가 말했다. 파이어치프에게 즐거운 시간은 아니었다. 우리도 덩달아 낙담했다.

마침내 그는 도움을 받아 슬라이딩 유리문 쪽으로 걸어갔다. 그리고 그 앞에 멈춰 서서 큰 머리와 목을 내뻗었다. 그 모습에서 바깥 세계를 향한 처절한 열망이 숨김없이 울려 퍼졌다. 눈 덮인 터틀가든을 처연히 바라보는 모습에 우리는 마음이 아팠다.

맷과 내가 집으로 가는 길이 편치 않았던 드문 하루였다.

"꼭 전해드릴 파이어치프 소식이 있어요." 며칠 뒤 너태샤에게 이메일이 왔다. "저녁 회진에서 보기 드문 광경을 보았답니다. 파이어치프가 정신없이 수조를 긁어대더라고요. 알렉시아가 바나나를 들고 갔는데도 본체만체했어요. 선생님이 다녀가신 이후로 운동을 못 한 이 상남자한테는 바나나보다 자유가 더 달콤했을 거예요." 너태샤가 농담처럼 말했다. "다음 과제는 늑대거북용 일립티컬 머신 제작이 될 것 같네요."

너태샤의 말이 맞았다. 파이어치프를 위해 **뭔가** 해야 한다. 그러나 무엇을, 어떻게 해야 할까?

"만약 바닥에 카펫이 깔렸다면 날아다녔을 거예요." 알렉시아가 일전에 했던 말이 떠올랐다. 하지만 거실에 카펫을 까는 건 아예 생각할 수도 없다. 피자맨과 스프로키츠는 평소 이 집에서 자유롭게 돌아다닌다. 육지거북에게 (아주 힘겹게) 배변훈련을 시킬 수 있다는 증거도 있지만, 이 둘에게는 불가능했다. 그러니 카펫은 곤란하다.

하루는 내가 할인매장에서 세탁이 가능한 기다란 깔개 네 장을 사들고 갔다. 깔개 위에서는 파이어치프의 발이 어느 정도 움켜잡을 힘을 낼 수 있을 테니까. 하지만 깔개가 계속 밀리면서 구겨졌고 몇 걸음도 안 되어 엉망이 되었다.(결국 깔개는 아래층 상자거북 숙소 아래에 자리 잡았다. 그곳의 개구쟁이 거주자들이 보금자리문까지 열기 시작하면서 콘크리트 바닥으로 떨어질 위험이 다분했기 때문이다.)

우리는 여러 선택지를 두고 의견을 나누었다. 회복 중인 다른 거북들도 종종 지하의 병원 바닥을 자유롭게 돌아다니지만, 이 환자들은 대개 파이어치프보다 몸집이 작기 때문에 어딘가에 몸이 끼거나 필터나 배관 장치를 건드려 다른 수조에 물이 넘치게 또는 빠지게 할 가능성이 훨씬 낮다.(그래도 사고가 일어나기는 한다.) 그리고 다른 거북들은 대부분 딱딱한 바닥에서 배를 완전히 들고 다니거나 움직임이 많지 않아 배딱지를 긁힐 위험이 별로 없다.

배딱지 뒤쪽을 들어올려 충격을 완화할 수 있는 일종의 썰매를 만들어주면 어떨까? 접은 수건을 배딱지에 부착하고 그 밑에 매끄러운 플라스틱 조각을 붙이면 되지 않을까? 간단한 보조기구로 파이어치프가 스스로 뒷다리를 사용하도록 도와주면 어떨까? 고관절 치환술이나 뇌졸중에서 회복 중인 환자를 위한 보행기처럼 말이다.

슬링*은 어떨까? 진과 맷과 미카엘라와 나는 사람들이 기증한 각종 옷감 중에서 걸레로 쓰려고 남겨둔 것들을 뒤져보았다. 병실용 상자의 안감으로 쓰기에는 미흡하지만 뉴잉글랜드 구두쇠의 눈에는 그냥 버리기엔 아까운 것들이었다.

침대 시트, 수건, '로스앤젤레스'라고 쓰인 아동용 파란 티셔

●   sling. 무언가를 묶거나 들어 올리거나 지탱하는 천. 주로는 팔이나 어깨 부상을 입었을 때, 팔을 고정하는 삼각형 천을 의미한다.

츠 등이 있었다. 셔츠는 파이어치프에게 딱 맞는 치수였지만 입혀 보고 싶은 충동은 간신히 참아냈다. 대신 수건을 세로로 길게 잘라서 두 조각을 하나로 묶은 다음, 매듭 부분을 파이어치프 배딱지 한가운데에 오게 두고 네 다리 모두 체중의 일부를 부담하게 했다. 맷과 나는 양쪽에서 한 쪽씩 끈을 붙잡은 상태로 파이어치프가 걷도록 도왔다.

이 디자인은 문제가 있었다. 맷과 내가 양쪽 끝에서 비슷한 힘으로 잡아당겨야 하는데 거북의 걸음마다 힘을 조절하기가 쉽지 않았다. 또 매듭이 배딱지에 고정되지 않고 자꾸 미끄러지는 바람에 수시로 수건을 다시 조정해야 했다.

"넓은 천에 꼬리와 뒷다리가 들어갈 구멍을 내는 건 어떨까요?" 진이 말했다. "거기에 앞다리 구멍까지 추가하면 좋겠어요." 미카엘라가 제안했다. 미카엘라가 침대 시트에 가위로 구멍을 뚫어 새로운 슬링을 만들었다. 그러나 구멍이 너무 컸다. 파이어치프의 무게에 천이 찢어지면서 뒷다리에 엉켜버렸다. 우리는 원래 디자인으로 돌아갔다.

어설프기는 해도 파이어치프는 슬링을 이용해 자기가 원하는 방향으로 나름 빠르게 이동할 수 있었다. 뒷다리는 많이 움직이지 않았지만 적어도 앞다리는 운동이 되었고, 배딱지나 뒷다리에 상처를 남기지 않았다. 무엇보다 그가 즐거워했다. 파이어치프는 머리를 내밀고 반짝이는 눈으로 열심히 거실을 탐험했다. "정말 잘하고 있네요." 진이 말했다. "즐기고 있어요!" 맷도 인정했다.

파이어치프는 소파를 지나 오른쪽으로 돌았다. 뜨거운 장작난로를 거쳐 부엌의 분홍색과 파란색 타일을 가로지르며 우리를 끌고 다녔다. 쉴 때는 머리를 내놓고 냄새를 맡았고 그런 다음 다시 거실을 가로질렀다. 마침내 유리문까지 가더니 잠시 멈춰 바깥을 쳐다보았다.

지난주에 내린 눈이 모두 녹았고 기온은 4도 이상으로 솟구쳐 비교적 온화했다. 너태샤가 15분 정도 밖에서 산책해도 좋다고 허락해 주었다. 우리는 거북을 데리고 덱으로 나가서 바닥에 내려놓았다.

그는 승리에 찬 모습으로 우뚝 섰다. 잠깐이나마 다시 바깥에 나온 기쁨을 만끽했다. 파이어치프는 걷기 시작했다. 뒷다리가 모두 움직였다. 걸을 때마다 몸이 좌우로 뒤뚱대기는 했지만 분명 혼자 힘으로 걸었다. 확실히 행복해 보였다.

알렉시아가 다음 단계를 생각했다. "슬링 덕분에 파이어치프가 오늘 하루 즐겁게 보냈네요. 하지만 이걸로는 부족해요."

우리는 파이어치프가 계속해서 뒷다리 근육과 사지의 협응력을 키워나가길 바랐다. 뒷다리 근육이 위축되는 건 바람직하지 않다. 그러나 알렉시아의 말처럼 그의 마음이 근육 못지않게 중요했다.

"파이어치프가 이 과정을 어떻게 받아들일지 생각해 봅시다." 알렉시아가 말했다. "재활 과정이 도리어 좌절감을 심어주면 안 되잖아요."

파이어치프는 여름내 긴 여정을 걸어왔다. 그가 도전을 계속하길 바라지만 실패하게 만들고 싶지는 않았다.

"뒷다리가 끝내 완전히 회복되지 않을지도 몰라요." 알렉시아가 말했다. "너태샤와는 의견이 다를지도 모르지만 솔직히 저는 좀 비관적입니다. 하지만 이동하는 능력만큼은 되찾아 주자, 앞다리로나마 스스로 걸을 수 있게 하자는 게 제 생각입니다."

어떻게 그것이 가능할까? 우리에게는 늑대거북용 휠체어가 필요했다.

나는 파이어치프의 몸 치수를 쟀다. 자신의 작업 스튜디오를 직접 설계한 경력이 있는 맷이 휠체어 디자인을 스케치했다. 나는 건축 또는 기계 분야의 전문가인 지인들에게 자문했다. 우리 마을의 전직 소방서장이자 지금은 작은 보트를 수리하고 취미로 옛날 차를 고치는 헌트 다우즈가 바퀴를 달아보라고 제안했다. 작은 바퀴 두 개가 달린 틀을 몸통에 끈으로 묶어보라는 것이다. (단, 바퀴를 배딱지 바로 밑에 다는 것이 아니라 뒷다리의 움직임에 방해가 되지 않게 딱지 양옆으로 튀어나오게 설계해야 한다.) 다른 이웃인 톰 시브넬은 연구에 필요한 장비들을 맥가이버처럼 직접 제작하는 지구과학자로, 용수철로 엉덩이를 들어올려 몸무게를 지탱하고 배딱지와 땅의 마찰을 줄이는 방법을 제안했다.

놀랍게도 이미 온라인 숍에서 거북용 휠체어를 판매하고 있었다. 적하기에 깔려 크게 다친 한 플로리다의 거북은 장애견용 휠체어를 제작하는 워킹펫츠사에서 설계한 장치를 사용했다. (거북 주인에게 수백 달러나 되는 장비 비용을 지원하는 자선단체도 있다). 메릴랜드 동물원에서는 배딱지가 깨진 상자거북을 돕기 위해 덴마크의 한 레고 애호가의 도움으로 수의사들이 장난감 블록만을 이용해 사륜 휠체어를 설계하기도 했다.(그들이 스쿠트 리브스라고 부른 이 거북은 완치되어 야생으로 돌아갔다.) 루이지애나주립대학교 수의대 병원에서도 의사들은 뒷다리가 물어뜯긴 불운한 상자거북용 스쿠터를 제작했다. 이들은 동물 안전 에폭시 접착제로 레고 바퀴와 주사기 부품을 배딱지에 직접 붙였다.

그러나 이런 디자인이 파이어치프에게는 소용없었다. 그는 물속에서 대부분을 보내기 때문에 장치를 쉽게 탈착할 수 있어야 한다. 다른 거북의 배딱지가 수수한 원피스 수영복이라면 늑대거북의 배딱지는 스피도사에서 제작한 고가의 기능성 수영복이다. 줄어든 배딱지가 몸을 충분히 덮지 못하기 때문에 바퀴 달린 틀을 장착할 공간이 훨씬 얇고 불안정하다. 또 36센티미터나되는 꼬리도 문제다. 현재 파이어치프의 꼬리는 상처 때문에 제대로 제어되지 않는다. 그가 몸을 돌리거나 뒤로 물러설 때 바퀴가 꼬리를 밟지 않게 설계해야 한다.

다행히 예전에 알렉시아가 늑대거북용 휠체어를 설계한 경험이 있었다. 준 버그라는 거북이 사용했던 휠체어가 견본이 되었다. 7년 전 구조된 알에서 부화한 순간부터 이 거북의 뒷다리는 움직이지 않았다. 그래서 알렉시아는 준 버그의 체형에 맞게 구부린 알루미늄 조각, 교체용 잔디깎이 바퀴 두 개, 축으로 사용될 볼트, 딱지에 접착제로 붙인 앵커에 연결된 번지점프용 밧줄을 사용해 적응형 장비를 직접 만들었다. 그 덕분에 지금 준 버그는 행복하게 돌아다니며 급회전까지 할 수 있다.

그러나 동물 휠체어도 사람의 휠체어처럼 사용자에게 맞춤 제작해야 한다. 과거에 너태샤와 알렉시아의 반려 거북이었고 연한 주황색 눈과 섬세한 얼굴이 특징인 다섯 살된 늑대거북 실바에게는 준 버그의 휠체어보다 훨씬 작은 전차가 필요했다. 그리고 너태샤와 알렉시아는 실바의 등딱지에 영구적으로 장치를 부착하는 것은 피하고 싶었다. 이 거북은 작은 깔개 밑에 숨는 걸 좋아하는데 돌출 부위가 깔개에 걸릴 수 있기 때문이다.

야생동물 재활치료사들은 각종 물건을 재활용하여 새로운 물건을 만드는 재주가 뛰어나다. 어느 날 우리는 미카엘라가 혹시 쓸모가 있을까 싶어 할인매장에서 저렴하게 구입한 핑거보드●를 발견했다. 알렉시아가 구부러진 머리 쪽을 잘라 실바의 배딱지에 맞닿을 수 있도록 평평하게 만든 다음, 강력 접착제로 핑거보드 두 개를 나란히 붙이고 포장 음식에 딸려 온 나무 포크 조각을 매서 너비를 두 배로 늘린 휠체어를 만들었다. 이 휠체어를 동물용 붕대로 보강하고 식료품점에서 양상추를 묶었던 벨크로로 실바의 몸에 부착했다. 병원 바닥에 내려놓았을 때 실바가 바로 내달리는 것을 보고 맷과 나는 짜릿함까지 느꼈다.

하지만 디자인은 더 보완되어야 했다. 실바는 집에서 키우면서 먹이를 지나치게 많이 준 바람에 뒷다릿살이 등딱지와 배딱지 사이로 흘러나와 바닥에 끌릴 정도였다. 실바에게는 더 큰 바

●   손가락으로 조종하는 작은 스케이트보드 장난감.

퀴가 필요했다. 그래도 첫 시제품은 이 디자인의 기본적인 콘셉트가 옳다는 것을 증명했다.

30분 뒤 여전히 실바는 치료실을 가로지르며 사방으로 돌진했고 상자거북의 집들을 방문한 다음 그대로 몸을 돌려 포키츠 경사의 수조 밑을 탐험했다. 포키츠 경사는 일광욕을 즐기고 있다가 아래쪽에서 벌어진 소란에 놀라서 물속으로 들어갔다. 실바는 바퀴 위에서 체중의 균형을 잘 맞추었고 평생 그 어떤 순간보다 빨리 움직였다.

"파이어치프한테도 꼭 맞는 전차를 만들어줄 거예요." 알렉시아가 약속했다. "재료를 몇 가지 더 주문하고 다른 디자인도 시험해 봅시다. 여러 번 시도해야 할지도 모르고, 몇 주가 걸릴 수도 있어요. 하지만 꼭 해낼 겁니다."

우리는 알렉시아가 해낼 거라는 사실을 의심하지 않았다. 기계를 다루는 기술이나 디자인 실력 면에서 알렉시아는 굉장히 뛰어나다. 그녀의 취미 중 하나가 수집용 모터사이클을 복원하고 재조립하는 것인데 현재 35대를 소유하고 있다. 그중 일부는 원래 속도보다 훨씬 빨리 달리기 위해 거북용 휠체어처럼 개조한 것이었다. 또 알렉시아는 월등한 가전제품 수리 실력으로 업계에서 인정받고 있다. 이는 알렉시아가 여성인데도, 또 여성이라서 얻은 결과다.

어느 한가로운 겨울날, 나는 모처럼 알렉시아와 차를 마시며 수다를 늘어놓았다. 진과 맷은 지하에서 너태샤를 돕고 있었고 미카엘라는 외부에서 다른 업무 중이라 거실에는 우리 둘만 있었다. 거북과 관련 없는 주제로 알렉시아와 이야기할 드문 기회였다. 사실 거북과도 관련이 있는 주제였다.

알렉시아는 자기가 운영하는 가게와 그곳에서 여성으로서 겪는 어려움에 대해 이야기했다. 예전에 가전업체 메이태그에서 근무할 때 제품을 수리하러 고객의 집에 가면 보통 이런 반응이었다고 했다. "**남자** 기사님은 언제 오시는 거죠?"

"가장 힘든 고객은 중년 이상의 여성이었어요." 알렉시아의 말이다. "절 보면 무슨 일이냐는 듯 쳐다봐요. 그래서 제가 '냉장고 수리하러 왔습니다.'라고 하면 이렇게 말해요. '못 고치실 것 같은데요. 엄청 무겁거든요!'"

하지만 수리가 끝날 무렵이면 자신을 껴안으며 대단하다고 칭찬했단다.

중년 이상의 남성들은 보통 그녀를 반갑게 맞아주었지만, 부적절한 이유에서였다. "초기에는 분홍색 도구 상자를 들고 등까지 내려오는 머리를 하나로 묶은 발랄한 차림으로 다녔어요. 한 번은 중년 남성 고객 집에 세탁기를 고치러 갔어요. 고객이 제가 듣는지 모르고 친구한테 전화해서 이렇게 말하더라고요. "조, 얼른 우리 집에 좀 와보게. 여기 모델이 와 있어. 우리 집 세탁기를 고쳐준다네?" 그러면 조금 있다가 정말 픽업트럭이 차를 세우고 그 친구가 들어와요." 알렉시아가 말했다.

가전제품 수리 기술자들이 모인 컨퍼런스에서 진행자가 알렉시아에게 이렇게 물었다. "이렇게 뛰어난 기술자가 된 비결이 무엇입니까?"

알렉시아는 훌륭한 정비공이다. 부모님이 식당용 장비 수리점을 운영했기 때문에 어려서부터 많은 것을 배웠다. 그러나 그녀는 자신이 가전제품 수리에 유독 뛰어난, 다른 사람들이 제대로 고치지 못하는 것들을 고치는 이유를 대부분의 남성과 다른 방식으로 접근한 덕분이라고 설명했다.

"저는 제품의 문제를 사용자와 연관된 문제로 봅니다." 알렉시아가 청중에게 말했다. "고객과 소통하면서 그 기계를 고치는 데 필요한 모든 내용을 들으려고 하죠. 5분이면 충분합니다."

한번은 한 여성이 오븐에 문제가 있다면서 수리 서비스를 신청했다. 여러 남성 기사가 다녀갈 때마다 그 고객은 말했다. "오븐이 고장 났어요. 과열되는 것 같아요." 수리기사가 온도계를 넣고 오븐을 180도에 맞춘다. 오븐은 180도까지 올라간 다음 그 온도에서 유지된다. 그러면 기사는 그녀에게 오븐은 문제가 없다고 말한다. "모두 그 고객이 이상하다고 생각했죠."

그 고객이 또다시 전화했고 이번에는 최후의 방책으로 사장이 알렉시아를 보냈다. "이 집에서 얼마나 사셨죠?" 알렉시아가 물었다. "이사 온 지 6주 됐어요." 고객이 대답했다. 알렉시아는 이사 오기 전에 쓰던 오븐에 대해 물었다. "프리지데어 브랜드였는데 정말 좋은 제품이었어요. 30년이나 사용했죠."

"새 오븐이 과열되었을 때 뭘 굽고 계셨나요?" 알렉시아가 다시 물었다. 그녀는 이 오븐으로 태운 요리의 목록을 읊었고 알렉시아는 공감하며 주의 깊게 들었다.

마침내 알렉시아는 문제의 진짜 원인을 알아냈다. 새로운 오븐은 고장 나지도, 기능에 문제가 있지도 않았다. 그저 예전에 쓰던 오븐과는 조금 다른 방식으로 작동하는 것뿐이었다. "고객이 예전에 쓰던 제품은 시간이 지나면 바로 식어버리는 모델이었던 거죠." 알렉시아가 말했다. 해결은 어렵지 않았다. "저는 오븐이 원래 설정된 온도보다 좀 더 낮은 온도로 작동하게 재설정해 드렸어요. 새 오븐은 분명 이상이 없는 제품이었어요. 그저 그 **고객에게만** 맞지 않는 제품이었죠. 그렇다고 그 고객이 **이상한 사람인** 것도 아니었고요."

알렉시아는 자신이 고객을 대하는 방식이 거북을 다루는 방식과 비슷하다고 했다. "그들을 욕망과 필요와 고통과 괴로움을 가진 존재로 본다면 단순한 문제 해결만으로는 충분하지 않아요. 그들과 교감해야 합니다. 그러지 않으면 거북을 들어올리자마자 딱지 안에 들어가 한 시간 동안 나오지 않을 거예요."

사실 알렉시아의 방식은 전형적인 여성의 문제 해결법이다. 여성은 대체로 남성보다 더 오래, 더 주의 깊게 상대의 이야기를 듣는다. 반면 남성은 즉각적으로 행동하는 편이다. 이런 차이는 2001년에 처음 보고된 남성과 여성의 뇌 연구에서도 드러난다. 인디애나대학교 의과대학 연구진이 건강한 여성과 남성을 대상으로 뇌 MRI를 촬영한 결과, 남성이 남의 말을 들을 때는 보통 좌뇌(공간 정보와 수학과 관련된 분석적 영역)가 활성화되고, 여성의 경우 창조와 직관을 담당하는 우뇌도 동원되어 양쪽 모두 활성화된다는 것이 밝혀졌다.

현재 알렉시아는 자신의 수리점을 운영한다. 차량에도 "여성이 운영하는 사업체"라고 자랑스럽게 써 붙여 놓았다. 하지만 고객 중에서 이 회사 차량에 붙인 파란색, 분홍색, 흰색 스티커를 알아채고 그 의미를 묻는 사람은 거의 없다.

매트와 나는 스티커를 알아보았다. 알렉시아는 스티커를 좋아해서 지갑에도, 문에도, 욕실 거울에도 스티커를 붙여놓았다. 하지만 모든 스티커가 다 거북에 관한 것은 아니었다. 한번은 휴대전화 뒤에 붙인 스티커가 눈에 띄었는데, 분홍색 로켓 모양이었고 그 밑에 "음경이 있는 여성도 있습니다."라고 쓰여 있었다.

정말로? 나는 궁금했다. 그게 무슨 말이지?

또 한번은 알렉시아가 파란색, 분홍색, 하얀색 줄무늬 귀걸이와 함께 착용한 같은 색의 줄무늬 벨트가 잘 어울리길래 칭찬하며 물었다. "어떻게 이런 걸 찾았어요? 세트예요? 너무 잘 어울리네요."

"아, 트랜스젠더를 상징하는 색깔이에요." 알렉시아가 아무렇지도 않게 대답했다.

우리는 그녀의 성 정체성에 대해 한 번도 얘기한 적이 없었다. 그리고 그날 그렇게 얘기가 나올 줄은 몰랐다. 난 알렉시아의 솔직함에 놀랐다. 지금껏 눈치채지 못했다는 사실이 민망할 정도였다.

그때까지 나는 트랜스섹슈얼과 트랜스젠더의 차이점을 몰랐다. '트랜스'라는 말이 뜻하는 '전환'이 구체적으로 무엇의 전환인지도 알지 못했다. 내 무지가 부끄러우면서도 알렉시아에게 물어보기는 조심스러웠다. 개인적인 이야기를 꺼냈다가 소중한 친구의 기분을 상하게 할까 봐 걱정되었기 때문이다.

하지만 알렉시아는 너그러운 마음으로 내 무지를 깨우쳐주었다. 트랜스젠더 여성은 자신이 여성이라 생각하며 살아가지만 태어났을 때 세상이 남자로 규정한 사람이고, 트랜스젠더 남성은 그 반대다. 트랜스섹슈얼은 트랜스젠더 중에서도 호르몬 치료나 성전환 수술을 통해 몸과 기능을 실제 자신이 생각하는 성별에 좀 더 가깝게 만든 사람을 일컫는다고 알렉시아가 설명했다. 그래서 어떤 여성은 음경이 있는 것이다. 비록 다양한 수술 방법이 있긴 하지만, 모든 트랜스젠더가 외부 신체 기관을 리모델링하지는 않는다. 트랜스젠더에는 논바이너리도 포함된다.

나는 알렉시아에게 상대에게 물으면 실례가 되는 질문이 있느냐고 솔직하게 물었다. 알렉시아는 트랜스젠더에게 원래 이름이 무엇이었느냐는 질문은 절대 하지 말라고 알려주었다. 트랜스젠더 커뮤니티에서는 이를 '데드네이밍deadnaming'이라고 하는데, 성전환과 관련해 개명한 사람의 개명 전 이름을 부르는 것은 그 사람의 진정한 정체성을 거부하는 뉘앙스가 담긴 무례한 행동이다. 성전환자의 옛 이름을 공개적으로 부르는 것은 그 사람의 의사에 상관없이 성전환 사실을 '폭로'하는 것이고, 이로 인해 당사자는 차별과 괴롭힘, 심지어 치명적 폭력에 노출될 수 있다.

이날 나는 주로 그녀의 이야기를 들었다. 그 이후에도 여러 번 대화하며 알렉시아는 자세한 사정을 이야기해 주었다.

"어려서는 딱히 성별에 대해 깊이 생각하지 않았어요." 알렉시아의 말이다. "그다지 중요하지 않았죠. 하지만 여자 형제와 소꿉놀이나 인형 놀이를 하는 게 더 좋았어요. 남자 형제가 좋아하는 놀이에는 별로 관심이 없었죠. 오히려 남자애들과 놀러 나가면 거짓말을 하는 기분이 들었어요. 제 친구들은 대부분 여자애들이었죠. 전 자신을 사내라고 생각해 본 적이 없었어요." 실제로도 알렉시아는 어린 시절에 대해 말할 때 항상 'girl'이라는 표현을 썼다.

과학은 그녀의 성향을 지지한다. 성별이란 어디까지나 한 사회의 구성물로서 각 성과 연관된 규범, 행동, 역할에 의해 만들어진 것이라고 생각하는 사람이 많다. 그러나 전형적인 남성과 여성의 뇌에는 생물학적 차이가 있음을 보여주는 수많은 연구가 지속적으로 발표되고 있다. 일례로 남성과 여성은 뇌의 특정 부위에서 신경세포의 개수나 연결 방식이 확연히 다르다. 내가 읽은 어느 2020년 연구에 따르면, 트랜스젠더의 뇌에서의 에스트로겐 수용기의 경로는 성염색체와 일치하는 성 정체성을 가진 사람의 것과는 두드러지게 달랐다. 인간의 생식기관은 수정 후 11주에 아직 배아 상태일 때 일찌감치 분화되지만, 뇌를 남성 또는 여성으로 만드는 변화는 태어나기 직전에 일어난다. "남성의 뇌든 여성의 뇌든 처음 갖고 태어난 그대로 이어집니다."라고 어거스타대학교에서 국립보건원 연구원으로 일하는 산부인과 전문의 J. 그레이엄 시이젠이 말했다. "그건 바꿀 수 없어요." 알렉시아는 남자아이의 몸에 갇힌 여자아이였다. 하지만 무엇이 잘못되었는지 알지 못했다.

"당시에는 **트랜스젠더**라는 단어 자체가 없었죠." 알렉시아가 말했다. "저는 심각한 문제를 겪고 있었어요. 뭔가 옳지 않다는 기분이 들었죠. 하지만 그게 뭔지 알 수 없었어요." 그녀의 부모도 문제를 알아내지 못했지만 자식이 힘들어한다는 것은 이해했다. 어려서 그녀의 머리는 할머니가 잘라주었는데 알렉시아는 그것이 너무나 싫었다고 했다. "전 긴 머리가 더 좋았지만 할머니는 항상 무조건 밀어버렸어요. 정말 싫었어요. 충격이 말도 못 했죠." 마침내 부모는 알렉시아가 알아서 머리를 자르게 했다. 그녀는 무려 2미터까지 머리를 길렀다.

그렇게 머리를 기르는 데는 몇 년이 걸렸다. 알렉시아는 그 사이에 조금씩 작은 변화를 시도했다고 했다. 그녀는 새로운 옷을 샀다. 달라붙는 청바지와 보라색이나 핑크색 같은 밝은 옷을 선호했고 취향에 맞춰 수선해서 입었다. 화장법도 다양하게 도전했다. 매니큐어를 사서 매주 손톱을 한 개씩 발랐다. "다른 사람한테 성전환을 하겠다고 말한 적은 없어요." 알렉시아가 말했다. "그저 스스로 서서히 바꾸어갔지요. 그러면서 진정한 제가 되었어요."

한편 너태샤가 트랜스젠더로 커밍아웃하는 과정은 아주 달랐다. 언젠가 뉴햄프셔주로 다친 비단거북을 데리러 장거리를 다녀오는 길에 너태샤가 이야기해 주었다. 너태샤는 친구와 가족에게 자신의 진정한 정체성을 알릴 시간과 장소를 고심해서 골랐다. 다행히도 그녀의 주변 사람들 모두 그녀의 정체성을 이해하고 또 환영해 주었다.

너태샤는 초등학교 3학년 때 처음 자신의 몸이 어색하게 느껴지기 시작했다고 했다. 성당에서 운영하는 가톨릭계 초등학교에 다녔는데, 남학생과 여학생 교복이 다르고 미사를 드리러 갈 때 남녀가 다른 입구로 성전에 들어간다는 것을 깨달으면서부터였다. "제가 느끼는 제 자아는 여성이었어요." 너태샤의 말이다. 너태샤는 하느님께 자신을 '정상'으로 만들어달라고 기도했다.

남자 기숙학교에 보내지면서 그녀는 그 기도를 포기했다. 고등학교에서는 심하게 따돌림을 당했다. 그러던 어느 날 너태샤는 자신의 본성과 전혀 다른 행동을 했다. 수업 시간에 모두의 앞에서 무거운 책상을 발로 찬 것이다. 평소라면 절대로 하지 않았을 일이었다. 대부분의 남학생들은 "단지 그렇게 할 수 있다는 이유만으로 그녀를 밀치고 물건을 내동댕이치며" 폭력을 가했다. 너태샤는 자신이 그들과는 다르다는 것을 알았고 그렇게 되고 싶지도 않았지만 그날은 선택의 여지가 없었다. 그때 이후로 아이들은 그녀를 괴롭히지 않았다.

대학교에 들어간 너태샤는 당시 막 출시된 인터넷을 통해 정보를 검색하기 시작했고 그곳에서 괴로움의 원인을 찾았다. "나는 남자아이의 몸에 있는 여자아이였어!"

스물한 살이 되자 그녀는 호르몬 처치를 준비하면서 수개월의 상담을 시작했다. 첫 에스트로겐 처치는 계시와도 같았다. "편안한 안도감이 넘쳐흘렀어요. 테스토스테론이 토네이도라면, 에스트로겐은 그 끔찍한 폭풍을 잠재웠지요." 처치를 받으면서 기분이 점점 나아졌다. "꼭 치료약 같았어요. 치유되는 기분이

들었거든요. 점점 더 진정한 제가 되어갔어요."

알렉시아와 달리 너태샤는 여성성을 부각하기 위해 성형도 했다. 어느 마음 좋은 성형외과 의사가 트랜스들을 위해 특별히 무료로 수술해 주었다. 너태샤는 목젖의 크기를 줄였고, 크게 돌출된 코를 매만졌다.

나는 화들짝 놀라며 물었다. "그러니까 예전에는 저처럼 코가 컸다고요?"

"아, 그런가요? 전 몰랐어요." 너태샤가 말했다.

그 순간 이 친구에 대한 애정과 감사와 존경의 마음이 새삼 솟구쳤다. 어려서부터 난 늘 우아한 나의 엄마 앞에서 한 번도 예쁜 적이 없는 딸이었다. 그 때문에 평생 남의 시선을 의식하며 살았다. 그런데 나이가 들면서 골치 아픈 변화로 문제까지 일으키는 내 외모가 너태샤에게는 아무 의미가 없었다는 말 아닌가. 물론 그녀는 망막의 기능이 떨어지고 있으니 내 얼굴을 제대로 본 적이 없을 것이다. 그러나 그보다 중요한 것은 그녀가 외모로 나를 판단한 적이 없다는 사실이었다. 겉모습이라는 우연적 요소에 눈이 멀어버린 많은 정안인正眼人과 달리, 그녀는 자신을 둘러싼 사람들의 영혼을 볼 줄 알았다.

그들이 스스로 인지하는 자신의 성별과 좀 더 비슷해 보이기 전에는 너태샤와 알렉시아 둘 다 많은 이들에게 협박을 받고 괴롭힘을 당했다.

"당시 세상은 저 같은 사람을 쫓아내고 싶어 했어요." 알렉시아가 말했다. "친구들조차 어리석은 질문을 했지요. 장을 보러

마트에 가면 제 옆을 따라 걸으며 이름을 불렀어요."

트랜스들에게는 훨씬 심각한 위험이 도사리고 있다. 이들을 향한 폭력은 충격적일 정도로 흔하다. 전국 트랜스젠더 차별 조사에 따르면 조사 시점을 기준으로 트랜스젠더 열 명 중 한 명이 12개월 내에 신체적 공격을 당한 적이 있다고 밝혔다.

그러나 너태샤는 이런 위험을 마주하는 삶에서도 긍정적인 부분을 찾았다. 덕분에 그녀는 더 뛰어난 관찰자가 되었고, 더 훌륭한 거북 옹호자가 되었다. 트랜스들은 습관적으로 주위를 살피며 공격 가능성이 있는 미묘한 신호를 감지하는 법을 배운다. (알코올중독자의 자녀들도 마찬가지인데 나 역시 어려서 알게 되었다.) 미세한 부분까지 주의를 기울이는 성향은 말을 하지 못하는 존재를 다룰 때 특히 도움이 된다.

물리적 폭력이 아니더라도 젊은 여성으로서 알렉시아와 너태샤는 개명하거나 운전면허증의 성별을 변경하는 등 어렵고 때로는 수치스럽기까지 한 여러 일들을 감당하고 해결해야 했다. 그러나 이런 여정 덕분에 그들은 끈기를 갖고 계속 나아가는 방법을 배웠다고 인정했다. "젊었을 때 저는 참을성이 부족했어요." 알렉시아가 고백했다. "호르몬 치료를 시작하려면 그 전에 먼저 여러 달 동안 치료를 받아야 해요. 의학적으로 건강한 상태여야 하거든요." 그리고 나서도 호르몬의 효과가 최대로 나타나기까지 몇 년이 걸릴 수도 있다.

치유 중인 거북들도 마찬가지다. "그 여정이 저의 인내심을 길러주었어요." 알렉시아가 말했다. "거북한테서는 회복을 재촉

할 수가 없거든요."

　오랜 분투 속에서 그녀의 마음이 넓어졌다. "저는 원래도 공감 능력이 뛰어난 편이었어요. 하지만 정신적으로, 육체적으로, 감정적으로 사회로부터 매질을 당하면서 비로소 가장 도움이 절실한 동물을 찾을 수 있게 되었습니다."

　"트랜스들은 항상 불리한 처지에 있어요. 거북도 그렇고요." 그녀가 말했다.

　"알렉시아와 저는 약자가 된다는 것이 어떤 건지 잘 알고 있어요." 너태샤가 동의하며 말했다. "우리가 함께하는 이 목소리 없는 동물은 어떤 면에서 생물의 형체를 띤 암호라고도 볼 수 있어요." 거북들은 비밀 암호 또는 위장된 메시지다. "그들은 당신에게 자신의 문제가 무엇인지 말하지 못해요. 거북과 일할 때 저는 나 자신이 되기 위해 싸워야 했던, 그러나 정체를 알 수 없었던 분투가 떠올랐어요. 딱지 속 거북처럼 고통과 불안정한 마음을 숨겨온 것이죠. 그래서 저는 이 조용한 동물에게 마음이 끌립니다. 모두가 남이 자기를 **섬기길** 바라는 세상에서, 사다리의 맨 밑에 있는 우리 같은 사람들은 서로가 서로를 돌봐야 해요."

　아파서, 다쳐서, 버려져서 오는 거북들에게 그녀는 경험에서 우러나온 진심을 담아 말한다. "껍데기 밖으로 자유롭게 나와도 돼. 그리고 경계심을 늦추어도 좋아. 상황은 더 나아질 거야. 내가 네 옆에 있을게. 널 이해한단다."

크리스마스 시즌이 오고 또 갔다. 너태샤와 알렉시아는 크리스

마스 대신 거북의 동면을 기념하는데, 이때 늘 경쟁이라도 하듯 서로를 위한 정성스러운 선물을 직접 만든다.(어느 해인가 알렉시아는 너태샤를 위해서 쓴 사랑의 시를 구리판에 점자로 뚫은 뒤 액자에 넣어서 주었다. 그리고 너태샤는 알렉시아를 위해 그녀가 쓴 시들을 보관하는 3공 바인더용 원목 표지를 만들었다.) 파이어치프의 휠체어 디자인은 점차 완성에 가까워졌다. 물론 해야 할 다른 일들도 많았다. 맷과 진과 나는 현재 거주하는 229마리 거북의 연례 검진을 도와 몸무게와 몸길이를 재고 사진을 찍고 업데이트하는 작업을 거들었다. 또 상자거북들을 위한 더 큰 집을 짓고 페인트칠을 했다. 지하 병원에 진짜 아픈 환자들만을 위한 더 많은 공간을 마련하기 위해 바깥의 별채가 완성되면 상자거북들을 모두 그리로 옮길 것이다. 그 별채는 지금은 세상을 떠나고 없는 한 상자거북의 이름을 따서 '프레셔스의 정원'이라고 불릴 예정이다.

여름철의 격류에 비하면 속도는 느려졌지만 새로운 거북의 유입은 계속되었다. 누군가 애완용으로 키우다가 불가피하게 집에서 '치워버려야 했던' 완벽하게 건강한 호스필드거북 한 마리가 들어왔다. 또 웰즐리에서 한 부부가 벤츠를 타고 중이염에 걸린 거북을 데려오더니 수의사가 치료 비용으로 200달러나 달라고 했다면서 불평했다. "200달러가 없으세요? 아니면 돈을 쓰고 싶지 않은 겁니까?" 알렉시아가 눈을 치켜뜨며 날카롭게 물었다. 그녀는 거북을 압수했다.

스프로키츠와 피자맨도 우리를 수시로 긴장하게 했다. 하루는 내 가방이 저절로 옆으로 쓰러지더니 꿈틀대는 걸 보고 놀랐다. 피자맨이 가방 속을 탐색하고 있었다. 그는 장바구니도 즐겨 뒤진다. 호기심이 많기는 스프로키츠도 마찬가지다. 언제인가 먹을 것을 기대하며 식기세척기의 열린 문 위에 올라간 적도 있다. 또 한번은 영 자기 집에서 나오려고 하지 않았는데, 너태샤 말에 따르면 저번처럼 목욕 중에 일찍 꺼냈다고 심통이 난 것이었다.

그러나 우리의 일과 대화의 대부분은 파이어치프와 휠체어를 중심으로 돌아갔다.

바퀴가 하나여야 할까? 두 개? 아니면 세 개? 어떤 종류의 바퀴가 가장 좋을까? (막대 씨 끝에 달린 작은 바퀴를 달고 알렉시아와 열정적으로 롤러스케이트를 탔던) 너태샤가 제시한 최신식 롤러스케이트 바퀴는 앞뒤가 구부러져서 파이어치프가 좀 더 자연스럽게 걸을 수 있을지도 모른다. 아니면 맷이 제안한 것처럼 베이스 플레이트●에 일종의 베어링인 부싱을 달아 구부러지게 하는 편이 더 나을지도 모른다. 그렇다면 장치는 어떻게 부착할까? 벨크로로? 아니면 동물용 붕대로 칭칭 감는 편이 나을까?

1월 초, 맷과 나는 알렉시아가 성냥갑 크기의 몬스터 트럭을 산 뒤 탄력 있는 바퀴를 떼어다가 길이 25센티미터, 너비 13센티미터의 원목 플랫폼에 끼우는 것을 보았다. 파이어치프의 배딱지를 올려놓을 플랫폼은 바닥에 고무로 된 매트를 덧대어 밀리지 않게 했다. 접착제를 사용하지 않고 체중이 누르는 힘만으로 장치가 어느 정도 고정되길 바라며 우리는 시험에 들어갔다.

●　　롤러스케이트나 스케이트보드의 바퀴 축이 부착되는 금속 부품.

이 장치는 엉덩이 쪽을 5센티미터나 들어올렸고 미끄러운 거실 바닥에서도 파이어치프가 곧장 앞으로 나아가게 했다. 그는 주로 앞발을 사용했지만 몸무게가 전부 실리지 않으니 약한 뒷다리도 움직일 수 있었다. 그는 그 옛날 소아마비였던 나의 이모 루크레시아처럼 걸을 때 앞뒤로 몸이 흔들리긴 했지만 그래도 멋지게 나아갔다. 파이어치프는 열 걸음쯤 걸어 터틀가든으로 가는 문 앞을 반쯤 지나 거실로 향했다. 하지만 난로까지 갔을 때 갑자기 술에 취한 사람처럼 몸과 장치가 왼쪽으로 기울었다. 그리고 꼬리가 그쪽으로 쏠리면서 바퀴가 미끄러졌다. 그 상태에서 앞발로 두 걸음을 더 걸었지만 뒷다리가 무게를 감당하지 못했다. 파이어치프는 걸음을 멈추었다.

알렉시아는 동물용 붕대로 장치를 고정시키기로 했다. 그러려면 몸을 뒤집어야 하는데 파이어치프가 좋아할 리가 없다. 그는 힘껏 목을 뻗어 몸을 돌리려고 버둥댔다. "잠깐만, 지금은 안 돼, 작은 괴물 씨." 알렉시아가 얼렀다. "잠시면 돼요, 착한 어린이. 지금 널 도와주려는 거야!" 너태샤도 거들었다. 알렉시아가 날쌘 손놀림으로 붕대를 감고 원래대로 돌려놓았다.

파이어치프는 어리둥절해 보였다. **방금 무슨 일이 일어난 거지?** "네 트럭을 다시 붙인 거야." 맷이 사람에게 말하듯 상황을 설명해 주었다. 파이어치프가 앞발로 서지 않아서 배딱지 앞쪽이 바닥에 내려왔고 뒤쪽은 공중에 떠 있었다.

알렉시아가 그의 생각을 읽었다. "제 엉덩이가 조금 높아진 것 같은데요."

하지만 파이어치프는 감내하겠다고 결심한 듯 다시 앞으로 걸었다. 앞다리와 뒷다리를 모두 사용했다. 다들 기뻐했다. "하지만 이것도 임시용일 뿐이야!" 너태샤가 말했다.

아니나 다를까. 1분도 안 되어 바퀴가 다시 떨어졌다.

알렉시아와 너태샤는 꼬리가 플랫폼에서 좀 더 안정적으로 고정되도록 밴드를 붙였다. 이제는 앞뒤 다리를 모두 사용해서 십여 걸음을 빠르게 걸었다. "물리치료라는 측면에서는 아주 제대로네요!" 너태샤가 말했다. 이 장치는 약한 뒷다리가 튼튼해지게 운동시킬 뿐 아니라 사기를 북돋우는 데도 훌륭했다.

"크리스마스 즈음 여러분이 오지 않았을 때, 사실 파이어치프는 실성하기 일보 직전이었어요. 정말 수조에서 나가고 싶어 했거든요. 절실하게 운동을 원했죠. 하지만 이제는 본모습을 찾은 것 같네요!" 너태샤가 털어놓았다.

나는 파이어치프가 무슨 생각을 하고 있을지 궁금했다. 교통사고 이전과 비슷한 이동 능력을 회복하면서 자신을 되찾은 것 같아 기쁠까? 상처의 육체적 무게만이 아니라 정신적 무게에서도 자유로워진 기분일까? 아니면 자유롭게 움직일 수 있는 이 드물고 영광스러운 순간을 누리며 장애에 대한 기억 자체가 사라져 갔을까?

장치가 다시 떨어지자 알렉시아가 세 번째로 붕대를 다시 감았다. 하지만 뒷다리가 꼬리에 붙인 붕대에 엉켰고, 중간을 두른 붕대는 풀렸다. 두 걸음쯤 더 걷자 장치는 뒤로 빠져버렸고 그는 앞 발톱으로 하릴없이 바닥을 긁었다.

우리는 파이어치프가 싫어하기도 하고 또 붕대도 다 떨어져서 그를 다시 뒤집는 대신 우리가 직접 손으로 딱지 뒤쪽을 들어 올려 가까스로 운동을 마쳤다. 맷과 진과 나는 번갈아 가면서 90도로 몸을 구부려 손가락을 등딱지 뒤쪽의 날카로운 가장자리에 끼워 넣고는 뒷 발가락에 핏자국으로 표시된 줄까지 올렸다. 불편한 자세였지만 그가 원한다면 하루 종일도 할 수 있었다.

그러나 그는 점점 지쳐갔다. 우리의 도움으로 슬라이딩 유리문까지 가더니 멈춰 서서 하염없이 창밖을 바라보았다. 우리는 어떻게 디자인을 더 개선할지 의논했다. 붕대가 좀 더 유연해야 할까? 꼬리를 더 잘 붙들게 붕대를 추가해야 할까? "장치가 좀 더 낮아야 할 것 같아요." 알렉시아가 제안했다.

"트럭 바퀴가 너무 가깝게 붙어 있고 장치가 전체적으로 너무 길어요. 꼬리에 장치가 닿는 걸 좋아하지 않을 거 같아요." 맷이 말했다. 그는 나의 이웃이자 전직 소방서장인 헌트가 전에 했던 말에 동의했다. 바퀴는 거북의 몸체에서 가능한 멀리 떨어져야 한다.

올바른 디자인으로 설계된 휠체어로 연습하게 되면, 다음 해에는 무엇을 해야 할까? 파이어치프는 아직 자기 집으로 돌아갈 준비가 되지 않은 것 같다. 일단 그는 몸이 뒤집어지면 현재 상태로는 혼자 다시 뒤집을 수 없다. 그건 야생에서의 사형선고다.

그러나 맷과 진과 내가 이곳에서 지켜보지 않는 날에도 밖에 나갈 수 있다면 도움이 될 것이다.

너태샤는 측지 돔● 형태의 온실을 생각해 냈다. 혹은 뒤쪽 덱에서 가까운 경사진 땅에 제2의 터틀가든을 만들 수도 있다. 그러면 울타리가 없어도 포식자로부터 안전할 거라고 맷이 말했다. 수생거북과 육지거북 보전을 위한 민간시설인 '가든스테이트 육지거북'에서 일하는 맷의 친구들은 야외 사육장의 보안을 위해 전기 펜스, 까마귀 방지 낚싯줄, 야생동물 안전 포획망을 잔뜩 설치했다고 한다.

"파이어치프, 조금만 더 참아주라." 너태샤가 거북 친구에게 말했다. "너에게 곧 밝은 미래를 줄 테니."

"아무래도 이게 최종 선택이 될 것 같아요!" 다시 거북구조연맹을 찾았을 때 알렉시아가 말했다. "제 능력으로 할 수 있는 최선입니다!"

알렉시아의 네 번째 디자인이었다. 그녀는 알루미늄 십자 막대 위에 폼 재질의 방석을 강력 접착제로 붙였고, 트랙터 공급사에서 구입한 회전용 바퀴를 십자 막대 각 끝에 볼트로 고정했다.

회전용 바퀴는 파이어치프가 소파 같은 물체로 달려갈 때 K턴◆이 가능하게 해줄 것이다. 알렉시아는 창문에 커튼을 쳐서 파이어치프가 밖을 보지 못하게 했다. 이 거북이 탁자 밑으로 들어가려고 하면 우리가 나서서 도와야 한다. 몸집이 커서 들어가지지 않기 때문이다. (너태샤는 "꼭 발 받침대가 걸어다니는 거 같아요."라

* 삼각형 모양의 면들이 결합되어 만들어진 구형 구조물.
◆ 자동차가 좁은 공간에서 180도 회전을 할 때 사용하는 주차 기술. 차량이 뒤로 가거나 전진하면서 세 번의 조작을 통해 방향을 완전히 바꾸는 방식이다.

고 말했다.)

맷이 파이어치프를 새로운 전차 위에 올렸다. 그는 네 다리를 모두 사용해서 출발했다. 늑대거북의 정상적인 걸음 그 자체였다. 하지만 전에 없이 빨리 움직였다.

그는 구석에 있는 북미숲남생이 랠프의 집으로 갔다. 그리고 부엌에 들어갔다. 오븐 밑에서 냄새를 들이마신 다음 냉장고로 갔고, 다시 휴지통 밑에 들어갔다가 부엌 창문 아래에 있는 스프로키츠의 빈 욕조를 지났다. 고무나무와 양치식물을 심은 큰 화분을 거쳐 스프로키츠가 낮잠을 즐기는 빨간색 반려동물 이동장을 조사했다. 페퍼로니 그리고 친구인 애프리컷의 집에 있는 원목 울타리를 껴안았다.

"그의 앞다리는 뒤쪽이 망가졌다는 걸 모르는 것 같아요." 알렉시아가 말했다. "참 다행한 일이죠."

그는 슬라이딩 유리문에서 소파, 마지막으로 현관까지 초고속 경주로처럼 한 바퀴 크게 돌고 와서는 꼬리를 곧게 뻗었다. K 턴을 완벽하게 수행하더니 다음 바퀴를 시작했다.

"또 돌기 시작해요!" 진이 소리쳤다.

"아주 탐험을 제대로 하는데?" 너태샤가 말했다.

"이제 됐어요!" 맷이 함성을 질렀다.

파이어치프는 커다란 거실을 크게 세 바퀴나 돌았다. "지금 기분이 최고일 거예요. 여느 건강한 60세 늑대거북처럼 자신감이 넘치네요!" 너태샤가 감탄했다.

"습지에서 왕으로 살았던 야생거북이에요." 너태샤가 상기

시켜 주었다. "공격성이 강할 수도 있겠다고 생각했죠. 그래서 선생님과 맷이 예상치 않게, 그것도 그토록 빨리 파이어치프와 가까워진 것을 보고 놀란 거예요. 저와 알렉시아한테 일어났던 일을 본 것 같았거든요. 제삼자의 눈으로 선생님, 맷, 파이어치프의 관계를 보니 느낌이 새로웠어요. 그건 제가 의도했던 일도, 알렉시아가 의도했던 일도 아니니까요."

"파이어치프의 의도였죠." 맷이 말했다. "그의 눈에서 읽을 수 있었어요."

우리는 이제 그의 눈에서 기쁨도 엿볼 수 있었다.

"봄이 되어 물리치료를 다시 시작할 때는 회복 수준을 넘어서 아마 몸이 좀 더 좋아져 있을 거예요. 이 운동은 심혈관에도 좋고, 근육에도 좋고, 머리에도 좋아요."

너태샤가 말했다. "결코 쉽지는 않았지만, 우리와 함께 파이어치프는 다시 태어났어요. 밖에서 운동하기 시작하면서부터 그는 정말로 다른 거북이 되었어요."

고사리순과 점박이거북.

12장

위험과 가능성 사이

엘롱가타육지거북 애프리컷.

바깥 기온은 영하이지만 3월의 햇살이 거실 창문으로 쏟아져 내린다. 수조 청소, 먹이 주기 등 할 일은 다 끝냈다. 오후에 진과 맷, 알렉시아, 너태샤, 그리고 나는 바닥에 고인 햇빛 웅덩이에서 다섯 마리 거북이 되어 우리가 나눠 가진 행복의 광채를 즐겼다.

    지난 몇 주 동안 파이어치프의 힘과 자신감은 솟구쳤다. 새로운 휠체어 덕분에 앞발이 튼튼해진 이후로는 너태샤의 격려와 함께 지하부터 계단을 오르기도 했다. 이 거북은 우리가 마지막으로 몸무게를 잰 후로 거의 2킬로그램이나 체중이 늘어났다. 맷과 나는 그의 뒷다리에도 살이 붙은 것을 보고 만족스럽게 수치를 기록했다.

좋은 소식이 또 있다. 우리는 새로 온 늑대거북 스노슈즈의 산란을 기다리고 있다. 1월에 얼음판 위에서 너태샤의 살신성인으로 구조된 덕분에 그런 이름을 얻었다.

알렉시아가 가게에 있는 동안 너태샤와 미카엘라는 어느 얕은 습지의 얼음판 위에 늑대거북 한 마리가 앉아 있다는 신고를 받았다. 겨울철에는 드물지만, 상처나 감염을 치유하고자 체온을 올리려고 하는 거북이 보이는 행동이다. 하지만 그러다가 얼어 죽기도 한다.

두 사람은 한 시간을 운전해서 습지에 도착했다. 쌍안경으로 잠깐 훑어보았을 때 미카엘라의 눈에 어렴풋이 둥근 등딱지가 보였다. 가장자리에서 연못 한복판까지는 미식축구 경기장 길이만큼이나 멀었다. 눈은 보여도 자기보다 어린 미카엘라가 위험을 무릅쓰는 걸 두고 볼 수 없었던 너태샤가 얼음 위로 걸어가기 시작했다. 막대 씨 대신 등산용 스틱을 양손에 들었다. 걱정이 된 미카엘라가 물가에 서서 너태샤에게 거북이 있는 방향을 알려주며 소리쳤다. 너태샤는 조심조심 살얼음을 밟으며 (이미 죽었을지도 모르는) 거북을 향해 다가갔다.

하지만 다행히 얼음은 단단했고, 거북은 살아 있었다. 너태샤와 미카엘라는 그날 오후 거의 기적처럼 새해의 003번 거북을 데리고 집으로 돌아왔다. 꼬리와 오른쪽 다리에 얕게 베인 상처와 왼쪽 눈이 부어서 감겨 있는 것을 제외하면 놀라울 정도로 건강한 암컷 늑대거북이었다. 몇 주 뒤 스노슈즈는 충분히 회복했고, 어느 날 제 수조에서 기어 나와 소크라테스의 수조로 들어갔다. 소크라테스는 머리에 외상이 있는 수컷 늑대거북이다. 상처가 너무 심해서 이 거북이 실제로 움직이는 걸 본 사람은 없었다. 하지만 너태샤는 "소크라테스는 우리 생각보다 훨씬 능력이 뛰어났던 모양이에요."라고 말했다. 최근 엑스선 사진은 스노슈즈의 몸속에 가득 찬 알을 보여주었다.

그러나 지금 이 순간 스노슈즈, 소크라테스, 파이어치프 등 다른 거북들은 지하에 있고, 우리는 위층 거북들과 함께 조용하고 느린 시간을 즐겼다. 너태샤는 행복하고 평안한 세월을 함께 보낸 배우자인양 스프로키츠의 앞발을 붙잡고 소파에 앉아 있었다. 한편 맷은 언제나처럼 맨발로 바닥에 양반다리를 하고 앉아 애프리컷을 안고 있었다. "그대의 눈은 정말 매력적이야." 맷이 중얼거렸다. 애프리컷은 맷이 따뜻한 손으로 자신의 초록색과 노란색 배딱지를 감싸자 비늘 달린 통통한 발을 사방으로 뻗었다.

알렉시아는 감탄하며 피자맨을 바라보았다. "네 꼬리는 정말 작고 귀여워."

진과 나는 바닥에 엎드려 스프로키츠를 올려다 보았다. "스프로키츠의 배딱지는 정말 흥미로워." 진이 꿈을 꾸듯 말했다.

"거북의 각질판 사이는 아주 예민해요." 너태샤가 대답했다.

거북과 함께 시간을 보내며 우리의 대화는 여름철 뭉게구름처럼 두둥실 떠올랐다. 우리는 차분하고 행복하고 편안하고 희망에 차 있었다. 전국적인 폭동과 시위의 참화 끝에, 전 세계에서 일어난 산불과 홍수 끝에, 코로나19로 50만 명의 미국인이 목숨을 잃은 음울한 이정표 끝에 그래도 상황은 나아져 갔다. 새로운 대통령은 국가와 지구의 보수와 치유에 관해 말했다. 코로나19 백신이 개발되면서 우리는 조만간 이 바이러스로부터 보호되고, 마침내 전과 같은 삶으로 돌아갈 것이다.

"하루빨리 수업도 하고 걸스카우트 활동도 다시 하면 좋겠어요." 알렉시아가 말했다.

"모두 바깥의 원래 서식지로 데려갈 날이 하루빨리 오길." 너태샤가 말했다.

"파이어치프의 걸음 속도가 회복될 때까지 도무지 못 기다리겠어요." 맷이 말했다.

사실 우리는 **기다릴 수 있다**. 거북이 기다리는 법을 알려주었기 때문이다.

나는 온라인 사전에서 '기다리다'라는 동사의 뜻을 찾아보았다. '동작하지 않는 상태를 기술하는 동작 동사'인 이 모순적인 단어에 대한 정의가 몇 가지 열거되어 있었다. 예를 들어, 기다린다는 것은 "특정 시간까지 또는 어떤 일이 일어날 때까지 행동을 보류하는 행위"다. 이는 "무엇인가를 또는 무엇인가가 일어나기를 재촉하여 초조한 상태"를 가리킨다. 한편 '기다리다'에는 "다른 사람이 따라잡을 때까지 멈추는 것" 또는 "휴식의 상태"라는 좀 더 차분하고 친절하고 현명한 의미도 있다. '기다리다wait'는 북부 프랑스어 웨이티에waitier에서 유래한 말로 그 기원은 wake 와 관련된다. 경계하는 것. 무엇인가로 하여금 생명을 불어넣게 하는 것. 기다리는 것과 깨어 있는 것은 반대가 아니라 쌍둥이다.

우리는 이 순간을 사랑한다. 햇살을 공유하며 거북들과 널브러져 있는 이 순간을. 우리가 그토록 그리던 미래를 엿볼 수 있게 되었기 때문만은 아니다. 우리는 지금을 사랑한다. 왜냐하면 **지금이니까.** 우리의 '지금'에 모든 시간이 온전히 담겨 있기 때문이다.

———————

일주일 뒤, 알렉시아는 맷이 애프리컷을 사육장에서 꺼내 올 때까지 기다리는 대신 직접 애프리컷을 들고 가 맷에게 건넸다. 애프리컷의 등딱지에는 커다란 붉은 리본이 달려 있었다. 애프리컷은 알렉시아가 맷의 마흔 살 생일에 주는 선물이다.

그는 진심으로 황홀해했다. "정말 대단한 한 해였어요!" 맷의 말이다. 작년에 우리는 맷의 생일 전날 거북생존연합에서 돌아왔고, 맷의 생일 다음 날 세상이 봉쇄되었다. 하지만 맷이 그런 의미에서 한 말은 아니었다. "코로나가 시작되었을 때 우리 집에는 거북이 한 네 마리밖에 없었을걸요." 그가 웃으며 말했다. "코로나는 그렇게까지 나쁘진 않았어요!"

지난 9월, 맷은 거북구조연맹을 통해 거북을 한 마리 더 입양했다. 어느 가족이 기르다가 포기한 거북이다. 이 암거북은 핑크벨리드사이드넥거북pink-bellied side-neck turtle 성체로 오스트레일리아 자생종이다. 15센티미터 길이의 독특한 분홍빛 주황색 배딱지를 기리는 뜻에서 맷은 이 거북을 팔로마라고 불렀다. 맷이 아내 에린과 외식할 때 마셨던 비슷한 색깔의 칵테일 이름이다. 사실 팔로마는 어려서 다른 거북에게 배딱지를 물린 바람에 뒤쪽으로 돌출된 가장자리의 우측에 살덩어리가 없다. 거북 딱지의 다른 부분은 치유할 수 있지만 몸 밖으로 돌출된 가장자리는 치유되지 않으며, 뜯겨 나간 공간은 껍데기가 자라면서 점점 더 커진다.

팔로마와 애프리컷이 맷이 가장 최근에 집에 들인 거북이다. 하지만 그 전에도 코로나19로 인해 패터슨 가족의 거북 식구는 이미 한 차례 크게 불어났었다.

팬데믹 초기, 에린은 직업상 사람들의 입 주위를 손으로 만져야 하는 언어치료사로서 치명적일지도 모를 바이러스에 스스로 여러 번 노출되었을 거라고 생각했다. "당신이 나를 죽일 수도 있어!" 맷이 장난스레 말했다.

하지만 그 말을 듣고 에린은 울었다. 농담으로 한 말이었지만 사실 맷은 천식이 있어서 지금까지는 약으로 잘 다스려 왔어도 만약 코로나에 걸리면 고위험군에 속한다.

맷이 만들어준 진토닉을 마시다가 에린은 자신의 죄책감을 해소할 길을 찾았다. 만약 자기 때문에 맷이 코로나에 걸리면 새로운 거북 두 마리를 집에 데려와도 좋다고 약속한 것이다. 바이러스가 몇 달째 기승을 부리면서, 용케 위험을 잘 버티고 있다는 이유만으로 마침내 그는 거북 두 마리를 데려올 수 있게 되었다.

뜨거웠던 지난 7월의 어느 토요일, 우리 셋은 에린의 약속을 이행하기 위해 길을 나섰다. 알렉시아와 너태샤가 뉴욕주 카난의 재활치료사 페이스 리바르디에 관해 이야기한 적이 있었다. 그녀가 운영하는 비영리단체 펫파트너스는 거북과 개를 구조하고, 경제 사정이 어려운 사람들이 반려동물과 계속 함께할 수 있도록 돕는다. (최근까지는 야생 고양이도 여럿 돌보았다.) 마침 페이스는 그녀의 세발가락상자거북에게 새로운 집을 찾아주려고 애를 쓰던 참이었다. 세발가락상자거북은 맷과 에린이 가장 오래 함께한 거북 폴리와 같은 종으로, 미국 중남부 자생종이다. "그럼 굳이 따로 사육장을 만들어줄 필요도 없잖아." 맷이 에린을 은근히 설득했다. 새로운 세발가락상자거북 두 마리는 곧바로 넉넉한 야외 우리에서 폴리, 에디와 함께 여름을 지내면 된다.

페이스가 데리고 있는 거북이 몇 마리나 될까? "글쎄요, 굳이 세보지는 않았는데요." 우리를 처음 만난 자리에서 그녀가 한 말이다. 자그마한 몸집에 활력이 넘치는 이 여성은 키가 150센티미터를 넘지 않았고 머리는 희끗했다. 페이스는 다친 토종거북을 치료하고 재활하는 공간을 마련하기 위해 외래종 거북에게 입양처를 찾아주려고 노력했다. 평소 그녀는 새벽 1시에 일어나 새벽 5시 반까지 동물들을 보살핀 다음 지역 채석장 사무실로 출근한다. 낮에는 친구가 집에 와서 여덟 마리 개의 점심을 챙겨주고 울타리가 있는 커다란 마당에 내보내 들락날락하며 뛰어다니게 했다. 저녁에 집에 오면 페이스는 다시 개, 거북을 돌보다가 지쳐서 곯아떨어졌다.

페이스는 동물을 사랑하는 가정에서 자랐다. 그녀의 아버지는 헛간에 창문을 달아 낮에 풀을 뜯던 젖소들이 저녁에 헛간에 들어가서도 바깥을 볼 수 있게 배려했다. 페이스네 가족은 결혼식이나 장례식 같은 행사에 자주 늦었는데, 가는 길에 다치거나 어미 잃은 동물(올빼미, 쥐, 거북 등 어떤 종이든 상관없이)을 보면 지나치지 못하고 꼭 먼저 구해줬기 때문이다. 차에는 다친 동물의 방석이 되어줄 건초 상자가 항상 있었다. "어려서 우리는 누구나 트렁크에 건초를 깔아둔 상자를 싣고 다니는 줄 알았다니까요." 페이스의 말이다.

그러나 그중에서도 페이스에게 언제나 가장 특별한 것은 거북이었다. "이 동물의 영혼은 정말 깊고 또 깊어요." 그녀가 말했다. "거북에게는 뭔가 아주 오래된 흙의 기운 같은 게 있어요. 그들 스스로 단념하지 않는 한 저도 그들을 단념하지 않아요."

페이스가 우리를 지하실로 데려갔다. 흙과 욕조, 동굴, 식물로 가득 찬 길고 튼튼한 원목 캐비닛이 줄줄이 우리를 맞이했다. 거북 보금자리는 대부분 길이 3미터, 너비 1.2미터이고, 각각 판유리와 강철 프레임으로 직접 제작했으며, 풀스펙트럼 조명과 온열등이 내리쬐고 있었다. 페이스는 전구에만 한 해에 1600달러를 쓴다고 했다.

"대부분 압수된 거북들이에요." 그녀는 제일 먼저 동부상자거북 미걸을 소개했다. 미걸은 박물관에서 수생거북들과 함께 50년을 살았다. 육지거북인 상자거북에게는 전혀 알맞지 않은 환경이었다. 윌로도 같은 박물관에 살았던 세발가락상자거북인데 등딱지가 높고 기형이며 페이스가 데려왔을 때 눈과 피부에 감염이 있었다.

다른 통에는 밈스라는 거북이 있었는데 전투기처럼 달려들어 문다고 했다. 이어서 페이스는 동부상자거북 미스터 T를 소개했다. 롱아일랜드에서 트랙터에 치이는 바람에 눈이 보이지 않는 거북이다. "거북들은 정말 강인해요. 그렇다면 우리가 그들에게 저지르는 일은 어떤 의미일까요?" 페이스가 말했다. 이어서 그녀는 맷과 에린이 키우는 이반과 같은 종인 호스필드거북을 보여 주었다. 페이스 말이, 원래 어느 가정에서 집 안을 자유롭게 돌아다니며 수년을 함께 살았다고 했다. "정말 사교성이 좋아요. 하지만 그 집 사람들이 더는 키우고 싶지 않다면서 유기했죠. 이게 말이 되나요?"

나는 바로 그 거북을 들어올렸다. 거북이 나를 보려고 목을 내밀었다.

대형 보금자리가 여러 개 있었는데 각각에 거북 여러 마리가 들어 있었다. 페이스가 우리를 후보 거북들이 있는 곳으로 데려갔다. 그녀는 먼저 에린에게 선택권을 주었다. 에린은 30세가 넘는 근사한 암컷을 골랐다. 입 주위를 연결하는 흰색 반점이 독특한 거북이었다. 이 거북은 에린이 만져도 차분하고 친근하게 가만히 있었다. "이름이 애디예요." 페이스가 말했다.

"이 거북이 좋겠어요." 에린이 바로 결정했다.

다음은 맷의 차례였다. 그는 윌라를 골랐다. 얼굴에 주황색 선이 있고 주둥이는 초록빛의 흰색이며 등딱지가 유난히 둥글었다. "성격이 아주 활달하고 다정해요." 페이스가 말했다.

"근데, 아시겠지만 사실…… 두 마리나 세 마리나 키우는 데는 별 차이가 없어요." 페이스가 슬쩍 입김을 넣었다.

통을 받치고 있는 캐비닛 뒤에서 에린이 맷의 허벅지를 툭 치며 신호를 보냈다. 페이스가 보지 못하게 에린은 슬쩍 맷에게 손가락 세 개를 펴 보였다. 세 마리까지 오케이.

맷이 느닷없이 손바닥을 활짝 펼쳐 손가락 다섯 개를 폈다. 에린이 얼굴을 찌푸렸다.

페이스가 등딱지에 흉터가 있는 상자거북 한 마리를 집어 들면서 "이 작고 예쁜 부인 세실리아는 어떤가요?" 하고 물었다. "세실리아가 살던 집에 불이 났어요. 등딱지에 상처가 남아 있죠. 진정한 생존자예요!"

"그래요? 이런 영웅을 그냥 두고 갈 수는 없지. **불** 속에 있었다니!" 맷이 호들갑을 떨었다. 페이스가 에린에게 거북을 건넸다. 어떻게 거절하겠는가?

"음, 좋아요." 에린이 대답했다.

페이스가 또 다른 거북을 가리켰다. "이 거북은 어떤가요? 정말 귀엽지 않나요?" 이 암컷 상자거북은 윗부리에 독특한 검은 얼룩이 있어서 꼭 콧수염 뒤로 미소 짓는 것처럼 보였다. "루이즈예요. 한 부인이 45년이나 키웠죠. 정말 예뻐요!"

"안 데려갈 이유가 없군요." 맷이 활짝 웃으며 말했다.

"흠, 그런 것 같네요." 에린이 포기했다는 듯 말했다.

"잠깐, 어떻게 한 마리만 더 데려가면 안 될까요?" 페이스가 꼬드겼다. "세발가락상자거북이 한 마리밖에 안 남았네요. 혼자 있게 하긴 좀 안쓰러운데요. 저도 이 통을 치울 수 있어서 좋고요. 마지막으로 이 거북만 더 데려가면 안 될까요?"

다섯 번째 거북의 이름은 펄이었다. 사랑스러운 얼굴에 있는 흰색 점이 진주 같아서 붙여진 이름이다.

하지만 나는 아까부터 집 안을 마음껏 돌아다니다가 버려졌다는 호스필드거북에게 계속 눈이 갔다. 그래서 불쑥 말했다. "저 호스필드거북은 어때요?" 사정도 딱하지만 그게 아니더라도 어찌 그리 다정한 모습인지. "그냥 두고 가기엔 마음이 너무 찜찜하네요!"

"맞아요. 그럼 데려가시겠어요?"

오전에 집을 나서는 나를 붙잡고 남편이 단호하게 말했다. 혹시라도 거북을 데리고 들어오면 오늘부터 길바닥에서 자게 될 줄 알라고 말이다. 우리 부부가 함께 40년을 사는 동안 나는 집에 흰담비, 닭, 앵무새, 보더콜리, 그리고 돼지(태어날 때는 제일 작고 약했지만 14년을 살면서 340킬로그램까지 나갔고 어느 날 자다가 노환으로 세상을 떠났다.)를 데려왔다. 하워드는 이 동물들을 사랑했지만 하루가 멀다 하고 돌아가며 사고를 치는 바람에 곤욕을 치른 적이 한두 번이 아니다. 예를 들어 우리 집 돼지는 스스로 돼지우리 문을 열 줄 알게 되면서 여러 차례 밖으로 탈출해 동네를 돌아다니며 남의 집 잔디밭과 텃밭을 헤집어놓았고, 결국 경찰에게 붙잡혀 집에 끌려오곤 했다.(이 작은 마을의 경찰은 그런 목적으로 차 뒤에 사과를 싣고 다녔다.) 그런데 문제는 이런 사건이 항상 내가 연락도 되지 않은 어느 오지에 들어가 있을 때 벌어진다는 것이었다. 그래서 속상하기는 해도 하워드가 선언한 동물 입양 금지 선언이 전혀 이해가 가지 않는 것은 아니었다.

맷이 해결책을 제시했다. "선생님, 저 거북을 가지세요. 단, 우리 집에서 지내는 거죠."

나는 그 말을 듣자마자 바로 거북에게 콤래드라는 이름을 지어주었다.

그 순간 나는 맷과 페이스가 에린의 마음이 바뀌기 전에 빨리 거래를 마무리 지으려고 안달이라는 것을 눈치챘다. 맷과 나는 서둘러 거북 상자 다섯 개를 뒷좌석까지 꽉꽉 실었다. 애디는 에린의 무릎에 앉혔다. 그리고 속 시원하게 차 문을 닫았다.

"말도 안 돼." 에린이 황당한 표정으로 말했다. "이게 어떻게 된 일이지? 맷 패터슨 씨, 당신 지금 무슨 짓을 한 거야? 내가 약속한 건 두 마리였어!"

"하지만 너무 좋지 않아?" 맷이 말했다.

"거북 부자네!" 내가 의기양양하게 덧붙였다. 나는 콤래드의 상자를 열어 내 무릎에 올려놓고 머리와 목을 쓰다듬었다.

"이렇게 될까 봐 감시하러 온 거였다고!" 충격에 휩싸인 에린이 말했다.

"그러니까 말이야. 당신이 오지 않았으면 어떻게 됐을지 상상해 봐." 맷이 대답했다.

맷의 집에 도착한 우리는 새로운 거북들을 야외 보금자리에 넣어주었다. 터줏대감인 술카타육지거북 에디가 신입들에게 어떻게 반응할지가 초미의 관심사였다. 에디는 세발가락상자거북 폴리와는 절친이지만 호스필드거북 이반은 아주 얕보아서 90센티미터짜리 울타리를 올라가 자기보다 훨씬 조그만 이 거북을 들이받은 적이 있었다.

에디는 새로 온 세발가락상자거북들을 살펴보러 가서는 한 마리씩 머리에서 꼬리까지 냄새를 맡았다. 새로운 룸메이트들이 만족스러운 눈치였다. 옆집에 분리된 콤래드와 이반도 서로 잘 어울렸다. 두 수컷은 풀 더미 아래에서 나란히 앉아 서로 껴안고 있었다. 나는 새로 가족이 된 이들이 오붓하게 시간을 보내도록 두고 집으로 돌아왔다.

그날 저녁 8시 4분, 전화가 울렸다.

"무슨 일인지 맞혀보세요." 맷이 신나서 말했다. "새 식구가 벌써 둥지를 파고 있어요."

세실리아였다. 주택 화재 현장에서 살아남은 거북.

"선생님, 이건 진짜 악몽이에요!" 에린이 끼어들었다. "**다들** 알을 낳기 시작하면 어떡해요?"

"야호, 신난다!" 맷이 소리 질렀다. "**다들** 알을 낳으면 뭘 어떡해, 좋지!"

다음 날 확인해 보니 세실리아는 세 개의 구덩이를 파고 그중 하나에 길쭉한 알 두 개를 낳았다. 이틀 뒤에는 루이즈가 오후 6시에 땅을 파기 시작했고, 아침에 보니 물 접시 근처 풀밭에 알 세 개가 놓여 있었다.

암탉처럼 거북도 수컷 없이 알을 낳을 수 있다. 다만 그 알은 새끼 거북으로 자라지 않는다. 알고 보니 루이지와 세실리아가 낳은 알은 무정란이어서 에린이 한시름 놓았다.

　그러나 소크라테스가 정자를 기여한 덕분에 스노슈즈의 알은 무정란이 아니었다. 하지만 안타깝게도 스노슈즈의 타이밍은 좋지 않았다. 매사추세츠주에서 늑대거북은 보통 3월이 아닌 5월에 알을 낳는다. 알렉시아와 너태샤는 옥시토신을 주사해 산란을 유도한 다음, 알은 부화기에서 배양하기로 했다.

　너태샤는 150리터짜리 큰 수조를 꺼내 와 따뜻한 물로 채웠다. 늑대거북은 원래 물이 아닌 땅에서 알을 낳지만 알렉시아와 너태샤는 인공적으로 산란을 유도하는 경우 '수중 분만'이 어미 거북에게 훨씬 수월하고 편안하다는 것을 알게 되었다. 맷은 적정량의 옥시토신을 알아내기 위해 스노슈즈의 몸무게를 쟀다. 3.6킬로그램밖에 나가지 않는 작은 거북이었다. 몸무게와 몸길이는 대개 연령보다 먹이 상태에 따라 더 크게 좌우되지만, 스노슈즈는 거북이 처음 둥지를 트는 일반적인 나이인 19~20세보다 확실히 더 어렸다. "10대 임산부네!" 맷이 말했다. "어린 신부구나!" 내가 말했다. 내가 거북을 붙잡았고 알렉시아가 스노슈즈의 오른쪽 허벅지에 옥시토신 3.6밀리리터를 주사했다. 그녀는 물지도, 버둥대지도 않았다. 나는 스노슈즈를 따뜻한 물속에 살살 내려놓았다. 몇 시간 뒤에 주사를 한 번 더 맞힐 것이다.

　그사이 우리는 파이어치프와 운동했다. 아직 눈이 다 녹지 않았지만 16도의 화창한 날씨라 모처럼 휠체어가 필요 없는 터틀 가든으로 데리고 나왔다. 맷이 수조에서 파이어치프를 꺼내 와 뽕나무 아래에 내려놓자 알렉시아가 깜짝 놀라며 말했다. "덩치 좀 봐. 강아지만큼이나 크네." 우리의 덩치 큰 친구는 곧바로 다리 네 개를 모두 사용해서 움직이기 시작했다. 몇 개월만의 바깥 나들이다. 땅에 끌리던 배딱지를 번쩍 들어올릴 정도로 뒷다리가 튼튼해졌을까? 아니면 여전히 걸을 때마다 배딱지가 긁히고 딱지의 날카로운 가장자리에 뒷다리나 꼬리가 베일까?

"힘내, 꼬마!" 너태샤가 그를 응원하면서 우리에게 말했다. "다리에 펌프질을 하고 있어요!"

파이어치프는 꽤 빠른 속도로 움직였다. 뒷다리와 꼬리도 무사했다. 올림포스산을 오르는 걸 보고 맷과 나는 혹시 몸이 뒤집어질까 염려하여 옆에서 대기했지만 세상 쓸데없는 걱정이었다. 그는 자신감 넘치게 반대편으로 걸어 내려와 흙과 나뭇잎과 바깥세상 냄새를 맡으려는 열망에 차서 울타리로 향했다.

"지난해 처음 운동 시작했을 때 기억나요?" 맷이 말했다. "수시로 멈춰서 쉬었잖아요."

확실히 지금은 그럴 필요가 없었다. 그는 열정적으로 발을 구르며 얼음이 있는 곳으로 다가갔다. 너태샤는 거북이 흰색을 넓은 습지로 혼동한다고 다시 한번 알려주었다. 그러나 차가웠는지 바로 돌아서서는 울타리를 따라 내려갔다. 지금 그는 배딱지를 번쩍 들어올리고 걷는다!

우리는 주기적으로 지하에 내려가 스노슈즈의 상태를 확인했다. 12시 10분에 너태샤가 꼬리를 살폈다. "아직 알이 산란관에 있어요." 너태샤가 말했다. 12시 25분에 맷이 물속에서 첫 번째 알을 발견했다. 나는 알을 꺼내어 점액을 닦고 수건을 깐 그릇에 뒀다. 우리는 다음 알을 기다리며 파이어치프에게 돌아왔다.

파이어치프가 뒤쪽 울타리를 따라 마른 낙엽을 지나 언덕을 올랐다. 그때 다리를 조금 질질 끌었다. "항상 이 구역을 제일 버거워했지요." 맷이 지난 기억을 떠올리며 말했다. 파이어치프는 돌아서서 배딱지를 높이 세우고 내려갔다.

"이 거북은 그저 자기 능력을 믿어줄 사람이 필요했어요." 너태샤가 말했다. "돌볼 거북이 너무 많으면 모두에게 자기의 능력을 최대치로 발휘할 기회를 주기 어려워요. 두 분은 파이어치프를 믿어주셨어요."

"맞아요, 우리는 파이어치프를 믿었어요." 맷과 내가 동시에 대답했다.

어쩌면 파이어치프는 여름 동안 물리치료를 마치고 반세기 동안이나 주름잡았던 소방서 연못으로 돌아가 그곳에서 한 세기를 더 즐길 수 있을지도 모른다. 어쩌면 우리도 백신 접종으로 팬데믹에서 벗어나 다시 장거리 이동을 하고 거북생존연합에 방문하고 심지어 동남아시아 야생에서 이국적인 거북을 직접 볼 수 있을지도 모른다.

우리는 다시 아래로 내려가 스노슈즈의 상태를 확인했다. 이제 알은 모두 19개이지만 아직 낳을 알이 더 남았다. 우리는 물속에서 알을 꺼내 닦은 다음 수건을 깐 그릇에 두었다. 이 알들은 부화기 속 질석 쿠션 위에 자리 잡을 것이다. 일요일까지 총 24개의 알이 나왔고, 알의 진한 띠를 보니 안에서 배아가 자라고 있음이 분명했다. 이 거북 새끼들은 겨울에도 동면하지 않고 이곳에 머물며 생장할 것이므로, 초여름에 방생할 때면 두 살 된 야생거북만큼 클 것이다. 그쯤 되면 포식자들이 쉽게 잡아먹을 수 없다. 이 24마리의 새로운 생명체는 거북구조연맹이 아니었으면 죽었을 두 거북이 만난 결과였다.

"**알이야, 알!**" 나는 집에 가려고 차에 오르면서 소리쳤다. "그것도 이렇게 일찍!" 맷이 대꾸했다. "거기다 더 나올 거라니!"

알은 새로운 삶과 시작을 상징한다. 그러나 시간의 모든 순간이 그러하듯 알에도 반대의 가능성이 있다. 시작하는 다른 모든 것처럼 알도 위험으로 가득 찰 수 있다. 애프리컷을 집으로 데려가자마자 맷이 알게 된 사실이다.

맷은 애프리컷을 위해 나무로 된 널찍한 우리를 지어주었다. 몸을 담글 수 있는 풀장, 숨을 수 있는 동굴, 깊이 팔 수 있는 흙, 살아 있는 식물, 자생지인 아시아의 따뜻한 열대 숲과 유사한 풀스펙트럼 온열등까지. 에린도 이 새로운 거북과 사랑에 빠졌다. 그녀는 닭고기를 익혀서 신선한 딸기, 블랙베리, 채소와 함께 주었다. 두 사람은 거북의 이름을 새로 지어주었다. 사람들이 이 거북을 과일●로 생각하게 하고 싶지 않았다. 그래서 그녀를 '빛'이라는 뜻의 루시라고 불렀다.

그러나 문제가 있었다. 루시는 먹이를 먹지 않았다. 물에 들어가지도 않았다. 그래서 맷이 매번 물에 집어넣고 빼내야 했다.

● 애프리컷은 살구라는 뜻이다.

사실 루시는 거의 움직이지 않았다.

　루시에게는 거북구조연맹에서 할 수 있는 것보다 더 전문적인 치료가 필요했다. 그래서 맷은 집에서 45분 거리에 있는 조류와 파충류 전문 수의사에게 데려갔다. 엑스선 촬영 결과 문제가 밝혀졌다. 세 개의 둥근 알이 30센티미터 길이의 몸을 거의 절반이나 차지하고 있었던 것이다. 한 개는 작은 달걀 수준이었고, 다른 것은 어린 닭이 낳았을 법한 크기의 더 작은 알이었고, 세 번째는 가장 작은 것의 두 배나 되는 대형이었다. 루시는 탈진 상태였고, 배설물을 조사했더니 흔한 기생충이 있었다. 하지만 스트레스가 심해서 기생충 치료는 할 수 없다고 의사가 말했다.

　의사는 루시에게 수액과, 산란을 유도하기 위한 옥시토신을 주사했다. 집에 왔을 때 루시는 좀 나아보였다. 우리 안을 처음으로 돌아다니기도 했다. 하지만 땅은 파지 않았다. 알도 낳지 않았다. 맷이 루시를 다시 병원에 데려갔고 두 번째 주사를 맞혔다. 그리고 얼마 뒤에 한 번 더 맞혔다.

　마침내 어느 밤 잠자리에 들기 직전, 맷은 루시가 땅을 파고 있는 것을 보았다. 맷은 한밤중에 일어나 알을 찾아보았다. "어찌나 아름답게 덮어놨는지 땅을 파는 걸 보지 못했다면 알이 거기 있는 줄도 몰랐을 거예요." 맷이 다음 날 아침에 말했다. 그러나 여기저기 파보았지만 알은 두 개밖에 없었다고 했다.

　세 번째 알은 몸에서 빠져나오지 못했다.

　이런 상황은 어미 거북에게 치명적일 수 있다. 뱀, 도마뱀, 새처럼 알을 낳는 다른 동물에게도 이런 난산이 종종 일어난다. 피자맨과 같은 레드풋육지거북이자 친구였던 피치스에게도 같은 일이 일어났다. 알렉시아와 너태샤가 가장 좋아하던 육지거북이었다.

피치스는 상업용 온실에 버려진 채로 발견되어 거북구조연맹으로 왔다. 당시 호흡기 감염을 앓았지만, 두 사람이 바로 치료해 주었다. 이 암거북은 이내 알렉시아가 "반가운 여성성 한 방울"이라고 부른 존재가 되어 스프로키츠와 피자맨의 마초성을 중화하는 해독제 역할을 했다. 피치스는 섬세하면서도 위엄이 있었다. 심지어 달콤한 냄새가 났다고 알렉시아가 말했다.(터틀가든에서 죽은 쥐를 찾아 먹었을 때만 빼고.) 피치스는 평소 스프로키츠 옆에서 잤지만 피자맨의 집에서 밀회를 즐기기도 했다. 그렇게 잉태한 두 알이 문제가 되었다. 피치스는 믿을 만한 수의사에게 가서 응급 수술을 받았다. 그러나 수술 중에 신장에서 방광으로 소변을 옮기는 관이 손상되었다. 이런 치명상을 버텨낼 거북은 없다. 결국 피치스는 수술대 위에서 안락사되었다. 이 거북의 죽음은 두 사람에게 너무 큰 충격을 주어서 벌써 2년 전에 일어난 일이지만 아직도 피치스를 매장하지 못했다. 피치스의 사체는 아직 거북구조연맹 냉동고 안에 있다.

맷과 나는 친구인 찰리 이니스와 의논했다. 그는 뉴잉글랜드 아쿠아리움 전담 수의사로, 아쿠아리움의 퀸시 동물병원에서 구조되어 온 바다거북 치료도 담당했다. (아쿠아리움의 문어 사육사는 찰리를 두고 "거북 머리세요."라고 표현했다. 그래서 나는 그가 머리에 비늘이 있거나 그의 머리가 벗겨졌을 거라고 생각했지만 둘 다 아니었다.) 이니스는 월섬의 MSPCA-앤젤웨스트 동물치료센터에서 근무하는 동료 수의사 패트릭 설리번 박사를 추천해 주었다. 맷은 그를 찾아가 정밀 검사를 받았다. 코로나 때문에 병원에 들어갈 수 없어서 주차장에서 지루하게 기다리다가 결국 펜웨이 빅토리아가든에서 이탈리아장지뱀을 찾아다녔다고 했다. 긴 검사 끝에 루시에게 양쪽 눈의 감염을 포함해 몇 가지 문제가 있음을 알게 되었다. 그러나 가장 심각한 것은 대사성 골질환이었다.

대사성 골질환은 제대로 관리받지 못해 생기는 질병으로, 종이 상자에 덜렁 넣은 파충류를 진눈깨비가 날리는 11월의 거리에 내다 버린 주인 밑에서 살았다면 놀랄 일도 아니다. 대사성 골질환은 광물질의 불균형으로 등딱지, 배딱지, 뼈대, 근육, 신경, 그리고 알까지(대부분 칼슘으로 이루어졌으니까 당연하다.) 약해지고 기형이 되는 병이다. 거북은 워낙 참을성이 뛰어나서 뒤늦게 이 질병이 발견되는 경우가 태반이다.

루시는 너무 아파서 마지막 알을 낳을 수 없었다. 수술해야 할 가능성도 있지만 지금 루시의 상태로는 수술도 위험하다고 했다.

패트릭 설리번 박사가 밤새 루시 곁에서 수액을 주고 항생제와 칼슘을 주사했다. 진단에서 치료, 야간 치료까지 포함해 1000달러가 넘는 비용이 나왔다. 그런데 일이 꼬이려다 보니 그가 사전에 간곡하게 부탁했음에도 병원에서는 맷이 아닌 에린에게 청구서를 보내고 말았다. 설상가상으로 에린은 직장에서 최악의 순간에 이 반갑지 않은 소식을 들었다. 에린이 휴대전화로 맷에게 전화했을 때, 마침 나는 맷과 통화 중이었다. "맷! 병원에서 루시 치료비 청구서를 나한테 보냈네! 말도 안 돼! 나 진짜 돌아버릴 것 같아. 이 액수가 진짜야? 당신, 가만 안 둘 거야!"

　　일주일 뒤에도 루시는 밥을 먹지 못했다. 그런데 그 무렵 맷과 에린은 오래전부터 계획한 휴가가 예정되어 있었다. 코로나19 팬데믹 전에 두 사람은 원래 세계여행을 계획했지만 규모를 축소해 하와이로 변경했고, 그조차도 1년을 미루었다. 이제 두 사람은 백신을 맞았고 여행을 해도 안전하겠다고 판단했다.(비행기표 유효기간이 만료되기 전에.)

　　맷과 에린의 양쪽 부모님 모두 근처에 살아서 개와 고양이를 맡아줄 것이다. 그리고 한 번의 주말을 제외하면 11마리의 거북도 보살필 것이다. 그러나 루시만큼은 특별히 돌봐줘야 했다. 루시는 몸을 따뜻하게 유지해야 하고 낮에는 24도, 밤에는 조명이 꺼져도 21도 이하로 떨어지면 안 된다. 매일 통목욕을 해야 하고 하루에 두 번씩 눈에 안약을 넣어주어야 한다. 72시간마다 허벅지 뒤쪽에 항생제 역시 주사해야 한다.

　　루시는 우리 집에 와서 지낼 것이다.

야호! 마침내 우리 집에도 거북이 왔다!

　　나는 남편 하워드에게 손님은 고작 일주일 머물 것이고 우리에게 병을 옮기는 일도, 집에서 탈출하는 바람에 경찰이 뒤쫓는 일 따위도 없을 거라고 맹세했다. 맷이 루시를 데리고 왔을 때 하워드는 루시가 햇빛을 즐길 수 있게 내 작업실 창문 밑 공간을 치웠고, 풀스펙트럼 온열등을 설치할 수 있게 주황색 고용량 전원 연장선을 준비했다. 거북의 몸을 따뜻하게 유지하는 것은 치료에 필수적인 과정이다.

각종 용품이 루시와 함께 딸려 왔다. 흙과 동굴이 있는 파일 캐비닛 크기의 여행용 미니 사육장 말고도 맷은 먹이(에린이 미리 손질하고 잘라서 비닐백에 개별적으로 포장해 놓았다.), 안약, 항생제, 여분의 바늘과 주사기, 조명, 욕조 등을 모두 챙겨 왔다. 또 에린은 내가 제시간에 주사를 놓고 시간을 기록할 수 있게 체크리스트를 만들어 왔다. 맷은 내게 주사 놓는 법을 알려주었다.

맷과 나는 루시가 우리 집에서 좀 더 기분 좋게 지낼 방법을 의논했다. 최근 소나기가 쏟아지던 5월의 어느 따뜻한 날, 루시를 밖에 데려갔을 때 처음으로 머리를 딱지 밖으로 내밀고 목을 넣었다 뺐다 하면서 확실히 즐겼다고 했다. 나는 21도가 넘는 화창한 날 루시를 밖에 데리고 나갈 생각이다. 하루에 통목욕을 두 번씩 시키고 말을 걸고 노래를 불러줄 것이다. 머리를 내밀면 쓰다듬어줄 것이다. "근데 정말 거의 움직이지 않아요." 맷이 말했다. "먹지도 않고요."

루시는 잘 지내고 있을 테니 걱정하지 말고 다녀오라고 호언 장담했지만 내심 루시가 잘못되면 어쩌나 무척이나 걱정됐다.

그러나 매일같이 손으로 이 아름답고 차분하고 사랑스러운 거북을 만질 수 있어서 정말 감사했다. 미지근한 물에 통목욕을 시키려고 천천히 들어올릴 때, 안약을 넣으려고 이쪽저쪽으로 기울일 때, 루시는 딱지에 숨지 않았다. 그리고 고작 이틀이 지났을 때 인사라도 하듯이 나를 보고 머리를 내밀었다. 나는 루시가 내 피부의 온기를 즐겼으면 했다. 그녀의 신뢰를 얻는 기분이 들었다. 하지만 루시는 여전히 식욕도 기운도 없었다. 나는 루시에게 줄 먹이를 (내가 보기에) 먹음직스러운 패턴으로 작은 플라스틱 접시에 늘어놓았다. 얼굴 가까이에 닭고기 조각을 들이밀며 맛있는 벌레와 민달팽이 움직임을 흉내 냈다. 따뜻하고 해가 좋은 날에는 밖으로 데리고 나가 풀밭에 앉아 햇살이 얼룩덜룩한 그늘을 즐겼다. 하지만 매일 루시의 밥은 버려졌다. 나는 닭고기를 쓰레기통에, 채소와 과일을 비료통에 버렸다. 시간이 지나도 그녀는 거의 움직이지 않았다.

우리 집에 온 지 3일째, 처음으로 주사를 맞는 날이었다. 실수하면 어쩌지? 주사를 잘못 놔서 루시의 목숨이 달린 항생제가 몸에 제대로 흡수되지 않으면 어쩌지? 주사를 아프게 놓는 바람에 루시가 더 이상 나를 믿지 않게 되면 어쩌지? 낯선 이가 다리에 바늘을 꽂아서 스트레스를 받고 화가 나면 어쩌지?

나는 은퇴한 의사 선생님에게 도움을 청했다. "제 첫 번째 거북 환자네요." 친구이자 이웃인 잭 맥호터가 말했다. 그의 전공은 류머티즘이지만 이런 거북 환자도 다룰 수 있다고 자신감을 보였다. 코로나 때문에 우리는 집 안으로 들어가지 않고 뒷 베란다에서 처치했다. 나는 냉동고에서 약병을 꺼내 팔 밑에 넣고 녹였다. 잭은 거북을 부드럽게 꽉 붙잡았다. 나는 왼손으로 뒷다리를 끌어당겼고 오른손으로 비늘 사이에 바늘을 집어넣으면서 주사기의 피스톤을 밀었다. 그리고 주사를 놓은 자리를 문질렀다.

루시는 전혀 개의치 않는 것 같았다. 그리고 며칠 뒤 아주 조금씩 움직이기 시작했다. 아직 음식에 입을 대지는 않았다. 통목욕을 마치고 욕조에서 꺼낼 때마다 흰색 반죽 같은 것이 나와 있었다. 나는 새들을 키워봤기 때문에 익숙했다. 새도 파충류처럼 노폐물을 내보낼 구멍이 총배설강 하나다. 그것은 요산이었다. 요산은 단백질 소화의 최종 산물인데, 이는 마침내 루시의 소화관이 다시 작동한다는 사실을 암시했다.

그러다가 사고가 일어났다.

어느 날 아침 남편과 나는 좀 춥다 싶은 기분이 들어 잠에서 깼다. 알람 시계를 봤더니 꺼져 있었다. 전등 스위치를 눌렀는데 켜지지 않았다. 밤새 찾아온 심한 폭풍으로 마을 전체가 정전이 된 것이다. 기후가 이상해지면서 이런 폭우가 잦아졌다. 바깥 기온은 6도, 실내도 겨우 15도, 그리고 점점 더 온도가 떨어져 갔다.

다른 때였다면 스웨터를 껴입고 전기가 들어올 때까지 창문 옆에 앉아 책을 읽으면 될 일이었다. 언젠가 한번 얼음 폭풍 때문에 전기가 일주일이나 들어오지 않은 적도 있었지만 별문제 없었다. 하지만 이번에는 달랐다. 우리 집에는 아픈 열대 파충류가 있지 않은가.

다행히 아직 휴대전화가 작동했다. 나는 옆 마을에 사는 친한 친구 엘리자베스에게 전화해서 다짜고짜 정신 나간 사람처럼 물었다. "그 집에는 전기가 들어와요?" 나는 노령의 내 친구를 걱정해서 안부 전화를 한 게 아니다. 그 집에 자가발전기가 있는 게 생각나서 거북을 데려가도 될지 물으려 한 것이다. 또 마침 엘리자베스의 집은 바닥 전체가 난방이 되는 집이었다.

20분 뒤, 엘리자베스와 나는 바닥이 따뜻한 화장실 타일 위에 서서 거북에게 샤워기로 따뜻한 물을 뿌려주었다. 다행히 루시가 천천히 머리와 목을 내밀더니 열대 아시아 우림에 살던 조상들처럼 물을 맞았다.

엘리자베스의 전화벨이 울렸다. 하워드였다. 그는 우리 집에 있는 훨씬 원시적인 발전기를 돌려 집을 데우고 있었다. 엘리자베스와 나는 루시가 따뜻한 바닥에서 움직이는 것을 보며 즐거워했다. 고작 몇 걸음이지만 지금까지 본 것 중에 제일 많이 걸었다. 다음 날에는 좀 더 활동적이었다. 하지만 여전히 아무것도 먹지 않았다. 나는 밤에는 접시를 치워야 했다. 우리 집 보더콜리가 닭고기를 발견해 먹기도 하고, 뉴잉글랜드의 오래된 농가에서 고양이 없이 사는 집이 다 그렇듯이 우리 집에도 쥐가 있었기 때문이다.

나는 알렉시아, 너태샤와 의논했다. "좀 더 즙이 많고 아주 단 것을 시도해 봐요." 알렉시아가 말했다. "그리고 아주 빨간 것으로요." 루시는 전에 딸기를 먹은 적이 있다. 나는 수박을 샀다. 수박은 내가 제일 좋아하는 과일이기도 했다.

"음~" 나는 루시 앞에서 수박을 한 입 베어 문 다음 입을 크게 벌리고 소리 내어 씹으면서 냄새를 풍겼다. 그리고 접시에 한 조각을 올려놓았다. 그날 밤, 닭고기는 치웠지만 수박은 그대로 두었다.

아침에 보니 수박이 사라져 있었다.

"처음에는 쥐가 먹은 줄 알았어요." 6월 4일 오후, 나는 하와이에 있는 맷과 에린에게 이메일을 보냈다. "오늘은 루시가 수박을 먹는 모습을 직접 봤어요. 양상추도요!"

그날 이후 루시는 매일 열심히 먹었다. 수박이나 잎채소 말고도 블랙베리와 멜론, 닭고기까지 먹었다. 그리고 몸을 움직이며 돌아다녔다. 텃밭으로 일하러 나갈 때는 우리 개가 어렸을 때 사용했던 강아지용 울타리를 치고 그 안에 두었다.

맷과 에린은 6월 7일에 돌아와서 바로 다음 날 루시를 데려갔다. 맷과 나는 한창 바쁜 거북구조연맹에 때맞춰 복귀했다. 그간의 소식은 이러했다. 연맹에 108번 거북이 들어왔다. 스노슈즈가 낳은 24마리의 건강한 아기 거북은 어미와 함께 방류 준비를 마쳤다. 알렉시아와 너태샤가 부화기용으로 47리터짜리 아이스박스 두 개를 더 사서 '몬스타 메이커'는 총 일곱 개가 되었고 150개의 알을 추가로 배양할 수 있게 되었다. 토링턴에서는 둥지를 준비하는 어미 늑대거북, 비단거북이 기어다니고 있었다. 이미 여러 개의 북미숲남생이 둥지에 보호대를 설치했다. 그 전날에는 올해의 첫 블랜딩스거북이 둥지를 짓고 산란했다.

맷은 활기를 찾은 루시를 데리고 앤젤병원에 가서 검사를 받았다. 루시는 이제 건강하다. 눈의 감염은 다 나았고 식욕은 돌아왔고 무기력증도 사라졌다. 하지만 알 하나는 여전히 몸속에 있다. 꺼내지 않으면 안에서 깨지거나 썩어서 복막염을 일으키는데, 대부분 결과는 치명적이다. 의사는 최후의 수단으로 수술을 하기 전에 마지막 기회를 주었다. 옥시토신을 맞은 루시는 축축한 흙이 깔린 따뜻한 용기 안에서 은은한 조명 아래 조용하고 고요한 밤을 보냈다.

6월의 마지막 날, 코로나19 확진자 수가 근래 들어 가장 낮았던 그날, 토링턴강의 통나무 위에서 일광욕하는 비단거북들이 탑을 쌓고, 파이어치프가 터틀가든에서 자신감 있게 힘차게 걸을 때, 동물병원의 어두운 방에서 루시는 마지막 알을 낳았다.

우리는 마음의 짐을 내려놓고 치유의 여름을 맞이할 준비를 했다.

13장
풀어주기와 내려놓기

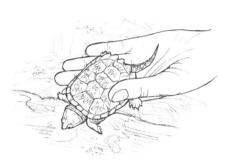

새끼 늑대거북을 풀어주고 있다.

이 무렵 우리는 파이어치프와 함께 의식을 치르곤 했다. 매주 거북구조연맹에 갈 때마다 가장 처음 하는 일이 이 대형 늑대거북에게 손으로 먹이를 주는 것이었다.

나는 그가 제일 좋아하는 간식을 물에 살짝 담근 채 파이어치프의 얼굴 앞에 두 손가락으로 들고 있다. 원래 동물원 원숭이용 먹이인 3.8센티미터 길이의 치킨너겟이다. 파이어치프는 날카로운 턱을 벌리면서 강력한 목을 잽싸게 내밀어 숙련된 정확성과 섬세함으로 내 손가락을 피해 너겟을 절반으로 물었다.

"이렇게 **직접** 늑대거북에게 먹이를 줄 수 있을 거라고 생각해 본 적 있으세요?" 맷이 물었다.

거북의 시간

아니, 그럴 리가 있겠는가? 특히 1년 전, 그가 바나나를 무참히 난도질하는 것을 본 이후로는 꿈도 꾸지 못했다. "손을 물지 않으려고 조심하는 거 같아요." 나는 감사한 마음으로 말했다.

　남은 반 조각은 더 조심해서 주었다. 나는 너겟을 내밀면서 거북의 턱이 닿기 0.001초 전에 손을 뺀다. 그러나 나보다 용감한 맷은 파이어치프의 부리가 손가락에 닿을 때까지 기다린다. "저는 입술의 느낌이 좋더라고요." 맷이 말했다. 이 말을 들을 때마다 알렉시아가 하는 말이 있다. "거북한테는 입술이 없다고요!"

　대신 모든 거북에게는 부리가 있다. 거북의 부리는 조밀한 케라틴으로 이루어져 있다. 고기를 썰어내는 날카로운 가장자리와 식물을 자르는 데 용이한 톱니 구조로 되어 있고, 또 어떤 바다거북에게는 소라와 조개껍데기를 으스러뜨릴 만큼 강하고 넓은 일종의 판이 있다. 거북의 부리는 한 세트의 이빨처럼 기능한다. 비록 야생 늑대거북이 물속에서 인간을 일부러 공격하는 일은 없지만, 먹이를 먹고 있는 거북의 부리 가까이 손을 가져다 대는 것은 삼가는 게 좋다. "손가락을 잃은 사람들의 모임에 들어가고 싶지 않다면 말이죠." 너태샤는 실제로 코모도도마뱀 같은 왕도마뱀을 다루는 사육사나 개인 사이에서는 정말 조심해야 할 행동이라고 했다. "하지만 정말 저 모임에 들어가고 싶다면 늑대거북이 바로 도와줄 거예요."

　파이어치프의 상냥함은 언제 봐도 경외심을 일으킨다. 그는 우리와 남다른 우정을 쌓게 된 거북이다. 그러나 거북의 턱이 지닌 잠재력에 관해서는 니블스만 한 예가 없다.

니블스의 수조는 파이어치프 옆, 좀 더 낮은 선반에 있다. 파이어치프를 먹이고 나면 우리는 너겟 한두 개를 니블스에게 던져주는데, 먹이가 수면에 닿기도 전에 비늘 덮인 검은 머리가 물속에서 불쑥 솟아올라 타타르족을 해치우는 칭기즈칸처럼 괴력을 발휘하며 달려든다. "니블스는 주먹부터 날리고 이유를 말하는 부류죠." 맷이 말했다. 그처럼 무시무시한 열정으로 먹이를 먹는 장면을 본 것은 방글라데시에서 닭을 잡아먹던 4.3미터짜리 바다악어가 유일하다. 니블스가 작정하고 돌진하면 맷도 펄쩍 뛰며 뒷걸음질 친다.

하지가 지난 지 닷새째 되던 날, 맷과 내가 니블스의 머리 방향을 알려주는 가운데 너태샤가 조심스럽게 수조에서 이 혈기왕성한 늑대거북을 들어올렸다. 두툼한 살집에도 니블스는 유연하고 활기차게 입을 딱딱거리며 발버둥쳤다. 너태샤는 그럴수록 더 단단히 붙잡았다. 그녀는 니블스가 지닌 야생성을 자랑스러워하며 "니블스한테 등을 보이면 안 돼요."라고 말했다. 너태샤와 알렉시아는 이곳에서 마지막으로 그의 몸무게를 쟀다.

1년 전에 잰 니블스의 무게가 11.25킬로그램이었는데 지금은 13.15킬로그램으로 늘었다. 파운드로는 29파운드다. "마침 2와 9는 제가 제일 좋아하는 색깔이에요." 너태샤가 말했다. 그녀의 머릿속에서 이 숫자들은 각각 붉은색과 파란색이다. 너태샤는 이것을 한 생명체의 인생이 달라지는 날을 축복하는 좋은 징조로 보았다.

"얼마나 자랐는지 볼까?" 알렉시아가 말했다. "세상에, 우리

아기가 정말 많이 컸구나!"

너태샤는 달려들고 버둥대는 늑대거북을 이곳에 있는 가장 큰 플라스틱 통에 넣었다. 미카엘라가 뚜껑을 잽싸게 덮고서 차에 실었다. "TRL 09-001. 우리의 첫 번째 환자 니블스……."

우리는 두 여인과 늑대거북, 모두의 삶에서 큰 이정표가 될 순간에 도착했다. 오늘, 알렉시아와 너태샤가 그 어떤 거북보다 오래 알았던 거북이 자연으로 돌아갈 것이다.

"모두 준비되었나요?" 너태샤가 물었다.

오랜 세월 내내 그들은 마음의 준비를 마치지 못했다.

이들의 첫 만남은 2009년 여름, 알렉시아가 메이태그에서 수리기사로 일하던 때로 거슬러 올라간다. 어느 날 한 고객의 집에 방문했는데, 그곳에는 세 마리의 붉은귀거북이 사는 근사한 아쿠아리움이 있었다. 그리고 볼품없는 플라스틱 신발통 속 더러운 물에는 유난히 작은 한 살배기 늑대거북이 방치되어 있었다. 주인은 한 해 전 여름이 끝날 무렵 둥지에서 알을 깨고 나온 거북을 발견해 공짜 애완동물이라며 데려왔고, 엉망진창인 사육장에서 형편없는 먹이(그저 말린 밀웜만)를 주며 키웠다. 알렉시아는 주인을 설득해 이 늑대거북을 데려왔고 곧바로 너태샤와 함께 간신히 200달러를 끌어모아 150리터짜리 수조, 조명, 난방기, 필터, 먹이 등을 구입했다. "니블스는 3년 하고도 반년이 더 지나서야 제대로 먹기 시작했어요. 그렇지만 호기심도 많고 정말 사랑스러웠죠." 알렉시아가 그때를 회상했다.

알렉시아가 차를 몰고 거북구조연맹에서 멀지 않은 길가에 차를 세웠다. 맷은 니블스가 든 무거운 통을 어깨에 짊어지고 습지로 내려갔다. 결혼식장에서 신랑과 신부가 입장하는 길에 깔린 카펫처럼 흰색 꽃으로 장식된 수련잎들이 우리 앞에 펼쳐졌다. 소용돌이치는 지빠귀류의 노래가 폭죽처럼 터져 나왔다. 맷은 왼편의 통나무 위에서 늑대거북 한 마리가 일광욕하는 모습을 보았다. 마치 니블스의 귀환을 기다리는 것 같았다.

이곳은 알렉시아와 너태샤가 잘 아는 장소다. "이곳에서 수많은 잘못이 바로잡혔죠." 알렉시아가 말했다. "우리가 새끼 거북을 정말 많이 방류한 곳이거든요."

"머리 외상을 입은 거북들도요." 너태샤가 덧붙였다. 니블스가 거북구조연맹에서 지내면서 얻은 자식 중 몇몇도 이곳에 방류되었다. 그러나 니블스 본인은 거북구조연맹에서 12년이나 머물렀다.

"풀어주자는 말은 한참 전부터 해왔어요." 알렉시아가 말했다. "이미 10년 전에 자유를 약속했고, 풀어주자는 말을 마지막으로 한 것도 2년 전이에요."

맷은 연못의 둑 위에 통을 내려놓았다. 격려라도 하듯 개똥지빠귀 한 마리가 노래를 불렀다. 하지만 이 거북을 보낸다는 것은 여전히 쉽지 않았다.

수년간 니블스는 거북구조연맹의 홍보대사였다. 이 늑대거북은 아주 점잖고 사람의 손에 익숙해져서 아이들도 안전하게 만질 수 있었다. "니블스를 도서관에 풀어주고 돌아다니게 하면 여자아이들이 니블스를 손에 올려서 보곤 했죠." 너태샤의 기억이다. "정말 많은 이들이 이 거북에게서 영감을 받고 소통했어요." 알렉시아가 덧붙였다. "꼬마 니블스를 만나기 전에 그 아이들은 늑대거북을 직접 본 적이 없었어요." 도시에서 온 아이들은 친절한 공룡을 만났다는 기억을 안고 돌아갔다. 시골에서 온 아이들도 늑대거북은 사악한 살인마가 아니라 괴롭히지만 않으면 다른 거북처럼 사람에게 해를 끼치지 않는 평화로운 동물이라는 것을 알게 되었다.

그러나 니블스는 점점 커갔다. 그리고 언젠가 야생에 돌아가야 한다. "내면에 있는 늑대거북의 본성을 발견할" 기회가 주어져야 했다. 알렉시아와 너태샤는 원래 수시로 그를 만졌지만, 언제부턴가는 그가 사람 손을 타지 않게 접촉을 삼갔다.

니블스는 사람을 공격하지 않았다. 우리는 터틀가든에서 그가 미카엘라의 무릎 위로 평화롭게 기어올라가는 것을 보았다. 그러나 드물지만 누군가 그를 수조에서 꺼내려고 할 때는 입을 벌리고 딱딱거리거나 특히 먹이 앞에서는 인상적으로 돌진하여 물곤 했다. 이런 자연스러운 행동이 바로 야생 늑대거북의 모습이다. 자신을 연못에서 꺼내려는 사람은 거북에게 곧 재앙이므로, 거북은 강한 턱을 보여주어 자신을 지키려 한다. 그리고 보통 늑대거북은 식물과 사체를 먹고 살지만, 그 양이 충분하지 않으면 개구리, 벌레, 가재, 물고기 등을 날쌔고 효율적으로 낚아챈다. 여러 해를 거치며 니블스는 야생에서 살아가는 데 필요한 기술, 본능, 건강까지 모두 갖췄다.

그런데도 알렉시아와 너태샤는 그를 풀어주지 않았다.

맷과 나는 그 마음을 충분히 이해할 수 있었다. 어떤 여름에는 응급상황이 한꺼번에 몰아닥치고 치료를 기다리는 거북이 산더미처럼 쌓여 있어 그 많은 거북을 일일이 방류할 수 있었다는 것 자체가 신기할 정도였다. 그러다 날씨가 추워지면 그때는 또 한발 늦었다. 맷과 나는 그들이 너무 바빠서 니블스를 풀어줄 시간이 없었다고 이해했다.

그러나 두 사람이 니블스의 방류를 미룬 데는 또 다른 이유가 있었다. 사랑하는 동물을 풀어준다는 것은 자동차, 밀렵꾼, 오염, 낚싯바늘, 심지어 살아 있는 타깃을 노리며 쇠뇌를 들고 다니는 사람까지, 인간이 일으키는 공포로 가득 찬 세상으로 거북을 자처해 돌려보내는 것이다. 너무나 많은 불확실성 속으로.

야생동물 재활치료사 중에는 그들이 아끼던 동물을 방류하는 자리에는 절대 가지 말라고 조언하는 이들이 있다. 그 순간이 너무나 고통스럽고 무섭기 때문이다. 오랜만에 야생에 방류된 동물에게는 뜻밖의 공포스러운 일이 일어날 수 있다. 나에게 매 훈련을 가르쳤던 강사 낸시 카원은 처음으로 재활에 성공시킨 붉은꼬리말똥가리red tailed hawk가 이동장에서 풀어준 지 1분 만에 차에 치여 눈앞에서 죽었다고 했다. 유충 때부터 제왕나비를 키운 내 이웃도 같은 경험을 했다. 번데기에서 갓 나온 성체를 날개가 마른 뒤 풀어주었는데 2분 만에 달리는 자동차 앞 유리에 부딪혀 버렸다. 그래도 저 둘은 날아다니는 생물이다. 거북은 한 시간에 5킬로미터도 안 되는 속도로 기어다니는 짐승이고, 그의 뇌는 달려오는 차의 움직임을 제때 처리하지도 못한다.

방류에는 상실의 메아리가 담겨 있다. 방류와 상실 모두 우리에게 내려놓으라고 말한다. 지난 수개월의 팬데믹 동안 우리는 너무 많은 것을 내려놓아야 했다. 보통의 일상을 포기해야 했고, 사무실과 교실에 가지 못했고, 극장과 식당과 파티와 공연과 휴가와 모임을 뒤로 미뤄야 했다. 수천만 명이 직장을 그만두었다. 그리고 너무 많은 작별 인사를 했다.

그러나 많은 심리학자는 보내주는 법을 배우는 것은 좋은 일이라고 말한다. 한 소비자 보고서에 따르면, 코로나19로 인해 사람들이 이전의 일상을 내려놓게 되면서 설문 대상의 59퍼센트가 전보다 가족을 더 소중히 생각하게 되었다고 답했다. 장을 보러 나온 사람의 3분의 1이 집에서 손수 음식을 해 먹겠다고 했다. 58퍼센트는 건강에 더 신경 쓰기로 다짐했고, 더 많은 학생이 의대에 가기로 결심했다. UN 조사 결과, 노인과 장애인을 지원하는 푸드뱅크 자원자가 전 세계적으로 급증했다. 팬데믹 이전의 일상에서 벗어나면서 많은 사람이 자연의 치유력을 새삼 깨달았고, 새로운 업무 방식을 찾아냈으며, 지역사회와의 교류에 새로이 초점을 맞추게 되었다.

UCLA의 심리학자 주디스 올로프가 쓴 『내려놓기의 즐거움 The Ecstasy of Surrender』에서 그녀는 "때맞춰 놓아주는 우아함"을 논했다. 이는 성공적으로 나이 드는 비결로 여겨진다. 많은 이들이 쇠약해지는 신체, 퇴보하는 기억력, 줄어드는 근육량, 어두워지는 피부색, 우리 문화가 아름다움이라고 간주하는 특징들, 젊어서 선택하지 못한 기회에 집착하게 되는 시기에 특히 그것이 필요하다. 내려놓기, 즉 풀어주기는 인생의 두 번째 기회일 수 있다. 올로프는 산스크리트어에서 '항복' 또는 '내려놓기'를 나타내는 말인 프란디다라prandidhara는 '헌신'과 같은 뜻이라고 했다.

재활치료사에게 자신이 치료한 동물을 야생에 풀어주는 것은 궁극적 헌신이다. 그 순간은 달콤하고도 씁쓸하다. 우리는 세계 거북의 날 하루 전, 11마리의 새끼 늑대거북을 방류하는 자리에서 이러한 헌신을 보았다. 이 거북들은 맷이 고향에서 찾은 알에서 부화한 거북들이다. 맷과 그의 아버지는 맷이 열 살이 되던 여름 이후로 매년 거북알을 찾는 전통을 이어왔다. 맷의 아버지데이비드가 내게 이런 말을 한 적이 있다. "예전에 우리가 종종낚시하러 가던 연못에서 한 사내가 늑대거북 둥지를 찾아서 알을 파내어 깨뜨리고 있었어요. 거북이 거위를 죽인다는 이유에서였죠. 제가 매트에게 말했어요. '내년에는 우리가 저 남자보다먼저 여기에 오자꾸나.'" 그때부터 매년 봄 그들은 알을 구조해모래를 채운 화분에 옮기고 거기에서 거북을 부화시켰다.

올해 맷은 그 알을 지역 생태 탐방원인 해리스 보전 교육센터에서 박물학자이자 교육자로 일하는 수지 스파이콜에게 주었다. 행콕에 있는 수지의 집에서 알이 부화했고, 그녀는 부화한 새끼거북을 해리스 보전 교육센터의 다른 박물학자들에게 나눠준 뒤첫해를 넘길 때까지 뉴잉글랜드 동물원에서 주관하는 거북 보전헤드스타팅• 프로그램HATCH 방식대로 키우게 했다. 개중에는헤드스타팅 전략을 비판하는 사람들도 있었지만(일례로 데이비드캐럴은 태어난 첫해에 새끼들이 야생을 돌아다니며 활동 영역의 지도를 그리는 기회를 빼앗는다고 우려한다.) 현재 거북이 직면한 생존 위기 때문에 이 방식은 해로움보다 이익이 더 많다고 여겨진다. 헤드스타팅은 새끼가 가장 취약한 시기에 포식자로부터 새끼를 보호하고 포식자들이 쉽게 노리지 못할 만큼 몸집이 커졌을 때 방류하는 것을 목표로 한다. 뉴잉글랜드 동물원에서 멸종위기종인 블랜딩스거북을 연구한 바에 따르면 헤드스타팅은 거북의 생존 확률을 30배까지 높였다.

6월의 화창한 토요일, 맷과 에린의 집 잔디밭에 사람들이 모였다. 루시는 아직 앤젤병원에 입원 중이었고 패터슨가의 다른 거북들은 모두 모습을 드러냈다. 애디는 잔디밭에서 꼬마 헤르만거북과 함께 돌아다니며 큰 몸집을 과시했다. 세발가락상자거북과 호스필드거북들은 각자의 집 안에서 이 열성적인 방문객들을 맞이했다. 여러 가족이 각각 양동이, 골판지 상자, 플라스틱 통에 자기들이 돌보던 늑대거북을 담아 데려왔다. 플러피, 범피, 핫코코아, 킹크스, 웨이비라 불리는 거북들이 있었고 스내피라는 이름을 가진 거북이 여럿이었다.

"거북 가족 상봉의 날 같네요." 맷이 말했다.

하지만 오늘이 단순한 만남의 자리는 아니었다. 거북들이 야생에서의 삶을 시작하는 날이자, 침울했을 팬데믹 기간에 일상의 기쁨이 되어주었던 동물과 그 가족들이 작별 인사를 해야 하

● Headstarting. 멸종위기종의 새끼나 알을 인공적으로 보호하고 기르는 보전 전략. 자연에서 생존하기 어려운 시기 동안 보호하다가 자연으로 돌려보내는 방식. 주로 거북이나 새 등의 보존 프로그램에서 사용한다.

는 날이었다.

우리는 모두 차 몇 대를 나누어 타고 연못으로 향했다. 아이와 부모가 연못 가장자리를 죽 둘러섰다. 발목까지 오는 진흙땅에 들어간 사람도 있고, 마른 땅에 서 있는 사람도 있었다. 이윽고 사람들은 연못으로 이어지는 부드러운 경사로나 새끼 거북이 숨을 수 있는 수생식물을 찾아서 각자 거북을 풀어주었다. 모든 아이가 저마다 다르듯이 거북도 저마다 다르게 행동했다.

한 거북은 물속에 들어가 자기를 돌봐준 소녀 옆에 만족스럽게 앉아 있었다. "풀을 먹여도 돼요?" 아이가 물었다. "안 된단다." 아이 엄마가 대답했다. "우리가 거북에게 먹이를 주는 시간은 이제 끝났어. 이젠 거북의 엄마, 아빠가 이 연못에 살고 있으니까." 소녀의 아랫입술이 떨렸다.

일곱 살 난 한 아이는 자기가 방생한 새끼 거북 세 마리가 부드러운 연못 바닥을 파고들어 가는 모습을 정신없이 지켜보았다. 거북이 완전히 모습을 감추었는데도 그 자리를 떠나지 않았다. "어디 있는지 찾고 싶어요." 아이가 말했다.

아홉 살 테니와 다섯 살 페니가 기르던 두 마리 늑대거북 중에서 퍼피는 수줍음이 더 많은 쪽이었다. 페니가 손을 벌리자 퍼피는 총알처럼 연못으로 헤엄쳐 갔다. 그러나 스내피는 진흙 둑에 쭈그리고 앉은 테디 옆에서 꼬박 1분을 함께 앉아 있다가 떠났다. 그러더니 크게 원을 돌아 다시 돌아왔는데, 이는 알렉시아와 너태샤가 거북을 방류할 때 가끔 목격하는 행동이다. 스내피는 물가에서 약 30센티미터 떨어진 지점에서 물갈퀴가 있는 뒷발의 작고 검은 발톱을 모랫바닥에 닿을락 말락 휘젓다가 움직임을 멈추었다. 그러다 물속에서 머리를 쑥 빼더니 테디의 얼굴을 정면으로 바라보았다. 작별 인사를 하는 소년의 뺨에 눈물이 줄줄 흘렀다. 마침내 새끼 거북은 멀리 가버렸고 돌아오지 않았다.

"사람들이 거북들과 얼마나 가까워졌는지 느껴질 때면 정말 놀라곤 해요." 수지가 나중에 말했다. "아이들에게 이런 기회를 주는 건 정말 신나는 일이죠. 작디작은 마음이 거북에게 활짝 열리니까요."

아이들이 거북을 보내는 모습을 지켜보는 것도 참 좋았다. 그러나 수지가 말했듯 그날은 다들 눈물범벅이었다. 수지의 씩씩한 아들, 열 살 된 데이비드도 엉엉 울었다.

아이들이 '그들의' 거북을 보내는 것이 이토록 힘들진대, 너태샤와 알렉시아가 12년 동안 함께 살면서 사랑했던 거북에게 작별 인사를 해야 하는 순간은 얼마나 가슴 아프겠는가? 니블스는 가족이었다. 동료였다. 영감의 원천이었다.

"우리는 니블스를 거북구조연맹의 창립 멤버로 생각하고 있어요." 너태샤가 말했다.

"니블스가 없었다면 연맹을 시작하지 않았을 거예요." 알렉시아도 인정했다. "니블스를 통해 늑대거북에 대해 알게 되었고, 그럴수록 더 돕고 싶어졌으니까요."

알렉시아가 뚜껑을 열며 긴장된 목소리로 인사했다. "안녕, 아가." 그러고는 너태샤에게 물었다. "같이 할까?"

두 사람은 함께 큰 거북을 들어올렸다. 니블스가 요동치면서 딱딱거렸다. "진정해, 아가야." 알렉시아가 달랬다. "다 왔으니까." 거북을 자신과 너태샤 사이에 내려놓으며 말했다. "너를 위한 순간이야, 우리 귀염둥이……."

발이 땅에 닿자 니블스는 머리를 꺼내고 가만히 멈춰 있었다. "이게 뭐지?" 너태샤가 니블스를 흉내 내며 말했다. "내가 지금 진흙을 밟고 있다고?"

둘 다 눈물을 흘리기 시작했다. "이 시간을 위해 몇 년이나 마음의 준비를 했어요." 알렉시아가 말했다. "니블스는 아주 무겁고 건강하고 또……."

알렉시아와 너태샤는 서로에게 몸을 돌려 키스했다. "우리는 지금 앞으로 다시 보지 못할 친구에게 작별 인사를 하고 있어." 너태샤가 훌쩍거리며 말했다. 늑대거북은 보통 삶의 대부분을 물속에서 보낸다. 그러니 너태샤와 알렉시아가 나중에 와서 찾아보고 싶어도 발견할 가능성은 별로 없다.

그러나 아직 니블스는 목을 내놓은 채 얼어붙어 있다. 안전하고 평안했던 삶과 새로운 모험과 자유 사이의 경계에 붙들린 것처럼 보였다. "그에게 시간을 좀 줍시다." 목이 멘 알렉시아가 간신히 말했다. "우리가 너무 가까이 있어서 걱정하는지도 몰라요." 그들은 세 걸음 뒤로 물러섰다.

이 대형 늑대거북은 천천히 물 쪽으로 다가갔다. "새로운 집을 받아들이는 게 분명해요." 너태샤가 속삭였다. 그리고 거북에게 말했다. "가서 늪을 온통 네 것으로 만들어!"

"보는 사람마다 그가 세상에서 제일 아름다운 거북이라고 했어요." 알렉시아가 추억했다. 그녀는 처음으로 아이들이 니블스를 가까이에서 보면서 말하던 목소리를 기억했다. "꼬리의 혹 좀 봐봐.", "목에 저 꼬불꼬불한 것 좀 봐.", "뒷다리 좀 봐. 스키 바지를 입은 것 같아!"

니블스가 쓰러진 통나무 아래로 파고들어 갔다. 그러더니 진흙밭과 무성한 잡초 아래로 사라졌다. 하지만 너태샤는 아직 그가 움직이는 소리를 들을 수 있었다.

"저는 니블스가 힘을 쓰는 소리를 좋아해요. 쓰러진 통나무가 뿌직거리는 소리가 들려요. 평소에도 콧구멍만 내놓고 작은 모래통 밑으로 들어가고는 했지요."

너태샤가 눈을 감았다. 그리고 기억 속으로, 늪의 소리 속으로, 다시는 보지 못할 친구를 (떳떳하게, 그녀 자신의 도움으로) 데려간 그 순간으로 잠수했다. 나는 너태샤에게 기분이 어떠냐고 물었다. "새들의 노랫소리와 개구리의 울음소리를 둘러싼 침묵을 듣고 있어요." 그녀가 대답했다.

"우리가 이해하지 못하는 모든 대화를 너태샤는 들을 수 있어요." 알렉시아가 덧붙였다.

부슬부슬 비가 내리기 시작했다. 우리는 습지에서 몸을 돌렸다. 연극의 막이 내리며 커튼이 내려오듯, 하늘에서 내리는 비가 우리를 거북의 삶과 갈라놓았다.

파이어치프의 뒷다리는 이제 훨씬 튼튼해져서 더는 질질 끌리지 않고 양쪽 모두 제 역할을 한다. 심지어 꼬리까지 사용하고 있다.

꼬리는 야생에서 짝을 찾을 때도, 뒤집어졌을 때 몸을 돌리는 데도 필수적이다. (너태샤는 "뒤집어진 몸을 똑바로 세울 때면 꼭 코르크 마개를 열듯 머리, 팔 순서로 비틀고 꼬리가 마무리해요."라고 설명했다.)

바쁜 구조활동과 방류 작업 가운데에도 우리는 짬을 내어 파이어치프를 수조에서 꺼내 터틀가든에서 돌아다니게 했다. 휠체어는 착용하지 않았다. 매끄러운 바닥과 달리 풀밭이나 흙에서는 뒷발의 발톱이 미끄러지지 않았다. 파이어치프가 운동할 때는 다른 늑대거북들도 함께했다. 스노볼은 이제 활발한 거북이 되었고 식탐이 늘었고 머리는 거의 기울지 않았다. 카르다몸은 색이 짙은 늑대거북인데 쓰레기를 쌓아놓고 지내며 매일 핫도그만 먹인 주인과 15년을 살면서 거대한 지방 덩어리가 되어 이곳에 왔다. 그는 여름에 방류될 예정이다. 실버백은 나이가 많고 공격적인 늑대거북으로 몸무게가 18킬로그램이 넘고, 껍데기와 비늘은 이끼가 낀 연한 청록색이다. 목에 동그랗고 커다란 흉터가 있다. 껍데기가 노르스름하고 난쟁이 같은 한 늑대거북은 2013년에 이곳에서 부화했다. 눈은 황금색이고, 덧니를 교정하기 위해 부리를 여러 번 다듬을 필요가 있다. 원래는 타이거라고 불렸지만, 바나나에 가까운 노란색 딱지와 귀엽게 퉁명스러운 성격, 독특한 태도가 우리가 좋아하는 배우를 생각나게 해서 버내니 드비토라는 이름으로 바꾸었다.

이들 중에서도 파이어치프는 단연 가장 적극적이었다. 올림포스산을 오르락내리락하고 폭포가 있는 작은 웅덩이를 제집 드나들 듯이 하며 터널도 자유롭게 탐험했다. 또 울타리 주변도 순찰하면서 수시로 멈춰 서서 세상의 소식을 담은 냄새를 목구멍 가득 채웠다. 하루는 그가 아래턱을 45초쯤 벌리고 있는 것을 보았다. 확실히 하품은 아니었다. 하품이라면 내가 알았을 것이다. 맷과 내게 그것은 고요한 노래 같았다. 애원이랄까. "나는 원합니다…… 원해요!"

우리 인간들은 저 큰 거북의 열망을 공유했다. 우리도 모두 해방을 간절히 원했다. 나라를 뒤흔드는 양극화된 분노로부터, 기후 변화에 맞서는 행동을 마비시키는 탐욕으로부터, 코로나19로 인한 제약과 위험이 이어지는 또 다른 한 해로부터.

"파이어치프가 다시 연못을 휘어잡았으면 좋겠어요." 내가 맷에게 말했다.

"저도 파이어치프가 자유로워졌으면 좋겠어요." 맷이 말했다. 파이어치프가 멈춰 섰고 우리는 그가 내민 머리를 쓰다듬었다. "하지만 파이어치프가 차들 가까이 있지 않으면 좋겠어요. 60년을 살면서 운이 나쁜 딱 하루, 운이 나쁜 단 1분이었어요. 아니, 1분도 안 걸렸다고요! 그 찰나가 그에게 한 짓 좀 보세요."

나는 몸서리쳤다. "생각도 하기 싫어요."

그러나 우리는 마주해야만 했다. 거북구조연맹은 매일 세상의 무심한 잔인함을 맞닥뜨린다.

"어제는 정말 온종일 지옥 같았어요." 우리가 파이어치프를 비롯한 늑대거북 팀을 운동시키러 터틀가든에 다시 모였을 때, 알렉시아가 한숨을 쉬며 말했다. "미카엘라가 말씀드리는 게 좋겠네요." 미카엘라가 말을 이었다. "정말 스트레스가 극에 달했어요. 제 피트니스 앱을 보니까 2000칼로리를 태웠더라고요."

그 지옥 같던 하루는 아침 7시 30분, 미카엘라가 로드아일랜드의 집에서 연맹으로 운전해서 오는 길에 시작되었다. 그녀의 앞차가 길에서 토끼 한 마리를 치었다. "정말 심하게 들이받아서 뱃속에 있던 새끼들이 도로 전체에 흩어져 버렸어요." 미카엘라는 2006년식 쉐보레 코발트를 갓길에 세웠다. 새끼 중 한 마리는 아직 살아 있었다. 미카엘라가 수건으로 감싸안고 거북구조연맹으로 달려갔다. 한편 소식을 들은 너태샤는 동물재활치료사에게 연락해 어미를 잃고 일찍 태어난 새끼 솜꼬리토끼를 도와줄 수 있는지 물었다.

너태샤가 문 앞에서 미카엘라를 맞이했다. 미리 푹신한 수건과 따뜻하게 데운 상자를 준비해 두었다. 하지만 재활치료사와 만날 장소를 정하는 중에 이 작은 손님은 세상을 떠났다.

미카엘라가 채 숨도 돌리기 전에, 스프링필드에서 한 여성이 전화를 걸어왔다. 그 마을에서는 댐의 기능을 개선하고 홍수를 예방하기 위해 800제곱미터 규모의 호수를 배수하고 있었다. 신고자는 거북들이 사방에서 오지도 가지도 못하고 있다고 했다. 비단거북은 인도로 기어올라오고, 늑대거북은 도로로 걸어가고, 또 다른 거북들은 처참하게 빠져나가는 호숫물에서 탈출하기 위해 분투하고 있었다. 미카엘라는 최대한 많은 거북을 구조하라는 임무를 띠고 현장으로 출동했다.

"50분 만에 도착했어요." 미카엘라가 말했다. "도로에 비단거북 한 마리가 있었는데 차들이 미친 듯이 달려오고 있었어요. 저는 무작정 뛰면서 **외쳤어요**. '멈춰!'"

첫 번째 차는 다행히 거북을 피했다. 두 번째는 트럭이었는데 운전자가 속도를 줄이지 않았다. "거북은 물론이고 저를 보고도 말이죠." 결국 거북은 트럭에 치여 죽었다.

미카엘라는 돌아서서 그 참상을 확인했다. 12마리의 짜부라진 거북들이 도로 가장자리에 널려 있었다. 대부분 비단거북이었고 두 마리는 늑대거북이었다. 그리고 최소 20마리의 늑대거북이 점점 얕아지는 물에서 나와 길을 건널 준비를 하고 있었다.

"한 구역을 돌아보는데 모두 같은 지점에서 길을 건너고 있었어요. 100미터쯤 떨어진 도로 위에 늑대거북 한 마리가 서 있었고 대형 트럭이 달려오고 있었죠. 너태샤와 통화 중이었는데 전화를 끊지도 못하고 달려가면서 소리쳤지요. '안돼에에에에에! 멈춰!'"

트럭 운전사가 차를 세웠다. 미카엘라가 현장에 도착하기 전에 그는 차에서 나와 위험한 도로 건너편으로 거북을 옮겼다.

문제는 이 친절한 사마리아인이 거북을 반대 방향으로 데려간 것이었다. "그러더니 가드레일 바깥의 덤불로 던져버렸어요. 도망쳐 나온 물로 다시 보내버린 거지요." 미카엘라가 절망적인 목소리로 이야기했다. 물속으로 사라진 거북은 찾지도, 구하지도 못했다.

이어서 미카엘라는 막 길을 건너려는 거북 다섯 마리를 발견했다. 더 많은 거북들이 줄지어 나오고 있었다. 한편 너태샤는 알렉시아에게 연락했고, 함께 운반 상자와 양동이를 싣고 미카엘라가 있는 곳으로 출동했다. 미카엘라는 도로 바로 옆에서 막 길을 건너려는 비단거북을 보았다. "차들은 멈출 생각이 없었어요. 전혀 개의치 않았죠. 저는 더 이상 거북이 차에 치이는 것은 참을 수 없었어요. 누군가 사고를 당해야 한다면, 그건 저여야 한다고 생각했어요." 미카엘라가 결연한 목소리로 말했다.

그녀는 제때 그 비단거북을 구했고, 계속 순찰을 돌았다.

너태샤와 알렉시아가 빠르게 도착했다. 이제 알렉시아가 이야기를 이어나간다.

"저는 미카엘라가 큰 거북을 들어올리는 것을 보았어요. 이쪽에서 한 마리, 저쪽에서 한 마리가 보였죠. 당장 제 안의 맷 패터슨을 소환한 다음 신발을 벗어 던졌어요. 물속은 사방이 쓰레기투성이였죠. 유리도 있었고요. 거북 한 마리가 타이어에 끼어 있었어요. 또 한 마리는 폭포 옆에 있었고요. 사방이 거북 천지였어요. 수면이 낮아지면서 정신을 잃고 겁에 질렸더라고요. 이윽고 호수 가장자리가 드러났고 수면은 6미터나 낮아졌어요. 우리는 성난 대형 늑대거북들을 붙잡았죠. 제가 차가운 물속 바위 위에 맨발로 서서 미카엘라와 너태샤에게 거북을 던지면, 두 사람이 양동이에 넣었어요. 양동이마다 두 마리씩 넣었어요. 그러지 않으면 미카엘라의 차 안에서 거북들이 바깥으로 빠져나올 테니까요. 우리는 거북 15마리를 구했어요. 비단거북 두 마리와 작은 늑대거북 한 마리를 제외하면 모두 나이가 많은 동물들이었죠.

우리는 모두 홀딱 젖었어요. 그 상태로 다른 습지까지 5~6킬

거북의 시간

로미터를 달렸어요. 미카엘라의 트렁크에서는 거북 두 마리가 기어 나와 돌아다녔지요. 그곳에서 아까 잡은 15마리의 거북을 풀어주었죠. 그리고 다시 호수로 돌아가서 허리까지 오는 물에 들어갔어요. 맨발로 진흙을 느끼며 늑대거북을 찾았어요. 한 마리를 잡아서 올렸는데, 하나가 다른 하나 위에 올라가 있어서 두 마리였어요.

그때까지 우리는 22마리의 거북을 구한 거죠. 동네 사람들이 와서 쓰레기 천지인 물에서 여자 몇 명이 돌아다니는 걸 보고 뭘 하는지 궁금해했어요. 한 남성이 말했어요. '호숫물을 빼는 이유는 물이 너무 더러워서예요. 마약중독자들이 주삿바늘을 호수에 던졌다고요!'"

"그나마 늑대거북이 공격하지 않아 다행이었네요." 맷이 말했다. "늑대거북은 물속에서는 사람을 물지 않으니까요. 하지만 바늘은 다르죠."

"전 발이 벤 채로 쓰레기 물 속에 서 있었어요." 알렉시아가 계속해서 말했다. "그런데 어디선가 늑대거북 똥구멍 냄새가 났어요. 타이어휠 캡 밑에 꼬리가 나온 게 보였죠. 가만, 휠 캡에는 꼬리가 없잖아! 미카엘라가 거북을 꺼내서 제게 건넸어요. 그렇게 23마리가 되었어요."

그들은 구조한 거북들을 데리고 도로에서 최대한 먼 곳에 있는 또 다른 습지를 찾아갔다. 그곳은 배수 중인 호수와 연결되어 있지 않아서 안전했다. 알렉시아는 이 중에서 적어도 15마리가 쉰 살 이상이고 아마 일부는 백 살도 넘었을 거라고 했다. "평소 우리 진료소에서 저런 노거북 한 마리만 구해도 정말 기분이 좋았을 거예요. 그런데 우리는 그날 23마리나 구한 거잖아요!"

"여섯 번째 거북을 구하고 나서부터는 다른 모든 죽음이 상쇄되는 기분이 들었어요."

그날 거북구조연맹을 떠나고 나서도 이 구조활동의 장면은 오래도록 내 머릿속에서 맴돌았다. 물론 절박한 거북과 부주의한 운전자들이 가장 먼저 떠올랐다. 또 용감한 알렉시아가 더러운 물로 거침없이 들어가는 모습과, 인내심 있는 너태샤가 알렉시아의 손에서 위태로운 큰 거북들을 들어 나르는 장면을 그리기는 쉬웠다. 그러나 가장 인상 깊었던 장면은 작고 가냘프고 수줍은 미카엘라가, 이제 막 10대에서 벗어난 젊은 청년이 두 팔을 벌린 채 "안돼에에에에에에! 멈춰!" 하고 소리 치며 앞뒤 가리지 않고 달려드는 모습이었다. 그녀는 인간이 일으킨 소동 앞에서 선택의 여지없이 희생자가 된 거북들을 용감하게 끌어안았다.

이것이 저들이 인간 세상의 잔인함에 맞서는 방법이자, 우리가 절망의 덫에서 벗어나는 방법이었다.

화창한 여름 오후, 또 다른 늑대거북 축제가 벌어졌다. 스노볼이 터널을 지나고 버내니 드비토가 낙엽에 몸을 파묻는 동안, 파이어치프는 올림포스산의 가파른 경사를 올라 작은 웅덩이와 폭포로 향했다. 비록 걸음은 훨씬 다부졌지만 아직은 좌우로 조금씩 뒤뚱거렸다. 그러다가 정상에 거의 도착했을 때 갑자기 몸을 비틀대더니 쓰러졌다.

거북의 시간

파이어치프의 몸이 벌렁 뒤집어졌다.

이 덩치 큰 사내는 고통스러운 듯 온몸을 비틀었지만 사실 그는 우리 생각만큼 아프지 않았을 것이다. 이건 거북이 몸을 돌려세우는 정상적인 방식이다. 다만 지켜보는 사람에게는 고역이다. 그는 목을 구부리더니 머리를 이용해 한쪽으로 몸을 밀었다. 그리고 꼬리를 같은 방향으로 쓸었다. 그러다가 2초 만에 그만두었다. 아마도 근처에서 대기 중인 '집사'들이 도와줄 거라고 믿었기 때문일 것이다. 역시나 맷과 내가 즉시 달려가 그를 제대로 돌려놓았다.

"꼬리를 사용하는 연습을 시키려면 일부러 뒤집어 놓아야 할 수도 있겠어요." 맷이 제안했다. 파이어치프를 완전한 몸 상태로 방류하려면 몸을 스스로 돌려세울 수 있어야 한다. 거북이 등을 대고 너무 오래 누워 있게 되면 살아날 가망이 없다. 어떤 거북 포럼에서는 이런 자세에서는 폐가 다른 기관의 무게에 눌려 뭉개진다고 주장한다. 그러나 일부 갈라파고스거북의 경우에는 사실이 아니다. 왜냐하면 찰스 다윈이 활동하던 시기에 이 거북은 섬에서 납치되어 식재료로 도살될 때까지 몇 달 동안 배에서 뒤집어진 상태로 먹이도 물도 없이 방치되었기 때문이다. 그러나 태양 아래에서 뒤집어졌다면 포식자에게 잡아먹히거나 개미 떼에 당하지 않더라도 열기로 죽을 수 있다. 거북들도 이를 잘 알기에 결투하는 거북은 상대를 뒤집으려고 갖은 애를 쓴다. 이보다 확실한 승리는 없다.(많은 거북의 배딱지에는 이런 시합용 무기로서 특별한 돌출부가 발달했다. 예를 들어 마다가스카르의 한 거북은 정확히 이런 목적으로 앞다리 사이에 배딱지에서 돌출한 돌기가 있어 쟁기날거북이라고도 불린다.) 거북은 몸이 뒤집어진 동료를 알아차리고, 일부는 버선발로 달려와서 돕는다. 사육 상태의 거북들이 몸이 뒤집어져 곤경에 빠진 동료를 돕는 영상이 인터넷에 많이 올라와 있다.

"거북에게는 정말 스트레스지요." 알렉시아가 말했다. "피자맨은 몸이 뒤집어지면 화가 나서 똥을 싼 다음 온몸에 묻혀놔요." 이런 행동은 어쩌면 야생에서 몸을 지키기 위해 진화된 적응 형질일지도 모른다. 배설물로 뒤덮인 거북은 포식자의 입맛을 떨어뜨릴 테니까.

설령 파이어치프를 일부러 뒤집어 놓는다고 해도 아마 맷과 나는 그가 스스로 몸을 돌릴 때까지 기다리지 못할 것이다. 맷의 제안은 그럴듯했지만 친구를 일부러 곤경에 빠지게 하는 것은 치료의 일부라고 해도 별로 내키지 않았다.

"전 못 할 것 같아요." 내가 고백했다.

"사실 저도요." 맷도 인정했다.

"파이어치프도 야생으로 돌아가면 스스로 할 수 있어야 해." 내가 스스로에게 말했다. "그가 혼자서 뒤집을 수 있다는 걸 확인하기 전에는 내보낼 수 없어."

"자, 진정들 하시고요. 파이어치프는 아직 준비가 안 되었어요. 물론 그는 훨씬 나아졌고 좋아졌지요. 하지만 다리와 꼬리가 아직 정상적으로 움직이지 않아요. 아직 방류할 준비가 안 되었고 어쩌면 영원히 안 될지도 몰라요. 어쨌거나 이번 여름은 확실히 아닙니다." 덱에서 지켜보던 알렉시아가 말했다.

맷과 나는 실망해야 할지 안도해야 할지 알 수 없는 기분이었다. 파이어치프는 연못을 다시 지배할 자격이 있다. 우리는 그가 이 여름, 터틀가든에서 고작 몇 시간이 아니라 매일매일을 바깥에서 보내길 바랐다. 그가 또 한 번의 겨울을 길고 어두운 수조에 갇혀 지내지 않기를 바랐다. 그건 사람을 코딱지만 한 방에 몇 달씩 가둬두는 것과 매한가지다. 몸이 박살 난 채로 이곳에 오는 모든 거북은 매일 수천 대가 지나다니는 도로에서 차 한 대가 50년, 100년, 혹은 그 이상을 살아야 할 한 생명을 순식간에 끝장낼 수 있다는 것을 깨닫게 해준다. 파이어치프가 야생에서 생존할 가능성을 최대로 높이려면 그는 완전히 회복해야 한다.

그걸로도 충분하지 않을지도 모르지만.

세계의 거북.

14장

끝에서 다시 시작

블랜딩스거북.

질척거리는 진흙 속에 발을 묻고 바지와 셔츠가 흙탕물에 물든 채, 맷과 나는 작은 부엌 크기의 연못에서 부레옥잠이 엉켜 있는 뿌리 밑으로 손을 넣어 숨어 있는 거북의 매끄럽고 단단한 등딱지를 찾아다녔다.

　7월, 백신 덕분에 코로나 확진자와 입원율 및 사망률이 급감하면서 우리는 사우스캐롤라이나주로 돌아가 크리스와 클린턴, 그리고 거북생존센터의 친구들을 만났다. 인간 세계에는 거친 폭풍이 걷잡을 수 없이 몰아쳤지만 이곳에서 번식하는 절멸위급종인 바다거북과 육지거북에게는 더할 나위 없이 멋진 한 해였다. 뱀목거북 새끼들이 스스로 알을 깨고 나왔다. 예전에 크리스가 제 손으로 부화를 도와주었던 거북들이다.("막을 뚫지 않으면서 알껍데기만 아주 조금 떼어내고 그 안의 새끼가 깨어 있는지 확인합니다.") 그 무렵 그곳에 거주하는 거북들이 알을 250개 이상 낳았다. "이 종은 한 번에 두세 개, 많아야 네 개씩밖에 알을 낳지 않는 종이니 놀랍죠." 크리스가 우리에게 자랑하듯 말했다. 사실 아프리카 팬케이크육지거북African pancake tortoise 같은 종은 보통 알을 하나만 낳는다. 친구들에게도 변화가 생겼다. 두 친구 모두 승진하여 이제 크리스는 센터장이고 클린턴은 보조 큐레이터.

도착한 지 몇 분 만에 맷과 나는 멸종 위기 거북의 세계에 말 그대로 빠져들었다.

우리는 거북생존연합 소속 사육사인 레이철 하프와 켈리 커리에, 인턴인 로런 오터네스와 릴리 커크패트릭을 센터의 야외 연못에서 만났다. 클린턴은 우리에게 연못에 들어가서 돌아다니다가 거북이 느껴지면 붙잡으라고 지시했다.

나는 곧 거북은 물론이고 물속에 있는 다른 여러 생물을 발견했다. 허리까지 들어간 지 1분도 안 되어 눈앞에서 검은 머리 하나가 물 밖으로 튀어나왔다. 물뱀이었다. 표정을 보아하니 나만큼이나 놀란 것 같았다. '누구시길래 여기 계세요?'라고 묻는 듯했다. 물뱀에게는 물려도 큰 문제가 없지만 이 연못에 독사가 숨어 있을지도 모른다는 경고를 들었다. 하지만 물리면 어떻게 해야 하는지는 아무도 말해주지 않았다. 물고기, 가재, 대형 깡충거미도 연못에 있었다. 무엇보다 이곳 어딘가에는 대략 450그램의 붉은목늪거북 26마리가 돌아다니고 있다. 절멸위급종인 이

　　　　　　　　　　　　　　거북의 시간

종의 야생 활동 영역은 이제 중국의 두 지역과 베트남의 한 지역으로 제한되었다.

맷은 물속에서 거의 날아다녔다. 맨발은 진흙 범벅이 되어 몇 초에 한 번꼴로 거북을 붙잡았고, 때로는 양손에 한 마리씩 들고 올라왔다. 우리 팀은 10분 만에 26마리를 모두 잡았다. 하나하나 무게와 치수를 재고, 건강 상태를 확인했다. 이후 컴퓨터 시스템에 업데이트한 다음 다시 연못에 풀어주었다. 이 늪거북들이 무럭무럭 자라면 본국의 야생으로 돌려보낼 것이다.

다음 연못에서도 똑같이 거북을 잡아서 검진하고 기록했다. 그다음에는 조금 더 크고 흥미로운 연못으로 이동했다. 농구장 절반 크기의 담갈색 물속에 2종의 아홉 마리 거북이 살고 있었는데, 그중 하나가 보르네오강거북Malaysian pond turtle이다. 이 거북은 껍데기가 단단한 세계 최대 담수거북 중 하나로 꼽히며, 등딱지가 60센티미터도 넘게 자란다.

"연못 가장자리를 살피면서 구멍을 찾아보세요." 클린턴이 말했다. "그리고 구멍이 있으면 손을 넣어 거북을 찾으세요."

어려서부터 나는 (화가 나 있고, 독이 있을지도 모르고, 손을 물 가능성이 다분한 생물이 숨어 있을지도 모르는) 어두운 구멍에 손을 넣는 경솔한 행동은 절대 하지 말라고 늘상 들어왔다. 그 덕분에 수년간 사막과 열대우림을 찾아다니고, 곰치, 자산호, 독성 있는 스톤피시 사이에서 스쿠버다이빙을 하면서도 살아 남을 수 있었다. 맷 역시 엄마와 아내에게서 비슷한 경고를 귀가 닳도록 들어왔다.(맷의 아버지는 좀 달랐다. 그는 어린 아들의 발을 붙잡고 거꾸로 들어올린 다음 악어 구멍 위로 넣어서 사향거북을 꺼내 오게 한 사람이니까.) 그런데 그런 금기된 행동을 하라는 명령을 받으니 묘하게 자유로워지는 기분이었다. 나는 클린턴을 믿었고 그의 지시를 기꺼이 따랐다. 맷도 꽤 즐거워하는 눈치였다.

클린턴에 따르면 그 연못에서 거북을 찾기 가장 좋은 지점은 들어갔을 때 머리 위까지 물이 차오르는 깊은 구멍이었다. 그곳은 호피라는 이름의 악어가 좋아하던 동면 장소였다.

"왜 이름이 호피죠?" 내가 물었다.

"'그가 나를 물지 않기를 바란다'라는 문장의 첫 구절 'Hope he'를 줄인 말이에요." 클린턴이 말했다.

"지금은 이 연못에 없는 거 맞죠?" 내가 재차 확인했다. 호피는 거북생존연합이 이곳에 들어오기 전에 이미 공공 파충류 전시를 위해 다른 곳으로 옮겨 갔다.

맷은 구멍을 더듬다가 죽은 생쥐 한 마리를 끌어냈다. 튀어 오르던 물고기가 레이철의 얼굴에 부딪혔다. 나중에는 목에서 거머리도 떼어냈다. 좀 더 얕은 물에서 살핀 구멍에는 바나나 껍질밖에 없어서 나는 맷에게로 헤엄쳐 갔다. 그곳은 내 키보다 깊은 물로, 호피가 지냈던 구멍 근처의 쓰러진 나무 옆이었다.

그때 갑자기 맷이 입술까지 물에 잠겨가며 내 쪽으로 달려들었다. "선생님, 잡으세요!" 그가 소리쳤다? '어? 어디?' 크고 단단한 무언가가 내 왼쪽 허벅지를 들이받았다.(다음 날 보니 10센티미터의 보라색 멍이 크게 들었다.) 결국 맷이 그것을 붙잡았는데 16킬로그램짜리 대형 거북이었다. 그는 백 살을 향해 가고 있었다.

"파이어치프와 연못에 함께 있을 수 있다면 얼마나 재밌을까요?" 맷이 내게 말했다.

우리는 서로 마주 본 채 동시에 말했다. "같이 **헤엄치면** 너무 좋겠다!" 잠수용 마스크와 호흡관을 낀 채 파이어치프의 우아함과 위엄을 볼 수 있으면 좋으련만. 육지에서처럼 힘겹게 분투하지 않고, 두어 번의 물갈퀴질이면 플라스틱 벽에 부딪히는 그런 제약 없이 물속에서 무중력 상태로 마음껏 움직이는 모습을 볼 수 있다면 말이다. 우리는 그가 커다랗게 펼친 앞발로 물을 끌어오고 물갈퀴 달린 뒷발로 물을 밀어내며 유유히 나아가는 모습을 상상했다. 인간의 잔인함이 남긴 상처에서 회복하도록 돕는 데 그치지 않고, 원래 그가 살던 세상에 돌아갈 수 있다면 얼마나 좋을까? 그가 다시 연못을 가질 수만 있다면.

여름내 맷과 내가 몰래 키워온 생각이 있다. 너무 간절해 차마 입 밖에 내지는 못했지만.

여름이 질주하듯 흘러갔다. 늘 그렇듯 축하할 일이 잔뜩이다. 스크래치스는 완전히 나아서 방류되었고, 스노슈즈도 새끼들과 함께 자기가 살던 연못으로 돌아갔다. 비록 아버지인 소크라테스는 세상을 떠났지만. 스펑키, 스페셜, 스팀펑크는 상태가 눈에 띄게 좋아지고 있다. 갓 태어난 새끼 수백 마리와 치유된 거북 수십 마리가 자기가 있어야 할 곳으로 돌아갔다. 북미숲남생이 랠프는 다른 번식센터로 이주했다. 진의 동생이 거북구조연맹에서 육지거북 두 마리를 입양했다. 한 마리는 호스필드거북으로 라이카

라고 이름 붙였고, 다른 하나는 새끼 술카타육지거북으로 이름
은 맥신이다. 지금은 아기 거북이지만 나중에는 제 주인보다 훨
씬 더 몸무게가 많이 나갈 것이다.

이 해에 토링턴 산란지는 비단거북 68마리, 북미숲남생이 47
마리, 블랜딩스거북 36마리, 늑대거북 765마리라는 기록을 세우
면서 2009년 이후 이곳에서 부화에 성공한 새끼 거북이 총 4178
마리가 되었다. 에밀리는 새끼 비단거북 여덟 마리, 새끼 블랜딩
스거북 세 마리를 헤드스타팅 중이고, 진도 마찬가지다. 진은 또
한 맷의 친구로부터 카리스마 넘치는 호스필드거북 한 마리를
입양해 이름을 디오니소스라고 붙여 함께 살고 있다. 많은 새끼
비단거북이 해리스 보전 교육센터의 수지 스파이콜에게 보내져
헤드스타팅을 위해 분배될 것이다. 놀라운 소식! 우리 남편도 길
이가 2.5센티미터밖에 안 되는 갓 태어난 비단거북 새끼 네 마리
를 흔쾌히 허락했다.

하워드가 마음을 바꾸기 전에 나는 30분 거리에 있는 반려
동물 용품점으로 달려가 풀스펙트럼 조명과 온열등, 난방기, 필
터, 온도계, 사료, 일광욕용 받침대, 150리터짜리 플라스틱 수조
까지 총 200달러어치가 넘는 장비들을 사 왔다.

"그냥 양동이에 넣고 키우는 거 아니었어?" 맷이 수지에게
주었던 늑대거북알 정도를 예상했던 남편이 절망적인 표정으로
외쳤다. 그러나 곧 하워드는 아기 거북들과 사랑에 빠졌고 우리
는 함께 이 비단거북들의 이름을 지었다. 가장 작은 거북은 점묘
화가의 이름을 따서 쇠라, 가장 큰 거북은 보나르, 그리고 같은 크

기의 두 마리는 (수련을 사랑한) 모네와 (모네의 작품에 큰 영향을 받은 동시대 화가인) 마네라고 지었다.

처음에는 이 새끼 거북들이 죽을까 봐 겁이 났고, 먹지 않을까 봐 두려웠고, 물에 빠질까 봐 걱정했다. 나는 거북구조연맹에서 반려 거북으로 사랑받았던 어느 붉은귀거북의 이야기를 듣고 더 큰 두려움을 느꼈다. 그 거북은 발톱이 필터에 끼는 바람에 물속에서 죽었다. 자기를 지키는 안전장치 때문에 목숨을 잃은 셈이다. 그러나 쓸데없는 걱정이었다. 아침에 일어나 온열등을 켜러 가면 이 새끼 거북들은 바위 밑을 조사하고 호기심 가득한 몸짓으로 단풍잎과 양상추와 케일(내가 수련잎을 흉내 내려고 수조에 띄워놓은 것) 사이로 머리를 찔러대며 대단히 바쁘게 헤엄치고 있었다. 또 파충류다운 열정과 식탐으로 먹이를 엄청나게 먹어치웠다. 이들은 선사시대부터 이어져 온 진화가 집요하게 심어준 자신감, 그리고 세계의 경이를 끌어안으려는 열정의 화신이다.

그러나 우리 인간 세상에서는 모든 것이 불안 속에서 요동쳤다. 코로나19가 이제 좀 물러나는가 싶더니 8월이 되면서 알파 변이보다 감염력이 60퍼센트나 더 센 새로운 변종이 세상을 지배하기 시작했다. 2년이나 흘렀지만 아직도 끝을 알 수 없는 팬데믹의 스트레스에 몸과 마음이 무너지면서, 음주운전, 난폭운전, 의료노동자와 교육기관 등을 타깃으로 한 물리적 위협과 공격, 우울장애와 자살, 약물 남용이 이례적으로 급증했다. 몇몇 사람들은 마스크를 쓰라는 간단한 요청에 분노를 터뜨린다. 식당에서 직원에게 소리 지르고, 비행기에서는 승무원의 이를 부러뜨린다. 팬데믹의 장기화로 감정적인 어려움을 겪으면서 사람들은 공황과 우울 사이의 어딘가에서 기쁨이 사라지고 심령의 지옥에 갇힌 기분을 호소한다. 이는 《뉴욕 타임스》에서 심리학자 애덤 그랜트가 **시들함**languishing이라고 표현한, 목적을 잃고 침체되어 공허한 상태다. 그는 "이것이야말로 2021년의 지배적인 감정인지도 모른다."라고 선언했다.

맷과 에린도 두 사람의 인생에서 불확실한 상태에 있었다. 그들은 자신들의 뒤뜰을 사격장으로 여기는 이웃이 온종일 쏘아대는 총성에 질리고, 길 건너 홀로코스트 부정론자들의 불평에 지쳐 그해 여름 그들이 살던 뉴입스위치의 집을 팔아버렸다. 마침 그 단지가 새로운 주택 개발로 흉측하게 변할 예정이기도 했다. 맷과 에린 부부는 친구의 시댁 별장에 머물면서 역대 가장 얼어붙은 부동산 시장에서 새로 살 동네와 장소를 물색하고 있었다.

어느새 11월이 되었다. 어느 차갑고 화창한 금요일, 너태샤와 알렉시아, 미카엘라와 앤디, 마이크 헨리와 그의 약혼자 레이철, 맷, 그리고 나 이렇게 아홉 명은 죽은 거북들을 묻어주기 위해 다시 모였다.

급하게 이루어졌던 지난번의 대량 매장과 달리, 이번에는 입양되어 사랑받았던 소수의 거북을 위한 장례식이었다. 그중 일부는 사람들이 작별 인사를 할 준비가 될 때까지 거북구조연맹 냉동고에서 한참 동안 기다렸다. 그리고 드디어 그날이 왔다.

노란발육지거북yellow-footed tortoise 로지가 맨 처음이다. 그녀는 6개월을 아팠는데, 연맹의 설득 끝에 주인이 이곳으로 보냈다. 처음 왔을 때 로지는 거의 빈 껍데기 상태였다고 알렉시아가 말했다. 바로 폐렴 진단을 받고 수액과 항생제를 투약했지만 때는 이미 늦었다. 로지는 24시간밖에 버티지 못했다. 이 암거북의 죽음은 피할 수 있었던 비극이었고, 거북구조연맹의 여느 죽음들처럼 마음이 아팠다. 하지만 마이크와 레이철이 다음에 묻어줄 비단거북 슈거로프의 죽음만큼 감정적으로 힘겹지는 않았다.

4년 전 마이크가 알렉시아와 너태샤로부터 슈거로프를 입양하면서 거북구조연맹은 가장 열성적이고 실력 있는 지지자와 인연을 맺게 되었다. 목에 큰 화살을 맞았던 우리 친구 로빈후드는 마이크 덕분에 목숨을 구한 수십 마리 거북 중 하나다. "그러니까 결국 슈거로프가 다른 많은 거북을 구한 것이죠." 너태샤가 우리에게 말했다.

"슈거로프는 제 인생을 바꾼 거북이에요." 마이크가 언젠가 우리에게 말했다.

마이크는 슈거로프에게 푹 빠졌다. "마이크에게 입양되기 전 18년 동안 슈거로프는 한 번도 제대로 보살핌을 받은 적이 없었어요. 하지만 그 이후로 그녀의 색깔은 화사해졌고, 성격도 활짝 피어났어요. 우리는 그렇게 예쁜 거북을 본 적이 없어요." 너태샤의 말이다. 마이크가 슈거로프의 꽁꽁 언 몸을 감싼 천을 벗겨냈을 때, 그녀는 눈을 뜨고 있었고 껍데기에서는 윤기가 났으며 앞발은 당장이라도 기어 와서 인사를 할 것처럼 살아 있을 때와 똑같았다. 누구도 이 거북이 죽은 이유를 알지 못한다. 누구도 이 거북의 나이를 알지 못하고, 누구도 마이크와 살기 이전에 어떤 질환을 얻었는지, 그것 때문에 천수를 누리지 못한 것인지 알지 못한다.

알렉시아는 마이크에게 추도사를 부탁했지만 그는 흐느끼기만 했다. "할 말이 정말 많지만 지금은 할 수 없을 것 같아요." 그가 겨우 말을 꺼냈다.

우리는 세상에 마이크의 슬픔을 이해하지 못할 사람들이 있다는 걸 알고 있다. 많은 이들이 슈거로프에 대한 그의 사랑을 의인화의 부산물로 치부하며 경시한다. 인간의 감정을 비인간 동물에게 투사하여 그들이 우리를 사랑하기에 인간 역시 동물을 사랑한다고 착각한다는 것이다.

조지아주립대학교 진화생물학자 고든 슈트는 "우리는 이를테면 파충류 같은 동물의 활동을 해석하고 이해하는 데 어려움을 겪는다."라고 말했다. 그는 이런 현상을 "정온동물● 우월주의 warm-blooded chauvinism", "순진함 또는 무지", "지적 빈곤의 형태" 등이라고도 부른다.

과학자들을 포함해 일부 사람들은, 파충류는 사회적 관계를 경험하지 않는다고 믿는다. 또한 일부는 파충류가 개성이나 감정이 부족하다고 주장한다. 그러나 파충류 연구는 이런 회의적 발언이 옳지 않다는 것을 증명하고 있다. 슈트는 2021년 출간된 연구서 『파충류의 비밀스러운 사회생활The Secret Social Lives of Reptiles』 서문에서 "파충류는 심리와 행동에 있어서 포유류와는

●　조류나 포유류처럼 바깥 온도에 관계없이 체온을 항상 일정하고 따뜻하게 유지하는 동물.

여러 면에서 이질적이지만, 우리가 인식하는 것 이상으로 조류는 물론이고 포유류와도 많은 유사점을 공유한다."라고 썼다.

이 책에는 암컷 검은방울뱀이 우정을 키우는 과정과 태국의 왕도마뱀이 의도적으로 관광객(특히 여성들과 아이들)을 음식 가판대 주변에서 깜짝 놀라게 하여 간식을 떨어뜨리면 낚아챈다는 연구가 나온다. 또 어미 아라우거북giant amazon river turtle과 그들의 새끼가 부화하기 전후에 음성으로 의사소통하며 이후에도 서로를 불러내 함께 이주한다는 연구 결과도 소개된다. 파충류의 개성을 탐구하는 것은 과학적 가치가 큰 일이다. 이 책은 또한 거북의 성격 중에서 수줍음과 대담함(무선 원격 장치를 달고 있는 야생거북을 손으로 만진 다음 껍데기에서 나오는 데 걸리는 시간으로 측정했다.) 이 거북의 활동 범위, 성장률, 수명에 미치는 영향을 조사한 뉴잉글랜드 동물원의 연구를 설명한다.

성격personality처럼 복잡한 형질이 인간 종에 이르러서야 처음으로 새롭게 생겨났을 리 없다는 가설은 진화적으로도 말이 된다. 자기 삶에 직접 영향을 미치는 상대가 누구인지 알아보고, 또 그 상대와 의미 있게 교류하려는 행위가 생존에 기여하는 진화적 가치는 굳이 따져볼 필요도 없다. 슈거로프는 확실히 그런 거북 중 하나였다.

"슈거로프도 우리가 얼마나 그녀를 사랑하는지 알았어요." 마이크가 눈물을 흘리며 겨우 말을 꺼냈다. 나중에 마음이 진정된 후 나는 그에게서 그 사실을 어떻게 알았는지 조금 더 자세히 들을 수 있었다. 슈거로프는 확실히 마이크와 레이철을 알아보았고, 일광욕을 하다가도 그들이 다가오면 물로 들어가 널찍한 수조 앞으로 헤엄쳐 와서 고개를 위아래로 까딱했다. 마이크는 이것이 먹이를 달라는 "거북식 애원"이라고 보았다. 마이크는 대체로 집에서 일했기 때문에 슈거로프를 수천 시간씩 자세히 관찰할 수 있었다.("슈거로프가 집에 온 이후 전 텔레비전을 거의 보지 않게 되었어요.") 그는 슈거로프의 다른 행동들을 알아보기 시작했다.

그중 하나는 슈거로프가 만든 게임이었다. "다른 먹이를 보면 그냥 먹었어요. 하지만 붉은 파프리카의 경우는 달랐어요." 그가 설명했다. "노란색 파프리카나 주황색 파프리카도 아니고 꼭 빨간색 파프리카만 해당됐어요." 빨간색 파프리카를 주었을 때 슈거로프의 행동은 확연히 달랐다. 간식을 잡고는 5~10초 동안 얼은 듯 멈추어 있었다. 그런 다음 몸을 돌려 마이크를 바라보았다. "그러다가 **갑자기** 수조를 가로질러 달려가요. 하지만 제가 자기를 안 보면 다시 돌아오죠. 마치 '이봐, 난 아직도 파프리카 갖고 있지롱!' 하는 것처럼요." 마이크와 레이철은 이 놀이를 파프리카 술래잡기라고 불렀다. 잃어버린 양말 한 짝을 입에 물고 주인을 약 올리는 강아지의 행동과 똑같은 것이었다.

함께 지낸 지 2년쯤 되었을 때, 슈거로프는 새로운 몸동작을 개발했다. 머리를 낮게 떨어뜨리고 완전히 정지해 있다가 마이크의 얼굴을 쳐다본다. "먹을 것을 달라는 게 아니었어요. 꼭 '이야기 좀 해봐요. 당신한테 무슨 일이 있는지 알고 싶으니까요.'라고 말하는 눈빛이었죠." 마이크가 말했다.

마이크는 슈거로프가 자신의 죽음을 예견하고 있다고 느꼈다. 함께한 3년 내내 슈거로프는 제 일광욕 받침대에서 잠을 잤다. 죽기 전날 밤만 빼고 말이다. 그날 밤 거북은 꼼짝도 하지 않았다. 거북이 있던 자리에서 피를 발견한 마이크가 거북구조연맹에 전화했다. 그들은 슈거로프에게 전문적인 치료가 필요하다는 판단을 내리고 보스턴의 앤젤동물병원에 데려가라고 권했다. 마이크가 거북을 병원에 데려갈 때 그의 얼굴을 쳐다보던 순간이 있었다. "거북은 전혀 아프다는 신호를 보이지 않았어요." 그가 말했다. "하지만 맹세하는데, 그때 그녀는 확실히 말하고 있었어요. '친구, 난 먼저 떠나야 할 것 같아. 안녕.'"

마이크의 이야기를 들으며 우리는 모두 울었다. "잘 가, 슈거로프." 마이크는 눈물을 흘리며 간신히 말을 이었다. 그는 무덤에 슈거로프가 제일 좋아했던 연못 식물들을 깔고 슈거로프의 몸을 그 위에 조심스레 올려두었다.

다음은 스너글스였다. 이 거북의 몸은 초록색과 검은색 천으로 싸였고 초록색 리본으로 묶였다. "아마 모두 스너글스를 기억할 거예요." 알렉시아가 말했다. 우리는 모두 이 암거북을 알고 있었고, 지난 6월 그녀가 죽었을 때 함께 슬퍼했다. 스너글스는 2011년에 눈이 없이 태어난 늑대거북이다.

스너글스의 어미가 도로에서 벗어나자마자 차에 치이고 말았다. 알렉시아는 부모님과 함께 차를 타고 가다가 이 거북을 발견했고, 놀란 부모님이 차에서 기다리는 동안 아버지에게서 빌린 벽나이프로 현장에서 14개의 알을 채취했다. 한 개는 깨졌지만 나머지 13개는 잘 배양해 부화시켰는데, 그중에서 스너글스는 방류할 수 없는 유일한 거북이었다. 알렉시아는 이 눈먼 거북과 소통하려고 필사적으로 애를 썼고 마침내 방법을 찾았다. 먼저 거북의 등을 긁고, 그런 다음 간식을 내주는 식이었다. 알렉시아는 스너글스가 아주 어렸을 때 썼던 시 한 편을 읽었다. 알렉시아가 당시 자문을 구했던 수의사의 말에서 따온, 「데려오시면 안락사시켜 드리겠습니다」라는 제목의 시다. 이 시의 여러 구절이 항상 내 마음에 남아 있다.

그녀도 숨을 쉬며 즐거워하지 않던가요? 앞을 보아야만 숨을 쉴 수 있는 건 아닐 테니.

그녀의 수조에는 커다란 갈색 통나무가 있어요. 그녀는 원숭이처럼 그 위를 기어올라 가지요. 그녀에게 그 통나무는 갈색이 아닐 거예요.

하지만 발톱 아래의 통나무는 좋은 기분을 주는걸요.

맞아요, 그녀는 앞을 볼 수 없어요. 그렇다고 그녀가 죽어야 하나요?

그녀는 자신의 작고 어두운 삶을 사랑해요.

그녀는 그저 거북, 그것도 늑대거북이 되고 싶을 뿐이에요.

그러니 감사하지만, 저는 그녀를 데려가 안락사시키지 않겠어요. 그녀는 괜찮을 거예요. 여기에서 나와 함께 있으면 돼요. 그녀의 눈이 보이든 보이지 않든.

"스너글스 덕분에 거북에 대해 생각하게 되었어요. 다른 거북이 하지 못한 방식으로 거북을 궁금해하게 만들었죠." 알렉시아가 말했다. "전 스너글스가 꿈속에서는 앞을 볼 수 있었을 거라고 생각해요. 그녀를 잃고서 정말 힘들었어요."

다음은 피치스다. 스프로키츠 옆에서 잠을 자던 귀염둥이 레드풋육지거북. 하지만 뱃속의 알을 낳지 못해 수술하던 중에 죽었다. 내가 자원봉사를 시작하기 전에 있었던 일이지만 알렉시아와 너태샤에게는 피치스와 작별하는 것이 지금 이 순간까지도 힘에 겨운 일이다.

"이 작은 몬스터들은 모두 우리 가족이었습니다." 알렉시아가 말했다. "이제 이곳은 아프고 다친 모든 거북의 영원한 집이자 안식처입니다." 나는 이 특별한 거북들이 이곳에, 터틀가든의 울타리 안에 묻히는 이유를 깨달았다. 이곳에서 그들의 영혼이 파이어치프 같은 다른 거북들을 수호하고 건강을 되찾도록 축복해 줄 것이다.

이제 너태샤는 우리에게 기억하고 싶은 거북의 이름을 말한 뒤 종을 울리라고 했다. 그녀가 며칠 전에 터틀가든 입구에 설치한 종으로, 너태샤의 설명에 따르면 선원들이 배의 목소리와 영혼으로 여기는 선박용 종의 복제품이다. "종을 치세요." 너태샤가 말했다. "침묵하는 자들을 위해서 원하는 만큼 길고 세게 종을 울리세요."

미카엘라가 "크래시."라고 말하면서 종을 울렸다. 크래시는 2020년에 맨 처음 구조된 거북이었고, 미카엘라가 특별하게 관리한 거북이었다. 그러나 그녀의 헌신에도 이전 주인의 손에서 방치되고 망가진, 얼마인지도 모를 그 시간을 되돌릴 수는 없었다. 그의 주인은 너무 무지했기에 또는 너무 무심했기에 이 아시아상자거북에게 적당한 먹이와 빛과 서식지를 주지 못했고 건강하게 지켜주지도 못했다.

"이름을 말할 수 없는 모든 거북을 위해서." 알렉시아가 나직하게 읊조렸다.

"우리가 제때 데려오지 못한 거북들을 위해서." 마이크가 말했다.

마이크는 무덤에 빨간 파프리카 조각을 올렸다. 망자의 끼니를 챙기는 것은 수천 년 동안 이어진 인류의 본능이다. 음식은 곧 삶이다. 당나라 왕조의 무덤 안은 부장품으로 가득했고, 고대 이집트인들은 미라가 된 사람의 배를 채우기 위해 고기를 준비했다. 비슷한 전통이 오늘날에도 이어지고 있다. 멕시코의 '망자의 날'에서부터 인도에서 15일간 열리는 '피트리 파크샤Pitru Paksha', 일본의 추석인 오봉 마츠리까지, 우리는 조상들에게 영양가가 있고 맛있는 음식을 제물로 바친다. 최근 볼티모어에서는 누군가 에드거 앨런 포의 무덤에 코냑 한 병을 두고 갔다. 우리는 사랑했던 망자들이 다시 찾아오기를 바라는 마음에서 음식을 내어준다. 또 그들이 어디에 있든 행복하고 건강하길 바란다. 여전히 그들을 사랑하기 때문이다.

우리는 번갈아 가면서 무덤에 삽으로 흙을 뿌렸다.

"이곳은 거북들의 마지막 둥지가 될 것입니다." 작업을 마치자 너태샤가 저번 매장 의식에서 했던 말들을 반복했다. "우리는 그들로부터 아주 많은 것을 배웠습니다." 슈거로프에게는 확실히 그랬다. 이 거북을 입양하면서 마이크의 삶이 완전히 바뀌었다. "제가 슈거로프를 집에 데려왔을 때가 산란철이 시작될 무렵이었어요." 그가 내게 나중에 말했다. "수많은 슈거로프들이 차에 치여 거리 한쪽에 고통 속에 누워 있었어요. 전 도저히 그냥 지나칠 순 없었어요. 하루에도 몇 번씩 거북을 구조대에 데려가느라 지쳤지만 그 거북들을 두고 가는 것은 생각할 수도 없었지요. 지금도 저는 지친 몸으로 구조에 나서야 할 때면 슈거로프에게 힘을 달라고 기도합니다."

그는 말을 이어갔다. "그냥 하는 말이 아니라 슈거로프는 셀 수도 없이 많은 거북을 도왔어요. 슈거로프 자신은 한 번도 새끼를 낳지 않았지만 제가 거북이 길을 건너는 것을 돕고, 치료를 받게 하고, 알을 부화시킬 수 있었던 건 모두 슈거로프 덕분이에요. 그녀는 자신이 평생 낳았을 알보다 훨씬 더 많은 거북을 지키고 야생으로 돌려보냈어요. 평생 수조에 틀어박혀 살았지만 그녀의 종과 다른 거북의 생존에 기여하는 방법을 찾아냈어요."

이렇듯 죽은 거북은 여전히 우리와 함께 있다. 계속해서 우리를 가르치고 영감을 준다. 우리는 그들을 여전히 사랑한다. 우리는 그들을 여전히 필요로 한다. 아마도 그 어느 때보다도.

춥고 아름다운 1월의 토요일. 나는 친구들과 줌으로 하는 아침 운동을 기다리고 있었다. 언제나처럼 커피를 마시기 전에, 하워드와 보더콜리 터버와 나를 위한 아침을 먹기 전에, 나는 온열등을 켜고 새끼 거북 각각을 확인했다.

이 일은 나를 아침에 일어나게 하는 커다란 기쁨 중 하나다. 비록 아직은 25센트짜리 동전 크기밖에 안 되지만 쇠라, 모네, 마네, 보나르는 모두 빠르게 성장 중이고 밥도 맛있게 잘 먹는다. 특히 내가 거북용 사료에 간식으로 구운 연어, 참치 통조림, 삶은 계란 흰자를 추가하면 아주 좋아한다. 그들은 결국 야생으로 돌아가야 하므로 나는 그들을 거의 만지지 않는다. 그러나 내가 나타나면 먹이가 올 거라는 것을 잘 알고들 있다. 이들이 물 밖으로 머리를 열심히 내밀고 노란 눈으로 나를 빤히 쳐다보면 사랑스러워 죽겠다. 나 역시 이들을 잘 알게 되어 내가 수조의 어떤 지점에 바위를 두면 누가 올라와서 쉴지도 정확히 맞힌다.

그러나 그날 아침에 내 눈에는 세 마리밖에 보이지 않았다. 모네가 사라졌다.

나는 물 위에 띄워놓은 케일을 미친 듯이 하나하나 뒤집어 보았다. 모네는 필터 밑에 갇혀 있지도, 히터의 쇠 격자에 끼어 있지도 않았다. 두려운 마음으로 떠 있는 받침대를 들추었을 때 충격적이게도 모네는 거기에 핏기 없이 축 늘어져 있었다. 알 수 없는 이유로 받침대는 벽에서 떨어져 있었고, 받침대를 수조에 부착하는 2.5센티미터 크기의 흡착컵에 거꾸로 붙어 있었다.

도대체 몇 시간이나 이러고 있었을까? 어젯밤 9시쯤 위층으로 올라갔는데 그 직후였을까? 지금은 새벽 6시 45분이다. 겨울에 어떤 거북은 물속에서 몇 달 동안 지내고도 멀쩡하다. 그러나 이 새끼 거북의 따뜻한 수조에는 휴면의 기적을 일으킬 조건이 하나도 존재하지 않는다. 모네는 많게는 열 시간이나 숨을 쉬지 못한 채 물속에 있었을 수도 있다.

나는 거북의 힘없는 작은 몸을 손바닥에 올려놓았다. 그가 혼자서 몸을 돌려세우는지 보기 위해 몸을 뒤집어 보았다. 그는 가만히 있었다. 목은 탄력 없이 완전히 밖으로 나와 있었고, 다리는 움직이지 않았다. 몸은 차가웠다. 몸 아래로 집게손가락 끝을 대봤지만 심장박동이 느껴지지 않았다. 숨결도 느껴지지 않았다. 눈이 부풀어 오른 채 닫혀 있었다.

"하느님, 맙소사!" 나는 소리쳤다. "모네가 물에 빠져 죽은 것 같아!"

남편이 맷에게 전화했지만 받지 않았다. 맷의 전화기는 꺼져 있었다.

나는 스노볼의 회생을 떠올렸고, 지난번 사우스캐롤라이나 거북생존센터에서 맷과 함께 목격한 것을 기억해 냈다.

당시 우리는 실내에서 크리스와 부화기의 알을 살피고 있었다. 사육사와 인턴들은 곳곳에 설치된 거북 덫을 확인하는 중이었다. 센터 부지 안에 살고 있는 8종의 야생거북에 대한 연례 조사의 일환으로 이루어진 작업이었다. 거북을 해치려고 설계된 것은 아니었지만, 덫을 조사하던 릴리는 두 살쯤 된 어린 늑대거북이 발톱이 철망에 걸려 익사한 것을 발견했다. 마음 아파하는 릴리를 보고 레이철이 방법을 알려주었다. 거북생존연합에 오기 전에 그녀는 사우스캐롤라이나 아쿠아리움에서 운영하는 바다거북치료센터에서 일했다. 바다거북은 특히 추위로 인한 실신 상태에서 익사하는 경우가 있다. 그곳에서 레이철은 거북들이 인공호흡을 통해 소생하는 장면을 목격했다. 물론 스케일은 달랐다. 바다거북은 새끼라도 디너 접시만큼 크다. 그러나 작은 늑대거북은 길이가 15센티미터도 안 된다. 하지만 과정은 동일하다. 레이철은 죽은 것 같았던 늑대거북 한 마리를 데려와서는 다리를 어떻게 펌프질해서 심장과 폐를 다시 작동하게 만들 수 있는지 보여주었다. 덫에 걸려 죽은 줄 알았던 거북은 그날 오후 완전히 회복해서 풀려났다.

그렇다고는 해도 그 늑대거북은 모네보다 훨씬 더 컸다. 우리 집 비단거북은 무게가 9.5그램밖에 안 나가는 정말 작은 거북이었다. 그러나 다른 선택지가 없었다. 나는 부엌 탁자에 수건을 깔고 그 위에 거북을 등을 대고 눕힌 다음 레이철이 보여주었던 것처럼 그의 작은 앞다리를 부드럽게 잡아당기고 밀고, 또 바깥쪽에서 안쪽으로 잡아당겼다. 그러면서 물이 입 밖으로 나오도록 주기적으로 몸통을 엄지와 검지 사이에 넣고 꼬리를 위로 머리를 아래로 돌렸다. 하지만 물은 나오지 않았다. 그의 심장이 다시 뛰길 바라며 이번에는 작은 주황색 배딱지를 눌렀다. 그러고는 다시 사지를 펌핑했다. 나는 재빨리 구글에서 '거북 심폐소생술'을 검색했다. 웹사이트에서는 거북을 원래 자세로 두어야 한다고 했다. 나는 그를 다시 뒤집어서 제자리에 두고 동작을 반복했다.

20분쯤 뒤에 모네의 목이 한 번 움직였다. 뒤집어졌을 때 몸을 똑바로 세우려고 하는 것처럼 목을 길게 뺐다. 어려서 우리 아버지는 죽은 친구의 시체가 관에서 일어나는 것을 본 적이 있다고 했다. 나중에야 그것이 희귀한 전기화학적 신경 반응이라는 것을 배웠다. 어쨌거나 나는 심폐소생술을 계속했다. 모네는 여전히 죽은 것 같았다. 그러나 너태샤와 알렉시아의 말이 귓가에서 맴돌았다. "거북 앞에서 포기란 없다."

남편은 내 괴로움을 알기에 그저 평상시처럼 보더콜리를 데리고 토요일 아침 산책을 하러 나갔다. 45분 뒤 돌아왔을 때 하워드는 시간이 거꾸로 흐른 줄 알았다고 했다. 죽었던 모네가 살아난 것이다. 거북은 눈을 떴고 네 다리가 모두 움직였고 고개를 위로 쳐들었다. 정신이 멍해 보였지만 걸을 수는 있었다.

클린턴, 알렉시아, 너태샤의 조언대로 따뜻한 물을 넣은 수조에 모네가 다른 이들을 볼 수 있게 투명한 플라스틱 병실 상자를 띄웠다. 상자 안은 물기가 없도록 종이 타월을 밑에 깔고, 종이 접시로 작은 이글루를 만들어 무섭거나 온열등을 피하고 싶을 때 숨을 수 있게 했다. 24시간 뒤에는 병실 상자에 물을 바닥에 깔릴 정도로만 넣었다. 48시간 후에 모네는 다른 거북과 다시 수영하기 시작했다. 2주 후에는 밥을 먹기 시작했다.

너태샤와 알렉시아가 옳았다. 거북 앞에서 포기란 없다. 거북 사전에 포기란 없으니까.

2월 말 즈음, 유럽에서 전쟁이 일어날지도 모른다는 긴장감에 휩싸일 무렵 맷과 나는 오랫동안 마음에 두었던 성지순례를 떠났다. 파이어치프가 살던 연못을 찾아 나선 것이다.

처음에는 어렵지 않을 거라고 생각했다. 파이어치프가 구조된 마을을 알고 있으니 소방서도 쉽게 찾을 수 있을 줄 알았다. 그러나 그곳은 3만 3000명이 사는 마을이었고 소방서도 다섯 군데나 되었다. 우리는 '구글어스'에서 각 소방서의 주소를 검색하며 알렉시아와 너태샤의 설명에 부합하는 곳을 찾아냈다. 위성사진에서 보았듯, 벽돌과 클랩보드로 지은 소방서 건물 밖에 여름 연못이 있었고, 도로를 가로질러 파이어치프가 60번의 겨울을 보낸 연못을 발견했다. 우리는 그곳에 휴일인 대통령의 날 아침에 도착했다. 컴퓨터 화면에서 미리 보았어도 여전히 놀라웠다.

최근 내린 비로 물이 불어나긴 했어도 하트 모양의 파이어 연못은 4000제곱미터가 채 되지 않는, 예상보다 훨씬 작은 곳이었다. 그렇게 큰 거북이 살려면 연못도 거대해야 한다고 생각했지만 그렇지 않았다. 이런 작은 연못도 그에게 물고기, 곤충, 사체, 식물성 먹이를 충분히 제공해 그때까지 그를 건강하게 자라게 해주었다.

위성사진은 여름에 찍힌 것이라 연못의 수면을 수련이 뒤덮고 있었지만 이제는 모두 사라지고 없었다. 연못 주위로 마른 붉나무, 사초, 미국노박덩굴, 미역취류의 줄기가 보였고 물가에는 부들이 있었다. 물 위에 노란색 찌가 있는 것으로 보아 사람들이 이곳에서 낚시를 하는 것 같았다. 우리는 알렉시아가 토르질라의 입에서 제거했던 낚싯바늘을 떠올렸다. 그러나 정말 기함한 것은 바로 옆에 있는 고속도로였다. 제한속도가 시속 64킬로미터인 데다가 황색 이중 실선이 연못가에서 고작 10미터 거리에 있었다. 뉴욕주립대학교에서 내놓은 음울한 통계가 떠올랐다. 통행량이 별로 많지 않은 도로에서도 거북은 **매년** 10~20퍼센트가 사망한다. 늑대거북을 대상으로 한 온타리오주 연구에서는 수치가 훨씬 더 높았다. 너무 많은 거북이 그곳에서 고속도로를 건너다가 죽었기 때문에, 연구자들은 그 지역에서 조만간 늑대거북이 완전히 사라질 것이라고 예측했다.

우리는 파이어치프의 여정을 상상하며 시멘트 연석에서 내려와 흰색 선이 그어진 좁은 갓길에 올라갔다. 그가 도로로 발을 내디뎠을 지점에 서자 발밑에서 달리는 자동차의 진동이 느껴졌다. 또 그가 차에 치인 몸을 이끌고 괴롭게 다시 올라갔을 연석을, 녹슨 금속 가드레일 밑을 지나 가파른 경사를 굴러떨어진 뒤 도착했을 여름 연못의 낮은 물가를 보았다. 그를 구조하기 위해 달려온 너태샤와 알렉시아가 카약을 대었을 장소도 찾았다.

휴일인데도 우리는 이 친구가 목숨을 걸고 수십 년간 매년 오갔을 목적지에 도달하는 데 꽤나 조심해야 했다. 도로에서도 파이어치프의 월동 연못이 보였지만, 아마도 10~20년 전에 세워졌을 높은 원목 울타리 때문에 그곳에 도착하려면 2미터를 더 걸어야 했다. 파이어치프가 태어나서 첫 20~30년 동안에는 숲이었던 곳이다. 연못 한쪽에 선착장과 노 젓는 배가 있었다.

월동 연못은 조금 더 큰 사다리꼴 모양이었으며 얕은 바닥에는 참나무 낙엽이 있었고, 가장자리에는 블랙베리와 가시가 많은 블랙베리 덩굴, 야생 장미가 엉켜 있었다. 그래도 여름 연못보다는 깊었기 때문에 겨울에는 깊은 물속까지 얼지 않았을 테고, 무기력한 상태로 취약하게 지내는 동면기에 수달 같은 포식자로부터 그를 잘 지켜주었을 것이다. "여기네요. 여기에서 지냈을 거예요." 맷이 경건하게 말했다.

우리는 열성적인 신도가 되어 파이어치프가 알에서 깨어난 장소까지 찾아다녔다. 마침내 발견한 그곳은 400미터도 채 안 되는 거리에 있었고 연못에서도 눈으로 보이는 곳이었다. 이웃하는 큰 도시에 물을 대는 저수지에서 시작하는 오르막길에, 이제는 철망으로 된 1.8미터 높이의 울타리 뒤로 늑대거북을 위한 완벽한 산란지가 있었다. 빛이 잘 드는 높은 모래땅이었다. 아마도 내가 태어난 해에 파이어치프의 어미는 저수지의 물에서 기어 나와 경사로를 올라 땅을 파고, 파이어치프와 그의 형제자매가 태어난 알을 낳았을 것이다.

우리는 이 친구가 갓 태어나 작은 거북이었을 때를 상상했다. 동전 한 개 무게도 안 되는 작은 거북이 우리가 토링턴 산란지에서 보았던 새끼 거북들처럼 완벽하게 둥근 알을 깨고 나와, 부드러운 알껍데기를 남긴 채 땅에서 솟아나지 않았겠는가. 우리는 홀로 길고 용감한 여행을 나선 뒤 인간의 눈에 띄지 않고 여름 연못까지 무사히 도착한 어린 파이어치프를 상상했다. 과거 공장촌이었던 이 마을은 시골 지역이라 1950년에 마을 인구는 1만 3000명이 채 안 되었고, 소방서는 아예 없었고, 길 건너 집들도 존재하지 않았다. 지금의 주간고속도로는 신호등이 있는 시골길이었다.

사람들이 알아볼 정도로 크게 자란 파이어치프도 떠올려보았다. 1970년, 마을 인구는 2만 6000명으로 늘었고, 소방서 근처에 새로운 학교가 세워졌다. 현재는 13개의 초등학교가 마을에서 학생들을 길러낸다. 어려서 파이어치프를 알았던 아이들이 이제 할머니, 할아버지가 되었다. 아마 현재 소방서에서 일하는 소방관들의 조부모일 것이다.

맷과 나는 마음속에서 그 시절로 돌아갔다. "파이어치프가 하나도 깨진 곳 없는 등딱지로 수영하는 모습을 보고 있어요. 다리가 모두 제대로 움직이고 있네요." 맷이 말했다. "그 모습을 보고 있는 우리가 기뻐하고 있어요."

"여태까지 이 길을 성공적으로 건넜다는 게 정말 용해요." 내가 말했다.

"그러니까요." 맷이 맞장구를 쳤다. "차 소리 좀 들어보세요. 끊이질 않아요. 게다가 주위를 둘러싼 집들 하며."

맷이 결심을 굳힌 듯 말했다. "앞으로는 이런 곳에서 살게 두지 않을 거예요."

숲에는 아직 군데군데 눈이 남아 있었다. 맷과 나는 에린과 하워드와 함께 지난 11월, 그리고 그 전해 10월에 그랬듯이 갓 파놓은 구덩이 앞에 서 있다. 그러나 굴착기로 판 이번 구덩이는 그 어느 때보다도 크다. 우리 집 부엌보다도 크다. 사람들이 잘 다니지 않는 비포장도로 근처에 밭과 숲으로 둘러싸여 있으며, 행콕의 우리 집에서 1.5킬로미터도 떨어지지 않은 곳이다. 참, 맷과 에린은 행콕에 새로운 집을 장만했다.

파낸 구덩이는 파이어치프의 연못이 될 것이다.

사초과 풀과 이끼가 가장자리에 뿌리를 내리고, 동네 연못에서 채집한 수련과 물옥잠이 자리를 잡고, 연못에 생물들이 넘쳐나게 되면 그때 알렉시아와 너태샤, 미카엘라, 진, 에밀리, 맷이 파이어치프를 대형 운반 상자에서 꺼내, 커다란 발톱을 바깥으로 뻗은 이 거북을 새로운 연못의 가장 얕은 부분으로 데려갈 것이다. 거북은 젖은 이끼와 감미로운 진흙 냄새로 목구멍을 채우고, 연인의 품에 안기듯 물속에 자신을 맡길 것이다.

코로나19로 인한 미국 내 사망자가 100만 명이 넘고 세상에 전쟁 뉴스가 가득한 어느 날, 우리는 예수의 열두 제자처럼 모여 내가 겨우내 집에 데리고 있던 새끼 거북들을 토링턴강에 풀어 줄 것이다. 알렉시아, 너태샤, 마이크 헨리, 맷과 에린, 에밀리와 진, 진의 10대 딸 애비와 사촌인 캠브리아(캠브리아의 가족이 호스필드거북 라이카와 술카타육지거북 맥신을 입양했다.), 내 담당 편집자 케이트와 그녀의 남편 프로이가 나와 내 남편 하워드와 함께해 줄 것이다. 나는 제일 먼저 마네가 내 손바닥에서 내려가 헤엄치게 할 것이다. 모네가 다음 차례다. 모네는 거북들 중에서 가장 작지만 다른 거북들 못지않게 튼튼하고 건강하며 초롱초롱하고 포식자들이 섣불리 집어삼키지 못할 만큼 크다.

맷은 쇠라를 보내줄 것이다. 쇠라는 거의 바로 벌레를 사냥하기 시작한다. 몸집이 가장 큰 보나르가 마지막이다. 보나르는 이제 컵 받침 크기만큼 크고 돌덩이만큼 무겁다. 그는 곧장 부드러운 진흙을 파고들어 간다. 그에게는 새로운 감각이다. 그러나 떠나기 전에 우리는 네 마리의 새끼 거북이 새로운 세계를 바쁘게 탐험하다가 잠시 멈추고 몸을 돌려 물속에서 목을 뻗어 우리를 지켜보는 모습을 마주할 것이다.

운명이 우리를 어여삐 여겨 친절을 베푼다면, 그리고 이들 중 암컷이 있다면, 나는 언젠가 그들과 또 마주치게 될 것이다. 비록 알아보지는 못하겠지만. 14년 뒤에 암컷 비단거북은 짝짓기하고 알을 낳을 만큼 성숙해질 것이다. 나는 몸이 받쳐주는 한 계속해서 이 산란지를 지키고 보호할 생각이다. 나는 마네와 모네와 쇠라와 보나르의 갓 부화한 새끼들을 강으로 데려다주게 될지도 모른다. 그리고 그들이 내 손바닥에서 내려와 연못으로 헤엄쳐 가는 모습을 보게 될지도 모른다.

이 비단거북들은 운이 좋으면 그 후로도 야생에서 40년을 더 살 것이다. 파이어치프 역시 또 다른 50년을 살 것이다. 그때가 되면 맷과 에린, 알렉시아와 너태샤는 나이가 많이 들었을 테고, 에밀리와 하워드와 나는 세상을 뜨고 없을 것이다.

물론 다른 관점에서 보면 이야기가 달라진다. 아인슈타인은 자신의 좋은 친구였던 이탈리아계 스위스 공학자 미셸 베소가 죽었을 때, 슬퍼하는 그의 아내에게 보낸 편지에 다음과 같이 썼다. "비록 그는 이 이상한 세상을 저보다 조금 먼저 떠났지만 그건 아무 의미가 없습니다. 물리학을 믿는 우리에게 과거와 현재와 미래 사이의 구분은 사실 집요하고 고집스러운 착각에 불과하니까요." 아인슈타인에게 그의 친구는 여전히 이곳에 있었다. 천문학자 미셸 살러가 설명했듯이 우리가 우주를 모든 시간이 우리 앞에 한꺼번에 펼쳐진 하나의 풍경으로 이해한다면, 그때의 "그는 지금 다른 언덕에 있을 것이다. 그 언덕은 지금 우리가 있는 곳에서 보이지 않을 뿐, 존재하고 있다. [……] 그는 우리와 한 풍경 안에 있고 과거에 그랬듯이 똑같이 존재한다."

보통 사람이 쉽게 상상할 수 없는 내용이며, 나 역시 완전히 이해했다고 할 수는 없다. 그러나 적어도 나는 지금 이 사랑스러운 초록색 지구에서의 삶을 사랑한다. 우리 앞에 무엇이 놓여 있든, 내 소중한 삶의 일부를 이 거북이 제명대로 살도록 돕는 데쓸 수 있어 기쁘다. 내가 어떤 모습으로 살아 있든 혹은 죽었든, 진의 아이들과 그 아이들의 아이들이 모네, 마네, 쇠라, 보나르와그들의 자손의 둥지를 보호하는 모습을 떠올리면 기분이 좋다. 그리고 어쩌면 파이어치프와 그의 자손들까지 언젠가 내 이웃의손주, 증손주와 친구가 될지도 모를 일이다.

나는 젊어서 세상을 언제나 더 높은 곳으로 이어지는 사다리와계단과 산의 연속으로 보았다. 어린 나는 서둘러 정상에 오르는것만이 내가 할 일이라고 생각했다. 시간은 어디론가 **가고** 있고, 다른 모든 이들처럼 나 역시 '앞서 나가지' 않더라도 계속해서 '위로' 가고 싶었다.

시간의 문제는 그것이 너무 빠르게 간다는 것이다. 루이스 캐럴의 『이상한 나라의 앨리스』에서 붉은 여왕이 앨리스에게 하는 말이 이를 잘 보여준다. "너도 이제 알겠지. 그 자리에라도 있으려면 전력을 다해 달려야 한다는 걸. 다른 곳에 가고 싶다면 그보다 적어도 두 배는 더 빨리 달려야 해!" 시간은 이 책의 첫 페이지에서 흰토끼가 자신의 회중시계를 보고 "늦었다, 늦었어!"라고 외치며 다투는 문제이기도 하다.

　　나이가 들수록 시간은 더더욱 빨리 간다. 장거리 수영선수인 72세의 다이애나 나이애드는 노년의 지혜로운 삶에 대해 이야기하는 한 팟캐스트에서 나와 내 친구 엘리자베스 토머스의 생각과 똑같은 말을 했다. 그녀 역시 시간은 "나이가 들수록 더 속도가 빨라진다. 매월, 매일, 매시간, 기하급수적으로 속도를 올린다."라고 말했다.

시간은 너무 빨리, 그리고 궁극적으로는 치명적으로 흘러가므로 그것의 흐름을 화살의 비행과 견주는 것이 놀랍지는 않다. 시간의 화살이라는 개념은 1927년 물리학자 아서 에딩턴이 제시한 것이다. 에딩턴은 시간이 오직 한 방향으로만 간다고 했다. 또한 UCLA에서 우주물리학을 가르치는 토머스 키칭이 온라인 뉴스 웹사이트 '컨버세이션The Conversation'에 쓴 것처럼, "공간 차원에서는 앞으로도 뒤로도 이동할 수 있다. [……] 그러나 시간은 다르다. 시간에는 방향이 있지만 항상 앞으로만 나아가지 절대 뒤로 갈 수는 없다."

　　키칭은 그 증거로 밤하늘의 어둠을 언급했다. 내게는 그것이 충격적이었는데, 어둠이란 시간을 초월한 것처럼 보이기 때문이다. 그는 "우주를 보는 당신은 과거에 일어난 사건을 보는 것이다."라고 썼다. 빛이 우리 눈에 도달하는 데는 시간이 걸리기 때문이다. 만약 우주에 시작과 끝이 없다면, 밤하늘은 온통 빛으로 채워질 것이다. '늘 존재했던 코스모스'의 무수히 많은 별들이 저마다 밤하늘을 밝힐 테니까.

키칭은 "왜 시간의 차원은 되돌릴 수 없는 걸까?"라고 묻는다. 우리는 이 질문의 답을 모르고 그 역시 "이 문제는 물리학에서 해결되지 않은 큰 난제의 하나"라고 인정한다.

물리학자들은 시간이 지나면서 우주에서 엔트로피, 즉 무질서가 증가한다는 사실에 대체로 동의한다. 그러나 동시에 많은 이들이, 시간이 다른 방향으로 흐르는 평행 우주를 가정한다. 그리고 우리가 살고 있는 우주와 시대 안에서도 시간을 이해하고 경험하는 다양한 방식이 있다.

서구에서는 과거를 '뒤'로, 미래를 '앞'으로 여긴다. 우리는 다음 주에 있을 친구와의 만남을 '기대한다'는 말을 '앞쪽을 본다look forward'라고 표현하고, 과거를 '돌아본다'는 말은 '뒤쪽을 본다look back'라고 쓴다. 한편 모레를 뜻하는 한자어인 후천后天은 '내일의 뒤'라는 뜻이다. 중국어에서는 과거를 '앞'으로, 미래를 '뒤'로 둔다. 힌디어에서는 '어제'와 '오늘'이 칼kal이라는 동일한 명사로 표현된다.(문장에서 동사의 시제가 그 의미를 결정한다.)

아인슈타인의 시간에는 화살이 없다. 물리학자 폴 데이비스는 아인슈타인의 시간은 "과거와 미래의 경계를 보지 못한다. 그의 시간은 흐르지 않는다."라고 썼다. 그러나 아인슈타인도 분명 시간과 창조를 연결 짓는다.

시간이 어디로 향하든, 이 세계에서 사람들은 역사적으로 시간이 시작된 순간을 설명하려고 애를 써왔다. 그리고 놀라울 정도로 많은 문화권에서 그 시작에 거북이 등장한다.

힌두교와 불교 신화에서 거북 아쿠파라는 세상을 등에 업고 지구와 바다를 떠받치는 존재다. 알래스카의 애드미럴티섬에서 폴리네시아까지, 많은 섬사람들은 세계거북World Turtle이 낳은 알에서 최초의 인간이 태어났다고 믿는다. 북아메리카의 호디노쇼니, 레나페, 아베나키 부족의 창조 이야기는 '위대한 영혼'이 지구를 거대한 거북의 등 위에 올려놓음으로써 나라들을 창조했다고 전한다. 지금까지도 많은 사람이 북아메리카를 거북의 섬이라고 부르고, 실제로도 세계에서 가장 많은 거북 종을 자랑하는 대륙이다. 중국에서는 세계거북을 오鼇라고 부른다. 창조의 여신이 오의 다리를 사용하여 하늘을 떠받친다.

이런 이야기들 속에서 거북이 없다면 하늘이 바로 무너져 내린다. 거북의 지혜는 종말이 다가오는 듯한 역사적 순간에도 우리가 다시 창조의 순간과 연결될 방법이 있음을 알려준다. 그리고 세계거북 대신, 이제 우리가 지구를 떠받칠 차례임을 받아들이게 한다. 만약 우리가 주어진 시간을 현명하게 다 사용하고 나면, 마침내 준비가 되었을 때 이 즐겁고도 두렵고도 영광스럽고도 필연적인 짐을 다음 세대에, 그다음 세대에, 또 그다음 세대에 물려줄 수 있을 것이다. 이는 거대한 재생의 순환 속에서 이루어지는 일이다.

60대 중반에 들어서면서 비로소 나는 거북을 통해 시간이란 선을 따라 움직이지 않는다는 것을 이해하기 시작했다. 아마도 시간은 화살이 아닐 것이다. 표적을 향해 날아가는 치명적인 무기가 아닐 것이다. 어쩌면 시간은 화살이 아닌 알일지도 모른다. 시간을 거북의 알로 만들자. 매 끝이 새로운 시작으로 이어지는 약속을 지켜나가며.

저녁 8시가 넘었지만 밖은 아직 밝았다. 땀 찬 살갗에 모기가 들러붙는 날씨에 숲지빠귀의 휘몰아치는 멜로디가 시원한 산들바람을 일으키는 듯했다. 진과 에밀리가 토링턴 산란지의 첫 경사로의 왼쪽과 오른쪽을 가리키며 맷과 나에게 신호를 보냈다. '잘 봐요! 조심해서!' 그들의 팔이 전한 말이다. 거북들이 둥지를 지으러 나왔다.

　첫 경사로에서 북미숲남생이 두 마리가 산란을 마치고 강으로 향했다. 어스름한 빛 속에서 우리는 에밀리와 진이 '블랜딩스거북의 평원'이라고 부르는 구역에 활동 중인 거북이 있는지 확인했다. 맷과 비단거북 한 마리를 발견했는데, 껍데기에 흙이 묻지 않고 깨끗했다. 둥지 자리를 물색 중이지만 아직 파지는 않은 모양이다.

　밤 9시 4분, 황혼이 시작되었다. 숲지빠귀의 노래가 끝나고 이제 주위에서 곤충 소리가 숨결처럼 가깝게 고동쳤고 공기 중에는 야생 장미와 고사리 냄새가 진동했다. 땅거미 속에서 맷과 나는 모두를 잃어버렸다. 진도 에밀리도 거북도 보이지 않았다. 진에게 전화를 걸었더니 커다란 블랜딩스거북 한 마리를 뒤쫓아 어느 집 뒷마당 경계까지 갔다고 했다.

　진을 찾았을 때, 그 어미 거북은 고작 6미터 떨어져 있었다.

하지만 달도 뜨지 않은 야밤에 풀과 바위 사이에서 보이는 것은 둥글게 솟은 돔의 희미한 그림자뿐이었다. 이 거북의 등딱지는 주변의 모든 것과 닮아 있어서 잠깐 한눈을 파는 새에 놓칠 수 있다고 진이 말했다.

그러나 그 밤은 시야를 어둡게만 하지는 않았다. 어둠은 껍데기를 뒤집어쓴 이 무거운 파충류를 변신시켰다. 어쩌면 덕분에 거북이 진짜 모습을 드러내는지도 모른다. 우리는 거북이 움직이고 행동할 때만 볼 수 있었다. 암흑 속에서 미끄러지듯 전진하는 이 큰 거북은 어딘지 모르게 우아했고, 눈에 보이지 않고 무게도 없는 혼령처럼 보였다.

거북과 함께라면 우리는 변함없이 경이에 휩싸인다. "갓 태어난 저 새끼 거북들이 어떻게 해서 강까지 갈 수 있는 걸까요?" 진이 물었다.

"뜨거운 태양 아래에서 포식자들을 뚫고 말이죠." 맷이 말을 이었다.

"인간들의 거주지를 지나서요." 내가 덧붙였다.

우리는 집중력을 최대로 끌어올려 결국 산딸기 덤불 속에서 어미의 움직임을 감지해 냈다. 거북은 진의 집 쪽으로 지그재그로 걸어가더니 사라졌다.

"소리가 들려요." 맷이 말했다. "구멍을 파고 있어요! 마음에 드는 자리를 찾았나 봐요!"

우리는 어미 거북에게서 2미터 떨어진 곳까지 갔다. 그리고 거북의 발이 마른 잎을 긁는 소리를 들으려고 귀를 쫑긋 세웠다.

밤하늘에서는 별빛이 빛나고 모기는 사라졌다. 나는 열심히 땅을 파는 이 거북과 밤을 함께할 수 있어서 좋았다.

하지만 그녀에게는 다른 계획이 있었다.

어미 거북은 네 걸음을 걸어갔다. 마른 풀이 그녀가 고작 몇 센티미터 앞에 있다고 속삭였다. 등딱지의 돔을 제외하면 반짝이며 경계심 깊은 짙고 길게 뻗은 눈이 꼭 뱀처럼 보인다. 거북은 완만한 비탈길을 타고 내려간다. 파이어치프가 그랬듯이 단서를 찾기 위해 입을 크게 벌리고 밤공기에 묻는다. 그러더니 그 대답에 자극을 받았는지 머리를 오른쪽으로, 다시 왼쪽으로 틀고 앞으로 나아간다. 고작 15센티미터 앞이다. 어미 거북은 나를 지나치고, 그런 다음 차가운 검은색과 노란색 배딱지가 맷의 발등을 스쳐 지나갔다.

결연한 의지로 집중한 어미 거북은 맷을 지나쳐 왼쪽으로 방향을 틀고 앞쪽으로 몇 걸음 걸은 다음 다시 돌아섰다. 그러더니 어느 집 주인이 자기 땅의 경계에 심어둔 어린 침엽수로 향했다.

맷은 침엽수 아래에 배를 대고 엎드려 있었다. "어미가 여기 있어요." 맷이 부드럽게 숨을 쉬며 말했다. "방금 제 얼굴을 지나갔어요."

이제 어미 거북은 목적지를 향해 나아간다. 의도적으로 울타리 경계를 탐색한다. "자기가 왔던 곳으로 돌아가는 것 같아요." 진이 말했다. "오늘 밤에는 둥지를 짓지 않을 거예요."

우리는 아쉬운 마음으로 자정을 한 시간 앞두고 둥지터를 떠났다. 그러나 이 마법 같은 밤에 실망은 없다. 별은 우리 위에서 깨어나고 있었다. 땅은 붉은빛, 초록빛, 금빛의 운모로 반짝거렸다. 우리는 식물이 숨 쉬는 것을 느낄 수 있었다.

귀뚜라미와 회색청개구리의 리듬감 있는 노래가 내게는 작은 시계 소리처럼 들렸다. 그러나 시곗바늘이 째깍거리며 시간을 흘려보내고 있다면, 그들은 시간을 **축적한다**. 한 철 한 철, 그들은 미스터리와 지혜와 경이로움을 쌓아가고 있다. 귀뚤귀뚤 소리와 개굴거리는 소리는 거북의 시간을 지키고, 세상을 살아 있게 하는 서약을 새롭게 갱신하며, 우리에게 영원이라는 선물을 선사한다.

감사의 말

나는 감사의 말에 언급된 모든 이들과 더불어 특히 맷 패터슨과 에린 패터슨, 거북구조연맹의 알렉시아 벨, 너태샤 노윅, 미카엘라 콘더, 마이크 헨리, 그리고 토링턴의 터틀레이디 식구들(거북 산란지를 보호하기 위해 그들의 이름은 익명으로 남긴다.), 거북생존연합의 크리스 헤이건과 클린턴 도크에게 크나큰 빚을 졌다. 그들이 없었다면 이 책은 존재하지 않았을뿐더러 지금 살아 있는 수천 마리 거북은 물론, 아직 태어나지 않은 자손도 세상에 없었을 것이다.

책에서 언급하지 못한 다른 많은 분들께도 가슴에서 우러나오는 감사를 전한다. 뉴잉글랜드 동물원의 야외 보전 소장 브라이언 윈드밀러 박사는 뉴잉글랜드를 위한 거북 보전 프로그램에 빛을 비춰준 분이다. 그의 전문지식이 이 책을 쓰는 데 결정적인 자료가 되었다. 또 그의 동료인 야외생물학자 줄리 리스크, 연구원 카라 매컬로이, 거북 야외 테크니션 라이언 로신 역시 어떻게 거북의 성격이 장수, 활동 영역, 이동에 영향을 미치는지에 대해 진행 중인 연구의 일환으로 상자거북을 추적하는 영광스러운 하루를 우리와 공유해 주었다.

맷과 나는 우리가 사랑한 거북들을 돌봐준 수의사들에게 깊이 감사한다. 말보로 수의학과 병원의 로버트 더세나 박사,

MSPCA 앤젤웨스트의 패트릭 설리번 박사, 고맙습니다. 뉴잉글랜드 아쿠아리움의 찰리 이니스 박사와 터프츠 야생동물병원의 명예 소장 마크 포크라스 박사는 몇 마디 말로 설명할 수 없을 정도로 이 책을 쓰는 데 큰 역할을 해주셨다.

친구이자 거북 애호가인 셀린다 치쿠오인, E. 파인, 조엘 글릭, 엘리자베스 마셜 토머스, J. 우르다, 벳시 스몰, 그레첸 보걸이 이 책을 쓰는 동안 보여준 우정과 격려, 그리고 원고를 읽고 의견을 나누어준 것에 고마움을 전한다.

세상에 내 오랜 친구이자 공동작업자인 케이트 오설리번보다 더 좋은 편집자는 없을 것이다. 케이트의 섬세하고 솔직한 의견과 제안 덕분에 책의 완성도가 높아졌으며, 그녀의 친절함과 호기심 덕분에 내가 훨씬 더 나은 사람이 되었다. 지금은 은퇴한 내 대리인이자 소중한 친구 세라 제인 프레이먼, 당신의 도움으로 맷과 내가 이 책을 시작할 수 있었습니다. 현재 대리인을 맡고 있는 뛰어나고 소중한 몰리 프리드리히와 헤더 카가 이 책의 완성까지 함께했다. 원고를 가볍게 손질하고 유용한 제안을 해준 세심한 편집자 앨리슨 커 밀러에게도 고맙다는 말을 하고 싶다.

덧붙여 나는 훌륭한 조언을 아끼지 않고 벗이 되어준 환경운동가 제니퍼 프티, 참고문헌을 선별해 준 사서 몰리 베네비데스에게도 감사한다. 어맨다 부키에레 씨, 도넛 잘 먹었어요. 뉴햄프셔에서 사우스브리지까지 가는 수백 번의 긴 거북 여정에 늘 훌륭한 에너지원이 되었어요.

내가 직접 만난 적은 없지만 감사를 전하고 싶은 사람이 있다. 알렉시아와 너태샤의 멘토였던 캐시 미셸이다. 파이어치프를 방류하던 날, 맷과 나는 긴 세월 암과의 투쟁 끝에 그녀가 세상을 떠났다는 슬픈 소식을 들었다. 그러나 그녀가 남긴 훌륭한 작품들이 지금 세상에 남아 있다.

마지막으로, 나의 남편 하워드 맨스필드. 그는 이 책에 가끔씩 등장할 뿐이지만 동물에 대한 내 열정을 견뎌주는 것 이상의 공로를 인정받아야 한다. 하워드는 내가 아는 최고의 작가이자 통찰력이 뛰어난 사상가이다. 그는 이 원고를 매의 눈으로 읽어주었다. 그리고 내가 글을 쓰는 일을 하는 내내 인간적으로 가장 큰 영감을 주었다. 나는 그를 영원히 사랑하겠다.

옮긴이의 말

사이 몽고메리의 신간이라는 말에 원고도 보지 않고 덥석 계약했다. 자연과 동물에 대한 깊은 애정을 바탕으로 집필한 책이 수십 권, 국내에 번역된 책만 해도 『유인원과의 산책』, 『문어의 영혼』, 『아마존 분홍돌고래를 만나다』 등 여덟 권이나 되는 최고의 논픽션 자연 작가가 아니던가. 게다가 그간의 경험으로 나는 야생의 현장을 발로 뛰며 글을 쓰는 여성 과학 저널리스트들을 편애하게 되었다. 사이 몽고메리의 책을 마다할 이유가 없었다.

　몽고메리는 야생의 멸종위기종뿐 아니라 돼지나 닭과 같은 가축화된 동물까지 직접 돌보며 글을 쓰는 독특한 경력의 작가로 잘 알려져 있다. 지금까지 그와의 만남을 통해 매력적인 산문의 주인공으로 거듭난 동물이 문어, 돌고래, 벌새, 매, 호랑이, 유인원, 곰 등 셀 수 없이 많다. 그런데 이번에는 거북이란다. 코로나19보다 무서운 풍토병이 들끓는 각 대륙의 오지를 거침없이 누비던 전문 탐험가가 자신이 사는 매사추세츠주 교외의 어느 주택가 지하실에 자리 잡은 거북병원의 초보 인턴이 되어 동네 거북 구조 활동에 나섰다. 아니 이거 너무 평범한 거 아닌가?

　이랬던 내 첫인상이 감탄으로 바뀌었다. (저자의 뛰어난 작가적 역량은 둘째치고) 와, 이 나라에서는 거북 하나로 책 한 권이 나오는구나.

그도 그럴 것이 미국에서 거북은 그리 희귀한 야생동물이 아니다. 한국에서 육지에 자생하는 토종거북은 남생이와 자라가 유일하고 그 수도 많지 않아 나는 우리나라에서 누가 운전 중에 거북을 쳤다는 얘기는 들어보지 못했다. 하지만 미국에 서식하는 거북은 바다거북을 제외한 담수거북과 육지거북만 총 57종 정도로, 전 세계에 분포하는 거북 종의 약 18퍼센트에 해당한다. 특히 미국 동남부는 동남아시아에 이어 전 세계에서 두 번째로 다양한 거북이 분포한다. 이 책에서도 저자는 어린 시절 10센트숍에서 흔하게 파는 대표적인 애완동물이 거북이었고 살면서 거북 한 번 안 키워본 사람이 없었다고 했다.(이 대목에서 나는 어릴 적 학교 앞에서 팔던 병아리가 생각났다.) 따라서 지금은 많은 자생종의 개체 수가 줄어 멸종위기종으로 보호받고 있으나, 특히 미국 동부 지역에서 거북은 오래 전부터 사람들과 가까이 살아온 아주 친숙한 파충류로, 이솝 우화나 별주부전에 등장하는 이야기 속 거북과 자라로만 익숙한 우리나라에서와는 정서적 지위가 크게 다르다.

이 책의 주요 무대인 미국 동북부 지역에서 자생하는 거북은 거의 호수나 못, 습지에 사는 담수거북이다. 책에 등장하는 거북구조연맹과 터틀레이디에서 다루는 늑대거북, 북미숲남생이, 점박이거북, 비단거북 등은 토종거북들이다. 이들은 아시아 지역에서 거북의 씨가 마르자 밀수 집단의 타깃이 되어 큰 위험에 처했지만, 사실 그전부터 이미 거북들의 타고난 습성이 인간 세상과 충돌하면서 안타까운 피해자가 되었다. 이 거북들은 사시사

철 한자리에 머물지 않고 철마다 거주지를 옮기거나 수거북이라 면 짝을, 암거북이라면 산란지를 찾아 1년에 한 차례씩 멀리 이동 한다. 그런데 그저 본능이 이끄는 대로 움직이다 보니 서식지를 가로지르는 도로를 건너다가 사고를 당하는 일이 비일비재하다. 그 수가 너무 많아 정식 치료기관에서 회생의 기회조차 얻지 못 하고 많은 거북이 목숨을 잃었다. 이런 현실에서 발 벗고 나선 이 들이 이 책의 주인공 알렉시아와 너태샤다.

이들은 거북병원을 운영하지만 전문 의료인은 아니기에 치 료에 한계가 있다. 그러나 이들 거북인은 거북처럼 포기를 모르 기에 전문기관에서 손을 놔버린 거북에게도 끈질긴 생명력으로 기적을 일으킬 최소한의 여건을 마련해 주고자 전력을 다한다.

이들은 왜 거북을 선택했을까? 책에서는 거북이 오래도록 장수하는 존귀한 존재임에도 가장 핍박받기 때문이라고 말한다. 다시 말해 인간의 세상에서 거북은 만만한 존재다. 어릴 적 저자 가 키우던 거북이 죽을 때마다 부모는 딸이 그 사실을 모르게 하 려고 다른 거북을 사다가 집어넣었다. 그렇게 흔하고 쉽게 대체 되는 동물이 거북이다. 알렉시아와 너태샤 역시 그런 만만한 인 간으로, 괴롭힐 수 있다는 이유로 괴롭힘을 당해온 소수자로서 세상을 살아왔다. 그래서 두 사람은 거북을 돕는다. 약한 이들의 아픔과 고통을 잘 알기에 거북을 자신들과 동일시하며 돌봄의 손길을 내밀고, 이들과 깊이 교감하고 있다고 믿는다.

저자인 사이 몽고메리를 비롯한 이 책의 등장인물들이 강하 게 드러내는 이런 의인관擬人觀이 어떤 면에서 내게는 가장 이질적

　　　　　　　　　　　　거북의 시간

인 요소였다. 의인관은 인간이 아닌 동물에 인간적 특성을 부여하는 것을 말하는데, 주로 과학책을 작업하는 내가 지금까지 우리말로 옮겨온 많은 책의 저자와 학자가 이런 식으로 동물에게 인간의 감정을 투영하는 행위를 병적으로 금기시했다. 그것이 여의치 않을 때는 독자의 양해를 구했다. 비非인간동물의 행동과 삶을 인간화하면 그들의 삶과 방식을 인간의 잣대에서 해석할 위험성이 있기 때문이다.

그러나 이 책은 달랐다. 저자는 처음부터 노익장 거북 파이어치프를 노년의 자신과 적극적으로 겹쳐보며 거북의 감정을 짐작하고 해석한다. 다른 이들도 치료 과정에서 아픈 거북이 자신들의 선의를 이해할 거라고 믿었다. 이름도 그 한 예다. 거북구조연맹에서는 입원한 거북 환자가 72시간을 버텨내면 이름을 지어준다. 그것이 너태샤와 알렉시아에게 앞으로 있을 힘겨운 치료에 몰입할 힘을 주기 때문이다. 흥미롭게도 이들과는 반대의 태도를 보이는 사람 역시 이 책에 등장한다. 거북생존연합의 크리스 헤이건이다. 그는 자신이 돌보는 500마리 거북의 생애를 일일이 꿰고 있을 정도로 거북에게 애정을 쏟으면서도, 반려 거북이 아닌 거북에게 이름을 붙이는 것은 무례한 행위라고 여긴다. 거북과의 관계를 묻는 질문에 그는 거북에게 인간은 먹이 주는 사람일 뿐이라고 일축했다.

거북구조연맹 식구들이 거북과 나누는 정서적 교류는 정도에서 벗어나지 않는다. 오히려 "세상에 스스로 존재하는 것"이라는 뜻에서의 자연을 존중하여 이들은 거북의 삶에 깊이 개입하면서도 교란을 최소화한다. 붉은귀거북처럼 자생종에 영향을 미치는 침입종은 방류하지 않고, 구조한 거북이나 채취한 거북알은 원래 있던 장소에 풀어주며, 산란 중인 거북을 방해하지 않고, 죽은 암거북의 몸에서 알을 꺼낼 때도 되도록 몸을 훼손하지 않는다. 이렇듯 거북의 삶이 인간에 의해 교란되지 않게 하고 인간에게 입은 피해를 복구하고 되돌려주려는 마음은 학자들이 금기하는 방식의 의인화가 아닌, 인간과 이 땅을 나누어 쓰는 비인간동물을 향한 진정한 존중과 배려라는 것이 나의 결론이다.

이렇듯 이 책에 나오는 사람들은 다치고 갈 곳을 잃은 거북을 돌봐왔지만 그 관계가 일방적이지 않았다. 알렉시아와 헤이건은 거북이 우리를 위해 아무것도 할 필요가 없다고 부르짖었지만 거북은 모두에게 위로와 기쁨과 용기를 주었다. 알렉시아와 너태샤는 거북을 치유하고 거북과 교감하며, 미카엘라는 막막한 시간을 헤쳐나갈 목표를 얻으며, 맷과 사이는 파이어치프의 재활과 복귀를 함께하며, 크리스는 맥주를 마시며 거북 수조를 청소하는 시간을 통해서 그 선물을 받았으니 이것이 사이 몽고메리가 우리에게 보여주려고 했던 진정한 자연과의 교감이자 교류일지도 모르겠다.

사이 몽고메리는 이 책의 화자로서 거북구조연맹의 어리숙한 인턴을 자처하여 다른 등장인물들을 돋보이게 하는 역할을 완벽하게 해냈다. 또 베스트셀러 작가로서 그동안 작업했던 책에서처럼 인간과 동물의 세계를 연결하는 데 다시 한번 성공했다. 이 책은 전작들의 이국적인 배경과 달리 평범한 변두리 주거지에서 언제든 마음만 먹으면 갈 수 있는 곳에 감춰진 경이로움을 보여주었다. 또 거북구조연맹에 다친 거북을 데려오고, 신고하고, 거북이 길을 건너도록 돕는 우리 주변의 선한 보통의 사람들을 소개하며 인간 종에 대한 작은 희망을 심어놓았다. 나는 이렇게 착한데 재밌는 책은 못 본 것 같다.

이 책은 겉으로 보기에는 시간에 따라 진행되고 있지만 한 번만 읽어서는 놓치기 쉬운 치밀한 구성이 숨어 있다. 처음에는 긴박하고 쫀쫀하게 진행되는 사건들과 전체적인 서사, 매력적인 거북과 거북인들에 빠져들어 정신없이 책을 읽게 된다. (특히 반전 요소로도 볼 수 있는 너태샤와 알렉시아의 이야기를 독자가 최대한 선입견 없이 받아들이고 치유의 여정 속에 녹아들도록 배치한 것에 개인적으로 크게 감탄했다.) 그러나 두 번째 읽을 때는 숨 가쁘게 돌아가는 거북구조연맹, 터틀레이디, 거북생존연합의 에피소드들로 쌓인 (즐거운) 긴장을 풀어주는 몽고메리의 목소리가 차분하게 들려온다. 젊은 시절 누구보다 치열한 삶을 살았고 60세가 넘으며 비로소 거북을 스승 삼아 인생의 지혜를 추구하게 되었다는 저자의 통찰이 나이 듦에서 시작해 시간에 관한 과학과 신화, 우주론으로 이어지며, 매 장 구석구석에서 읽는 이로 하여금 자연스럽게 삶을 사색하게 한다. 이 책의 원제가 "다큐 2년, 거북구조연맹의 사람들"이 아닌 "시간과 거북Of Time and Turtles"인 이유가 그래서이지 않을까? 제삼자의 자리에서 거리를 두고 보았던 주인공들의 삶을 우리 자신과 이어주는 것은 사이 몽고메리의 지혜로운 해석과 깨달음, 학자연하지 않는 따뜻하면서도 진정성 있는 문장

들이다.

　개인적으로는 이 책을 번아웃이 왔던 시기에 작업했다. 이 글을 우리말로 옮기며 나는 거북과 거북인의 하루를 목격했고, 분주한 고속도로 아래에 펼쳐진 자연의 냄새를 맡았으며, 저자가 전해주는 느림과 자연 속 순환의 이야기를 들었다. 몽고메리의 문장 속에 기분 좋게 어우러진 세 가지 감각을 즐기면서 지쳐 있던 삶도 조금은 회복되었다. 이 책은 코로나19 팬데믹 시기에 쓰였지만, 어쩌면 지금 우리는 그때보다 더 불안한 시간을 보내고 있다. 포기를 모르는 정신으로 거북과 세상을 치유하는 사람들 속에서 독자들의 삶도 조금이나마 치유되길 간절히 염원한다.

2025년 3월

조은영

거북을 도와주세요

본문에서 언급한 이 단체들은 거북에 대한 정보를 제공하고 또 여러분의 도움이 필요합니다. 연락처는 다음과 같습니다.

거북구조연맹Turtle Rescue League

    https://turtlerescueleague.org

거북생존연합Turtle Survival Alliance

    https://turtlesurvival.org

매사추세츠 오듀본 웰플리트 야생동물 보호구역Mass Audubon Wellfleet Bay Wildlife Sanctuary

    https://www.massaudubon.org/get-outdoors/wildlife-sanctuaries/
wellfleet-bay/about/our-conservation-work

뉴잉글랜드 아쿠아리움 산하 바다거북병원New England Aquarium's Sea Turtle Hospital

    https://www.neaq.org/about-us/ mission-vision/ saving-sea- turtles/

뉴잉글랜드 동물원 주관 거북 보전 헤드스타팅 프로그램Zoo New England's Hatchling and Turtle Conservation Through Headstarting

    https://www.zoonewengland.org/protect/here-in-new-england/
turtle-conservation/hatch

펫파트너스Pet Partners of the Tri State Berkshires (페이스 리바르디의 거북 재활원)

    https://www.petpartnersberkshires.org

가까운 거북 재활치료기관 검색

    https://www.humanesociety.org/resources/how-find-wildlife-
rehabilitator

참고문헌

책

Austad, Steven N. *Methuselah's Zoo: What Nature Can Teach Us About Living Longer, Healthier Lives.* Cambridge, MA: MIT Press, 2022.

Baird, Julia. *Phosphorescence: Things That Sustain You When the World Goes Dark.* New York: Random House, 2021.

Behler, John L. *National Audubon Society Field Guide to North American Reptiles and Amphibians.* New York: Knopf, 2020.

Bonin, Franck, Bernard Devaux, and Alain Dupré. *Turtles of the World.* Baltimore: Johns Hopkins University Press, 2006.

Carroll, David M. *Following the Water: A Hydromancer's Notebook.* Boston: Houghton Mifflin, 2009.

———. *Self-Portrait with Turtles: A Memoir.* Boston: Houghton Mifflin, 2004.

———. *Swampwalker's Journal: A Wetlands Year.* Boston: Houghton Mifflin, 1999.

———. *Trout Reflections: A Natural History of the Trout and Its World.* New York: St. Martin's, 1993.

———. *The Year of the Turtle: A Natural History.* Charlotte, VT: Camden House, 1991.

Crosby, Alfred W. *The Measure of Reality.* Cambridge: Cambridge University Press, 1997.

Davies, Paul. *About Time.* New York: Simon and Schuster, 1995.

De Waal, Frans. *Different: Gender Through the Eyes of a Primatologist.* New York: Norton, 2022.

Doody, Sean J., Vladimir Dinets, and Gordon N. Burghardt. *The Secret Social Lives of Reptiles.* Baltimore: Johns Hopkins University Press, 2021.

Ernst, Carl H., and Roger W. Barbour, eds. *Turtles of the World.* Washington, DC: Smithsonian Institution Press, 1989.

Fraser, J. T., ed. *The Voices of Time: A Cooperative Survey of Man's Views of Time as Expressed by the Sciences and by the Humanities.* Amherst: University of Massachusetts Press, 1981.

Grant, Jaime M., Lisa Mottet, Justin Tanis, Jack Harrison, Jody L. Herman, and Jessica Keisley. *Injustice at Every Turn: A Report of the National Transgender Discrimination Survey.* Washington, DC: National Gay and Lesbian Task Force and National Center for Transgender Equality, 2011.

Haupt, Lyanda Lynn. *Rooted: Life at the Crossroads of Science, Nature, and Spirit.* New York: Little, Brown Spark, 2021.

Higgins, Jackie. *Sentient: How Animals Illustrate the Wonder of Our Human Senses.* New York: Atria, 2021.

Hoffman, Eva. *Time.* New York: Picador Press, 2009.

Laufer, Peter. *Dreaming in Turtle: A Journey Through the Passion, Profit, and Peril of Our Most Coveted Prehistoric Creatures.* NewYork: St. Martin's, 2018.

Mansfield, Howard. *Turn and Jump: How Time and Place Fell Apart.* Peterborough, NH: Bauhan Publishing, 2010.

Money, Nicholas P. *Nature Fast and Nature Slow: How Life Works, from Fractions of Seconds to Billions of Years.* London: Reaktion Books, 2021.

Morgan, Ann Haven. *Field Book of Ponds and Streams.* New York: Putnam, 1930.

O'Connell, Caitlin. *Wild Rituals: Ten Lessons Animals Can Teach Us About Connection, Community, and Ourselves.* New York: Chronicle Books, 2021.

Rou, Yun. *Turtle Planet: Compassion, Conservation, and the Fate of the Natural World.* Coral Gables, FL: Mango Publishing, 2020.

Rudloe, Jack. *Time of the Turtle.* New York: Knopf, 1979.

Schrefer, Eliot. *Queer Ducks (And Other Animals): The Natural World of Animal Sexuality.* New York: HarperCollins, 2022.

Steyermark, Anthony C., Michael S. Finkler, and Ronald J. Brooks, eds. *Biology of the Snapping Turtle.* Baltimore: Johns Hopkins University Press, 2008.

Thomas, Elizabeth Marshall. *Growing Old: Notes on Aging with Something Like Grace.* New York: HarperCollins, 2020.

_____. *The Old Way: A Story of the First People*. New York: Farrar, Straus and Giroux, 2006.

_____. *The Harmless People*. New York: Knopf, 1959. Whitrow, G. J. Time in History. Oxford, UK: Oxford University Press, 1988.

정기간행물

Aresco, Matthew J. "Highway Mortality of Turtles and Other Herpatofauna at Lake Jackson, Florida, USA." *UCOET Proceedings*, 2003, 433–34.

Gibbs, James P., and W. Gregory Shriver. "Estimating the Effect of Road Mortality on Turtle Populations." *Conservation Biology* 16, no. 6 (2002): 1647–52.

Healy, Kevin. "Metabolic Rate and Body Size Are Linked with Perception of Temporal Information." *Animal Behavior* 86, no. 4 (2013): 685–96.

Hoagland, Edward. "On Aging." *American Scholar*, March 1, 2022, 106.

Johnson, Albert, James Clinton, and Rollin Stevens. "Turtle Heart Beats Five Days After Death." *American Biology Teacher* 19, no. 6 (1957): 176–77.

LaCasse, Tony. "Flying Sea Turtles and Other Means of Rescue." *Natural History*, February 2019, 35–41.

Lapham, Lewis H. "Captain Clock." *Lapham's Quarterly* 7, no. 4 (2014), 13–21.

Lohmann, K., et al. "Geomagnetic Map Used in Sea-Turtle Navigation." *Nature* 428, no. 6986 (2004): 909–10.

Lovich, Jeffrey E., Joshua R. Ennen, Mickey Agha, and J. Whitfield Gibbons. "Where Have All the Turtles Gone and Why Does It Matter?" *Bioscience* 68, no. 10 (2016): 771–79.

Piczak, Morgan L., Chantel E. Markle, and Patricia Chow-Fraser. "Decades of Road Mortality Cause Severe Decline in a Common Snapping Turtle (Chelydra seprentina) Population from an Urbanized Wetland." *Chelonian Conservation and Biology* 18, no. 2 (2019): 231–40.

Stanford, Craig, John B. Iverson, Anders G. J. Rhodin, et al. "Turtles and Tortoises Are in Trouble." *Current Biology* 30 (2020): 721–35.

온라인

Angier, Natalie. "All but Ageless, Turtles Face Their Biggest Threat: Humans." *New York Times*, December 12, 2006, https://www.nytimes.com/2006/12/12/science/12turt.html.

Collins, Peter, and Juan Carlos López. "Listen Without Prejudice." *Nature Reviews Neuroscience* 2, no. 1 (2001): 6, https://doi.org/10.1038/35049024.

Fields, Helen. "ScienceShot: Hibernating Turtles Aren't Dead to the World." *Science*, October 8, 2013, https://www.science.org/content/article/scienceshot-hibernating-turtles-arent-dead-world.

Gartsbeyn, Mark. "720 Stranded Sea Turtles Were Rescued on Cape Cod This Season, Setting New Record." *Boston.com*, December 17, 2020, https://www.boston.com/news/animals/2020/12/17/sea-turtles-rescue-cape-cod-2020.

Giaimo, Cara. "The Celebrity Tortoise Breakup That Rocked the World." *Atlas Obscura*, February 13, 2019, https://www.atlasobscura.com/articles/tortoise-breakup-bibi-and-poldi.

Goldfarb, Ben. "Lockdowns Could Be the 'Biggest Conservation Action' in a Century." *Atlantic*, July 6, 2020, https://www.theatlantic.com/science/archive/2020/07/pandemic-roadkill/613852.

Grant, Adam. "There's a Name for the Blah You're Feeling: It's Called Languishing." *New York Times*, April 12, 2021, https://www.nytimes.com/2021/04/19well/mind/covid-mental-health-languishing.html.

Green, Jared M. "Effectiveness of Head-Starting as a Management Tool for Establishing a Viable Population of Blanding's Turtles." Master's thesis, University of Georgia, 2015, http://tuberville.srel.uga.edu/docs/theses/green_jared_m_201512_ms.pdf.

Grundhauser, Eric. "Why Is the World Always on the Back of a Turtle?" *Atlas Obscura*, October 20, 2017, https://atlasobscura.com/articles/world-turtle-cosmic-discworld.

"Hatchling and Turtle Conservation Through Headstarting(HATCH)." *Zoo New England*, accessed March 30, 2022, https://www.zoonewengland.

org/protect/here-in-new-england/turtle-conservation/hatch.

Kitching, Thomas. "What Is Time—and Why Does It Move Forward?" *The Conversation*, February 22, 2016, https://theconversation.com/what-is-time-and-why-does-it-move-forward-55065.

MacDonald, Bridget. "Loving Turtles to Death." U.S. *Fish & Wildlife Service* (blog), May 22, 2020, https://fws.gov/story/2021-06/loving-turtles-death.

Main, Douglas. "Turtles 'Talk' to Each Other, Parents Call out to Offspring." *Newsweek*, August 19, 2014, https://newsweek.com/turtles-talk-to-each-other-parents-call-out-to-offspring-265613.

Maron, Dina Fine. "Turtles Are Being Snatched from U.S. Waters and Illegally Shipped to Asia." *National Geographic*, October 28, 2019, https://www.nationalgeographic.com/animals/article/american-turtles-poached-to-become-asian-pets.

Massachusetts Eye and Ear Infirmary. "Brain 'Rewires' Itself to Enhance Other Senses in Blind People." *ScienceDaily*, March 22, 2017, www.sciencedaily.com/releases/2017/03/170322143236.htm.

Nash, Darren. "The Terrifying Sex Organs of Male Turtles." *Gizmodo*, June 20, 2012, https://gizmodo.com/the-terrifying-sex-organs-of-male-turtles-591970.

Ondrack, Stephanie. "The Turtle Trance." *The Small Steph* (blog), April 13, 2019, https://thesmallsteph.com/the-turtle-trance.

Rahman, Muntaseer. "How to Tell If Your Turtle Is Dead?" *The Turtle Hub*, https://theturtlehub.com/how-to-tell-if-your-turtle-is-dead.

"Star Tortoise Makes Meteoric Comeback." *WCSNewsroom*, October 11, 2017, https://newsroom.wcs.org/News-Releases/articleType/ArticleView/articleId/10600/Star-Tortoise-Makes-Meteoric-Comeback.aspx.

Waldstein, David. "Mother Sea Turtles Might Be Sneakier Than They Look." *New York Times*, May 19, 2020, https://www.nytimes.com/2020/05/19/science/sea-turtles-decoy-nests.html.

Wong, Brittany. "Turtle Divorce: Giant Turtles Divorce After 115 Years

Together." *Huffpost*, June 8, 2012, updated November 22, 2012, https://www.huffpost.com/entry/turtle-divorce_n_1581463.

거북의 시간

망가진 세상을 복원하는 느림과 영원에 관하여

초판 1쇄 발행 2025년 3월 28일

지은이   사이 몽고메리
그린이   맷 패터슨
옮긴이   조은영

발행인   김희진
편집   조연주, 황혜주

마케팅   이혜인
디자인   민혜원
제작   제이오
인쇄   민언프린텍

발행처   돌고래
출판등록   2021년 5월 20일
등록번호   제2021-000173호
주소   서울시 강남구 선릉로 704 12층 282호
이메일   info@dolgoraebooks.com

ISBN   979-11-988502-5-6 03490